水凝胶制备及应用

SHUININGJIAO ZHIBEI JI YINGYONG

车春波 著

化学工业出版社

·北京·

内容简介

本书以具有独特物理化学性质的高分子材料水凝胶为主线，全面介绍了水凝胶的相关知识。在水凝胶制备方面，详细阐述了多种制备水凝胶的方法、结构检测方法及技术；在水凝胶应用部分，分别在生物医学领域、环境治理方面、农业方面等进行了介绍。本书共分6章，内容包括水凝胶概述、水凝胶的分类与结构特性、水凝胶的制备方法、水凝胶的测试方法、水凝胶的应用及水凝胶的未来发展趋势。

本书全面深入地介绍了水凝胶的制备方法以及丰富多样的应用，可供从事水凝胶领域的相关科研人员和管理人员参考，也可供高等学校水凝胶专业及相关专业师生参阅。

图书在版编目（CIP）数据

水凝胶制备及应用／车春波著. -- 北京：化学工业出版社，2025.8. -- ISBN 978-7-122-48279-2

Ⅰ. TQ436

中国国家版本馆 CIP 数据核字第 2025PL9586 号

责任编辑：董　琳　　　　文字编辑：王文莉
责任校对：王鹏飞　　　　装帧设计：刘丽华

出版发行：化学工业出版社
　　　　　（北京市东城区青年湖南街 13 号　邮政编码 100011）
印　　装：北京建宏印刷有限公司
787mm×1092mm　1/16　印张 12½　字数 284 千字
2025 年 8 月北京第 1 版第 1 次印刷

购书咨询：010-64518888　　　　售后服务：010-64518899
网　　址：http://www.cip.com.cn
凡购买本书，如有缺损质量问题，本社销售中心负责调换。

定　　价：128.00 元　　　　　　版权所有　违者必究

目前水凝胶市场发展较好，市场规模增长较快，2023 年全球水凝胶市场销售额约为 14.2 亿美元。预计到 2029 年，全球水凝胶市场的规模将增长至约40.8 亿元。中国医用水凝胶市场也在稳步增长，2020 年中国医用水凝胶市场规模达到了 5.5 亿元，预计 2026 年将达到 7.14 亿元。水凝胶主要应用领域也在不断拓展。比如在生物医学领域：水凝胶能够作为药物载体，控制药物释放，提高药物疗效；在组织工程中，水凝胶可作为细胞支架，促进组织再生和修复。在材料科学领域：水凝胶在柔性电子器件、软体机器人等方面具有巨大应用潜力；通过对其结构和性能的调控，可以开发出具有特殊功能的新型材料。在环境治理领域：水凝胶在水处理、土壤保湿等方面具有重要应用，有助于解决环境污染和资源短缺问题。

我国对水凝胶行业支持力度也很大，比如研发资金支持、税收优惠、知识产权支持，还在医用敷料、伤口敷料等公共采购中向国产水凝胶产品倾斜。水凝胶敷料属于高新技术产业，可以申请国家和地方科技部门的研发资金支持，符合条件的企业可以享受优惠的所得税政策，国家还对核心技术的专利申请给予资助和特快审批通道支持，国家积极推动制定水凝胶敷料的行业标准。在融资支持上，通过国家级技术创新基金、贷款贴息等方式支持企业获得发展资金。同时，还有人才引进和营销方面的支持，实施人才特殊支持计划，为水凝胶企业引进急需的高端技术人才举办行业展会和交流活动，提升水凝胶敷料的影响力和知名度。

本书主要包括水凝胶的制备和应用分析两部分。在水凝胶制备部分，本书系统梳理了水凝胶目前的制备技术，包括化学交联法、物理交联法等，以及各种制备方法的优缺点和适用范围。书中在最新的研究成果、尚未解决问题等方面有一定探索，有助于启发新的研究思路，促进水凝胶制备技术的创新和改进。在水凝胶应用部分，本书在生物医学（组织工程、药物缓释等）、环境工程（污水处理、空气治理、土壤修复等）和农业（土壤改良、作物增肥等）领域详细地阐述了这些应用的原理、现状和发展趋势，让读者了解水凝胶在不同领域发挥的重要作用。本书全面深入地介绍了水凝胶的制备方法以及丰富多样的应用，可供从事水凝胶领域相关科研、工程和管理的人员参考，也可供高等学校水凝胶专业及相关专业师生参阅。

　　本书由车春波执笔并统稿。在本书的写作过程中，得到了哈尔滨商业大学李俊生教授、左金龙教授的热情帮助和支持，在此表示感谢。

　　限于著者水平及时间，书中不妥和疏漏之处在所难免，敬请读者提出修改建议。

著者
2025 年 4 月

目录

第3章　水凝胶的制备方法 / 75

第 6 章　水凝胶的未来发展趋势 / 183

第1章

水凝胶概述

1.1 水凝胶的定义和形成过程

1.1.1 水凝胶的定义

水凝胶（hydrogel）是一类由物理或化学交联作用形成的、具有三维网络结构的高分子材料，其特点是能够吸收大量的水分并保持一定的形状。水凝胶的定义可以从不同的角度进行描述。

水凝胶的三维网络结构是由大分子主链及含有亲水性（极性）基团、疏水性基团或可解离型基团的侧链构成，这类交联的高分子与溶剂水相互作用时能够发生溶胀但不溶解。

水凝胶是一种以水为分散介质的特殊材料，其独特的三维网络结构由交联的聚合物链组成，这些链通过物理或化学交联作用相互连接，形成一个稳定的框架，可以容纳大量的水分子。

水凝胶是天然或合成的聚合物网络，不溶于水，有时在分散介质为水的情况下以胶体凝胶的形式存在。水凝胶可以吸收大约 90% 的水，被认为是超吸收材料。凝胶一般呈现出介于固体和液体之间的物质形态，随着化学组成以及其他各种因素的改变，凝胶的形态可在液体和固体之间变化。

水凝胶作为一种新型高分子材料，在多个领域展现出独特的优势。

① 优异的生物相容性　水凝胶的主要成分是高分子聚合物，与人体组织相容性非常好，不会产生过多的副作用。

② 高吸水性和保水性　水凝胶中含有大量的亲水基团，加上其独特的三维网络结构，可以吸收和保留大量的水。这一特性使水凝胶在干旱地区的农业灌溉、土壤水分、药物载体和生物医药组织工程等方面具有广阔的应用前景。

③ 可降解性　部分水凝胶材料是可生物降解的，可以在生物体内自然降解，避免二次污染。这一特性使水凝胶广泛应用于生物医药领域，如药物递送、组织工程、伤口敷料等。

④ 独特的刺激反应　许多水凝胶材料可以在特定的物理、化学或生物刺激下改变其体积、形状或性质。如 pH 敏感性水凝胶的溶胀或消溶胀可以随 pH 值的变化而变化，因此它能保护药物在人体消化道不同部位如胃、小肠、大肠或结肠处定位给药。这种刺激反应使水凝胶在智能材料、传感器、药物控释等领域具有广阔的应用前景。

⑤ 良好的柔韧性和透明度　水凝胶具有高度的柔韧性，透明度高达 97% 以上，这一特性使其在可视化研究领域优势显著，通常被用来制作透明的模型或器官。

⑥ 可调节性　水凝胶的物理特性可以通过调整材料成分和打印参数来进行调节，可根据对应的需求来改变水凝胶的硬度、弹性等。

尽管水凝胶具有众多优势，但其在实际应用中仍存在一些局限性。

① 力学性能差　水凝胶通常具有相对较低的机械强度和硬度，对于要求高强度和硬度的领域，水凝胶则不太适合。

② 稳定性问题　天然高分子水凝胶的力学性能较低，无法满足敷料的应用需求。合成高分子水凝胶在交联过程中使用的交联剂可能存在生物毒性，在医用领域的应用受限。

③ 易失水　在正常温度和湿度下，水凝胶极易失水，导致与外界接触时，不能进行长期有效的工作。

④ 低温性能差　在低温环境下，水凝胶中的自由水极易结冰。

⑤ 缺乏紫外线屏蔽功能　具有透明性的水凝胶，往往缺乏紫外线屏蔽的功能，这限制了其在某些特殊环境中的应用，例如高原、高海拔或紫外线强烈的太空区域。

⑥ 传感功能单一化　通常只能对一种物理量有所响应，不能对多种物理量进行响应。

⑦ 打印速度慢和材料成本高　水凝胶 3D 打印技术虽然有很多优点，但也存在打印速度较慢和部分材料成本相对较高的问题，这可能会增加打印的时间成本和制造成本。

1.1.2　水凝胶的形成过程

水凝胶的特殊性质与其形成过程密切相关。用现代仪器和方法研究水凝胶的形成过程有助于揭示水凝胶形成的微观机理和影响水凝胶形成的具体因素。水凝胶包括化学凝胶和物理凝胶，它们的形成机理存在很大差别。

凝胶化（gelation）定义为可溶的高分子溶胶转变为不溶的凝胶的现象，因此凝胶化过程就可以定义为导致凝胶形成的过程。当溶液中一条线型聚合物链上的一个链段与同一链上的其他链段反应时，形成分子内交联；当与另一条链上的链段反应时，则发生分子间的反应而形成支链和分子间交联。这样就导致重均分子量 M_w 的增加。而 M_w 的增加又伴随着交联点的增加。这样，随着时间的增加，更多的单元发生反应，M_w 迅速增加以至于最终达到无穷大。这一点也就是所谓的凝胶点。这时试样不再像聚合物溶液一样流动，而是形成了凝胶。对于凝胶化过程而言，以共价键交联的化学凝胶的研究较多，而物理凝胶化过程则相对较少。这主要是由于物理交联点的瞬时本质决定了在接近凝胶点时研究物理凝胶很困难。物理凝胶多由热可逆交联网络组成，交联点由次价键力形成，这些次价键力形成的键很弱，很容易被热波动破坏。化学凝胶与物理凝胶的首要区别在于网络的寿命和功能性上，化学键一旦形成就是永久性的，而物理交联则寿命有限，通常化学交联的功能性明显低于物理交联。天然多糖（如纤维素、淀粉、琼脂糖等）由于分子链上含有大量羟基，在溶液状态时容易发生自聚而形成凝胶。例如采用水溶性的羧甲基壳聚糖与海藻酸钠在水溶液中共混制备出水不溶性凝胶膜，并且证明共混膜中羧甲基壳聚糖的—NH_2 与海藻酸的—$COOH$ 发生了较强的静电相互作用，再加上 Ca^{2+} 桥交联使得膜的力学性能明显提高。此外，欧文氏酸和单胞菌胶（酸性杂多糖）在水溶液中具有很强的聚集倾向，易形成分子间氢键，因而易形成凝胶，是很好的食品增稠剂。

鉴于自由基交联聚合反应过程中大分子自由基的无规增长本质，常采用穿流理论研究该体系。由 Flory 和 Stockmayer 等提出的经典穿流理论是用晶格模型来描述不可逆聚合凝胶化过程的起点。聚合物穿流理论主要是在假定凝胶化过程受扩散控制的条件下，用来研究靠近凝胶点的临界行为，这种行为依赖于空间维数而不依赖于晶格几何关系。在论述聚合过程时，穿流理论模型是一个 n 维的晶格，每一个节点都有一个官能单元占据。官能度从 0（溶剂或空洞）到 1（引发剂自由基）、2（普通乙烯基单体）、3 或更多（如二乙烯基单体、交联剂以及特殊的链转移剂）。在最近的节点之间发生无规连接以致形成永久的共价键，穿流理论可以为凝胶点附近的凝胶分数、重均聚合度、回转半径等预测一个临界指数。溶胶-凝胶转变在邻近溶胶-凝胶转变点处发生，此时凝胶分数满足如下关系：

$$G = B(P - P_C)^{\beta} \tag{1-1}$$

式中 G——凝胶分数；

　　B——渐近比例因子，也就是临界幅度；

　　β——临界指数；

　　P——反应程度，取值范围为 $0 \leqslant P \leqslant 1$；

　　P_C——凝胶点反应程度。

凝胶化过程的表征方法主要有两类。一类是淬火法，主要通过对反应体系进行冷冻或者稀释来终止反应，从而检测反应进程。另一类是实时监测法，这类方法不需要终止反应。

（1）淬火法

① 黏度法　这一方法就是通过定时地测量反应体系的黏度变化来跟踪反应过程。黏度法研究了用 NaOH 中和的聚甲基丙烯酸的凝胶化过程随中和度的变化关系，发现大分子链上带的电荷越多，凝胶化会在越高浓度发生，但可以使体系的溶胶-凝胶转变在较窄的浓度范围内完成。纪淑玲等测量了部分水解丙烯酰胺/柠檬酸铝的胶体分散凝胶体系由分散胶体到凝胶过程的黏度变化。黏度法简单、直观，但不能跟踪凝胶点后体系的进一步变化，旋转黏度法在测定时对体系的扰动不容忽视。

② 光散射　这一方法也是通过定时取样来测定散射光强度以及其角度依赖性、散射光强频移等的，进而研究反应物的重均分子量、均方回旋半径、流体力学半径等参量的变化规律，由此描述凝胶化过程。例如，利用光散射采取定时终止反应取样的办法检测了聚甲基丙烯酸烯丙酯-安息香酸烯丙酯-安息香酸乙烯酯三嵌段共聚过程中的凝胶化过程，发现该体系的凝胶化依赖于反应起始时安息香酸烯丙酯/安息香酸乙烯酯的含量比。这是由

于随着安息香酸乙烯酯含量的增加，作为桥的聚安息香酸烯丙酯-共-安息香酸乙烯酯的分子量也增加。利用光散射研究了醋酸丁酯中聚丙烯酰胺凝胶在靠近凝胶点时的松弛时间分布，发现这一分布由两部分组成：缘于凝胶基体的累积扩散模式的分布和缘于溶胶在凝胶基体内的互扩散模式的分布。

（2）实时监测法

① 实时红外法　该方法由 Decker 等发明，可以连续定量测量几个毫秒以内的聚合反应过程。他们用这一方法成功地检测了激光引发的单丙烯酸、多丙烯酸单体的光聚合反应过程。发现随着单体官能度的增加，由于凝胶化效应聚合反应速度加快，终止得早，并且生成含有未反应双键的交联聚合物。

② 光度法　这是一种测定反应体系吸光度变化的方法。S. Kara 等利用 UV 分光光度计研究了丙烯酰胺与 N,N'-亚甲基双丙烯酰胺自由基交联聚合反应的过程，并探讨了引发温度、含水量、交联剂浓度对反应过程的影响。他们发现随着反应的进行，由于体系中微凝胶的聚集，体系的散射光增强，导致体系的透光率急剧下降。用瑞利散射方程模拟散射光强增加过程时，发现反应时间与体系中微凝胶的体积成正比。在水凝胶中，当含水量较高时，反应初期散射光强的变化与光波长的三次方成反比；而当含水量较低时，在整个反应过程中散射光强与波长的低次幂成反比。

③ 荧光法　通过在反应体系中引入荧光团，检测荧光分子受激发后激发态荧光强度衰减过程，就可以获得反应体系的变化信息。该方法对动态过程具有普遍适应性，还可用于凝胶性质研究。Peckan 等用芘为荧光探针研究了苯乙烯和丁二烯、甲基丙烯酸甲酯和二甲基丙烯酸乙二醇酯两组体系的自由基交联聚合反应过程动力学，并且讨论了不同交联剂对反应过程的影响。发现在反应过程中，芘的荧光强度突然增加的点就对应于聚合反应速率由于凝胶化反应而达到最大的转变点。另外，乙烯侧基和芘分子受反应介质影响的方式是相似的，它们的活动性都随着丁二烯浓度的增加或者温度的下降而下降。

④ 流变法　动态流变法是研究聚合物体系中凝胶化过程的有效方法，它能指出精确的凝胶点。这一方法通过测定振荡剪切模量来跟踪交联聚合物体系溶胶-凝胶转变过程的黏弹性质变化，从而获得整个反应过程的信息。早期 Chambon 和 Winter 提出的化学交联凝胶的流变学模型框架可以由下列凝胶方程表示：

$$\sigma(t) = S \int_{-\infty}^{t} (t - t')^{-n} \gamma(t') dt' \tag{1-2}$$

式中　σ——剪切应力，Pa；

　　　$\gamma(t')$——凝胶点处试样的弯曲速率，Pa/min；

　　　t——时间，min；

　　　S——依赖于交联密度和链刚性的凝胶强度参数；

　　　n——松弛指数。

S 和 n 对于每种凝胶都有特定的参数，而且 $0 < n < 1$。这一方程可以预测所有化学物理交联凝胶的流变性质，当然这仅限于较小应变的情况。剪切松弛模量在凝胶点时遵循以下幂指数关系：$G(t) - St^{-n}$，这在凝胶初始形成时代表了介于液态和固态之间的一个状态。同样在动态力学分析中也存在这样的关系，在凝胶点时储能模量 G' 和损耗模量 G'' 之

间的关系可表示为：

$$G' = G''/\tan\delta = S\omega^n \Gamma(1-n)\cos\delta \tag{1-3}$$

式中 G'——储能模量，Pa；

      G''——损耗模量，Pa；

      δ——损耗角，(°)；

      ω——角频率，(°)/min；

      S——依赖于交联密度和链刚性的凝胶强度参数；

      Γ——伽马函数；

      n——松弛指数。

也就是说，在凝胶点时 G' 和 G'' 平行且都是 ω^n 的函数 $[G'(\omega^n) \sim G''(\omega^n) \sim \omega^n]$。所以后来有很多实验都围绕 n 值展开讨论。例如，Nystrom 等在研究乙基羟乙基纤维素（EHEC）与表面活性剂的水溶液混合物的凝胶化现象时，得出 EHEC/十六烷基溴化铵体系的 n 值随着 EHEC 浓度的增加而有轻微的下降（0.43→0.38）。

⑤ 干涉法　这是利用光的干涉原理建立起来的一种原位监测法，具有无损的优点。Jordan 等用激光全息光谱干涉法研究了聚丙烯酸乙二醇酯的凝胶化过程，并着重讨论了聚合物厚度和激光强度的影响。后来，关英等针对该方法装置复杂的特点对其进行了改进，顺利组建了一套能简便地利用干涉法监测凝胶化过程的装置，并且成功地实时监测了丙烯酸交联聚合凝胶化反应的过程。

⑥ 折射法　前面所述的方法大部分都不能给出完整的凝胶化过程信息，一般一个体系的凝胶化过程可分为两部分：凝胶点以前用光散射法检测，凝胶点以后用力学性能来表征。这样得到的数据不能直接进行比较，需要建立一种方法对整个凝胶化过程进行原位表征。陈强等利用光的折射原理提出了一套既简便又无损的新方法。这一方法通过记录反应过程中体系的光指数的变化来获得聚合反应的信息。由此，可以较科学和客观地评价、监测凝胶化的全过程。

1.2　水凝胶的发展历程

天然水凝胶材料的应用历史较早。20 世纪初，用于制备食品、药物和化妆品的水凝胶主要来源于天然材料，但当时并没有真正提出水凝胶的概念。水凝胶的概念于 20 世纪 60 年代被正式提出，高分子化学的发展促进了该领域的进展，研究人员开始合成具有高度吸水性的水凝胶。1968 年，法国化学家首次合成了由聚合物网络构成，并能够吸收大量水分的水凝胶。20 世纪 70 年代是水凝胶商业化应用的初期。医用水凝胶被用作敷料，用于创面愈合和防止感染。同期，在农业领域被用于提高土壤保水能力和增加作物产量。20 世纪 80 年代，水凝胶开始应用于化妆品和个人护理产品。为了增加产品的保湿效果，许多护肤品和化妆品中均添加了水凝胶成分。20 世纪 90 年代，水凝胶被用作药物传递系统以及组织工程和再生医学研究领域。21 世纪初，随着纳米技术和材料科学的进步，研究人员开始探索纳米水凝胶的合成和应用，以提高其性能和多功能性。近几年，水凝胶的研究持续蓬勃发展，其合成方法、结构设计和应用技术均得到了不断地改进与创新，在吸水性、稳定性、生物相容性等方面取得了显著的进展，成为多个领域的关键材料之一。新型水凝胶已被设计用于智能释放、组织工程、生物传感、环境治理等，应用范围不断拓展。

1.2.1　早期发展阶段

水凝胶的历史可以追溯到很早以前。最初，科学家们在研究天然高分子材料时偶然发现了一些具有吸水膨胀特性的物质。例如，在对天然橡胶和明胶等物质的研究中，发现它们在与水接触时会发生独特的物理变化。明胶是从动物的皮、骨等结缔组织中提取的蛋白质，它在水中能够溶胀形成一种半固体的凝胶状物质。这一现象引起了科学家们的兴趣，他们开始探索这种物质结构与性能之间的关系。

在 19 世纪，科学家们已经能够通过简单的化学处理来改变明胶等天然高分子的性质，如通过加热、添加酸或碱等方法。这些早期的尝试为水凝胶的进一步发展奠定了基础。当时的研究主要集中在对天然高分子水凝胶的基本性质的描述上，如溶胀度、透明度、力学性能等方面。

早期的水凝胶在医学领域有了初步的应用尝试。由于明胶等水凝胶具有一定的生物相容性，科学家们设想将其用于伤口敷料。他们发现，水凝胶能够保持伤口的湿润环境，这有利于伤口的愈合。例如，在战场上，简单的明胶基水凝胶被用于覆盖士兵的伤口，虽然当时的技术还很简陋，但已经显示出了水凝胶在医疗方面的潜在价值。

在食品工业方面，水凝胶也开始被探索应用。例如，琼脂是一种从海藻中提取的天然水凝胶，它被用于制作果冻等食品。早期的食品科学家们通过不断调整琼脂的浓度、温度等条件，来控制果冻的质地和口感。这一时期，人们对水凝胶在食品中的应用主要是基于经验性的探索，还缺乏深入的理论研究。

1.2.2　中期发展阶段

随着研究的深入，传统水凝胶较差的力学性能成为限制其应用拓展的主要因素。为了克服这一局限，科学家们开始致力于开发具有更高强度和韧性的功能性水凝胶。

20 世纪中叶，随着高分子化学的发展，合成水凝胶开始兴起。科学家们通过聚合反应合成了一系列具有特定结构和性能的水凝胶。例如，聚丙烯酸（PAA）水凝胶被成功合成。聚丙烯酸是一种由丙烯酸单体聚合而成的高分子聚合物，它具有很强的吸水性。PAA 水凝胶的合成是通过自由基聚合反应，在适当的引发剂和反应条件下，丙烯酸单体发生聚合反应形成高分子链，同时这些高分子链之间相互交联形成三维网络结构，从而得到水凝胶。

除了聚丙烯酸水凝胶，聚甲基丙烯酸羟乙酯（PHEMA）水凝胶也成为研究的热点。PHEMA 水凝胶具有良好的生物相容性，它的合成方法多样，例如可以采用本体聚合的方法。这种水凝胶在眼科领域引起了广泛关注，因为它可以被制成软性接触镜（隐形眼镜）的材料。

在水凝胶研究的中期，科学家们对水凝胶的性能研究更加深入。他们开始研究水凝胶的溶胀动力学，即水凝胶在不同条件下吸水溶胀的速度和程度。通过建立数学模型，如 Fick 定律等，来描述水凝胶中水分扩散的过程。例如，对于一个球形的水凝胶颗粒，根据 Fick 定律，水分的扩散速率与水凝胶内外的浓度差、扩散系数等因素有关。

水凝胶的力学性能研究也取得了进展。研究人员发现，通过改变水凝胶的交联密度可以调节其力学性能。交联密度越高，水凝胶的弹性模量越大，硬度也就越高。同时，他们还研究了水凝胶在不同环境条件下的稳定性，如在不同 pH 值、温度和离子强度下的稳定性。这对于水凝胶在各种实际应用中的可行性评估具有重要意义。

在医药领域，水凝胶的应用范围进一步扩大。除了伤口敷料外，水凝胶还被用于药物缓释系统。例如，将药物包裹在水凝胶中，通过控制水凝胶的溶胀和降解速度来实现药物的缓慢释放。这种药物缓释系统可以提高药物的疗效，减少药物的副作用。在组织工程方面，水凝胶也开始被用作细胞培养的支架材料。研究人员发现，水凝胶的三维网络结构可以为细胞的生长和分化提供适宜的微环境。

在农业方面，水凝胶被用于土壤保水。一些吸水性强的水凝胶被混入土壤中，它们能够吸收并储存大量的水分，然后在土壤干燥时缓慢释放水分，从而提高农作物的抗旱能力。在工业领域，水凝胶被用作传感器的敏感元件。例如，一些对特定离子或分子有响应的水凝胶可以根据环境中离子或分子浓度的变化而发生溶胀或收缩，从而实现对环境中物质的检测。

1.2.3 现代发展阶段

现代水凝胶的一个重要发展方向是智能水凝胶的出现。研究人员发现水凝胶能够感知外界刺激，并能够对刺激产生敏感性的响应，形成智能化响应凝胶。这一发现使水凝胶从传统型向智能型发展。目前所知的刺激源包括物理刺激（如温度、电场、磁场、光和压力等）和化学刺激（如 pH 值、溶剂组分、离子强度和分子种类等）。例如，温度敏感性水凝胶在最低临界共溶温度（LCST）附近会发生相转变。以聚 N-异丙基丙烯酰胺（PNIPAAm）水凝胶为例，当温度低于 LCST 时，水凝胶溶胀，而当温度高于 LCST 时，水凝胶收缩。这种特性使得 PNIPAAm 水凝胶在生物医学领域有很多潜在应用，如药物的温控释放。pH 敏感性水凝胶则可以根据环境 pH 值的变化而改变其溶胀状态。例如，一些含有酸性或碱性基团的水凝胶，在酸性环境中质子化或去质子化，从而导致水凝胶网络结构的变化，进而影响其溶胀度。这种 pH 敏感性水凝胶可用于胃肠道特定部位的药物释放，因为胃肠道不同部位的 pH 值不同。

随着技术的进步，水凝胶的应用领域不断扩展，包括生物医学、药物传递、生物传感、柔性电子学、农业、环境修复等多个领域。例如，通过 3D 打印技术，将细胞与水凝胶混合，按照预定的结构打印出具有生物活性的组织工程支架。这种支架不仅具有合适的力学性能，还能为细胞提供营养物质和氧气的传输通道。在再生医学方面，水凝胶被用于促进神经再生。一些含有神经生长因子的水凝胶可以引导神经细胞的生长和延伸，为神经损伤的修复提供新的方法。在基因治疗方面，水凝胶也开始发挥作用。科学家们将基因载体包裹在水凝胶中，通过水凝胶的靶向运输能力将基因递送到特定的细胞或组织中。这种基因传递方式可以提高基因治疗的安全性和有效性。

现代水凝胶的研究涉及多学科交叉。在材料科学与生物学的交叉领域，研究人员研究水凝胶与生物分子（如蛋白质、核酸等）的相互作用。例如，研究水凝胶对蛋白质的吸附和释放行为，这对于理解生物体内的物质传输和代谢过程具有重要意义。

在化学与工程学的交叉领域，水凝胶的大规模制备工艺得到了优化。通过化学工程的原理，设计高效的反应釜和聚合工艺，提高水凝胶的生产效率和质量。同时，在物理学与材料学的交叉领域，研究人员利用物理手段（如激光、电场等）来调控水凝胶的结构和性能，为水凝胶的应用提供了更多的可能性。

现代还开发出了一些新型的水凝胶材料，如纳米复合水凝胶。纳米复合水凝胶是将纳米材料（如纳米粒子、纳米纤维等）与水凝胶相结合形成的一种新型材料。这种材料具有独特的物理和化学性质。例如，将碳纳米管与水凝胶复合，可以提高水凝胶的导电性，使其可用于生物电信号的检测和传导。

超分子水凝胶也是一种新型水凝胶。超分子水凝胶是基于超分子化学原理构建的，它通过非共价键（如氢键、π-π 堆积等）相互作用形成三维网络结构。超分子水凝胶具有良好的自愈合性能，当受到损伤时，超分子之间的非共价键可以重新形成，使水凝胶恢复其完整性。

1.3 水凝胶的研究现状

1.3.1 国内研究概况

1.3.1.1 主要研究方向

（1）双网络水凝胶

由于其网络结构的选择灵活性和显著的增韧效果，在构建高强韧功能化水凝胶的研究进展中备受关注。可逆物理交联网络的引入更是赋予了凝胶更丰富的特性，比如自修复性、刺激响应性、可加工性以及可循环使用等。这种物理交联网络的构建能够精确有效地调控水凝胶的结构和性能，促进水凝胶材料在组织工程和再生医学中的广泛应用。

光引发聚合制备壳聚糖/聚 N-丙烯酰基甘氨酸（CS/PACG）复合水凝胶。通过一步浸泡处理实现了凝胶力学性能和溶胀性能的同步提高。在浸泡过程中，短链壳聚糖在一价/多价阴离子诱导下形成壳聚糖链缠结/离子交联物理网络，CS/PACG 复合水凝胶转化为双网络水凝胶。低价态金属离子介入性地破坏聚 N-丙烯酰基甘氨酸链间氢键，进一步与 PACG 聚合物链中羧基形成离子配位，使凝胶的力学性能显著提高。凝胶表现出超高溶胀性，溶胀 1 天后体积可达到初始状态的 $40\sim500$ 倍；此外，高价态金属离子由于可以与羧基形成更强的三齿螯合结构，因此复合水凝胶经过 Fe^{3+} 和 Al^{3+} 无机盐溶液浸泡可制备得到力学性能可调的抗溶胀梯度 CS/PACG 双网络水凝胶。羧基与三价金属离子配位在凝胶表面附近形成疏水致密层，通过改变金属离子种类可以调节致密层的特性，表现出优异的抗溶胀性，溶胀 1 个月体积未有明显变化，力学性能出现增强。由于不同金属离子与羧基之间金属配位能力存在差异，因此简单地更换盐溶液的种类和浸泡顺序就可以实现 CS/PACG 水凝胶从超溶胀状态到抗溶胀状态的可逆转变，实现凝胶结构和性能的灵活调控，有望在生物医学和组织工程领域中实现更广泛的应用。

通过溶剂置换调节非共价相互作用的时域表达以优化高分子交联网络结构的策略，可用于制备抗溶胀强韧水凝胶。该策略的原理是：在良溶剂中，高分子链内/间非共价相互作用被抑制，有助于高分子链保持伸展的构象和均一贯穿的分布；置换为不良溶剂后，高分子链间非共价相互作用得以最大化恢复，从而提高交联点密度和均匀性。利用二甲基亚砜（DMSO）-水溶剂，通过时域调控氢键制备了聚乙烯醇（PVA）水凝胶，其力学性能和抗溶胀性能均显著优于经典冷冻-解冻法制备的水凝胶。同时，以水为终端溶剂驱动的溶液-凝胶转变赋予水凝胶良好的水下粘接能力。

（2）"光偶联反应"原创凝胶技术

常规的水溶性高分子如聚乙二醇、聚丙烯酰胺、聚丙烯酸、多糖等，仅需数秒光照即可形成既强（15.3MPa）又韧（138.0MJ/m^3）的水凝胶材料，几乎颠覆了水凝胶的制备与力学属性。该技术已经进行了完整的知识产权布局，从原料、制备、配方、产品及其临床应用进行全面保护。该技术的提出，使水凝胶材料能够与非水体系的弹性体材料如橡胶、聚氨酯等相媲美，赋予水凝胶生物医用材料广阔的想象空间。基于该技术突破，原本无法加工的高精密、复杂水凝胶器件（如支架、血管等），现皆可通过光投影 3D 打印进行加工制造。

（3）纯无机仿生润滑水凝胶

这是一种仅由氧化石墨烯和水组成的双响应型机械与摩擦学自适应水凝胶。该纯无机水凝胶能够基于 pH 值或温度诱导的内部微观结构重构，使自身机械强度或摩擦系数分别急剧或缓慢变化 10 倍或 5 倍以上。该水凝胶在低 pH 值和室温下呈现优异的润滑抗磨性能，并可与由传统有机润滑基础油或添加剂所形成的凝胶相同。结合所使用氧化石墨烯凝胶因子的低毒性和生物可降解性，该水凝胶易于制备。作为一种新型自适应水凝胶，它不仅能够用于仿生领域，还可作为智能与绿色超分子凝胶润滑剂用于精确调谐材料表面的摩擦学性能。

1.3.1.2 应用领域

（1）工业领域

水凝胶因其高度膨胀性、黏着性、高机械强度、高化学稳定性、耐燃性和耐候性等优点，它可以作为增稠剂、稳定剂、分散剂等，在涂料、油墨、纺织、造纸等行业中发挥重要作用。

（2）消费品领域

水凝胶不但对皮肤、头发能起到保湿作用，对消费品中的香料还有缓释作用。水凝胶主要应用于个人护理产品，如隐形眼镜、护肤品等。此外，水凝胶还被用于制作玩具，如水宝宝等。

（3）医用领域

水凝胶在医用领域主要用于分子检测与分离、药物缓释载体及微胶囊、伤口敷料及人工器官、药物输送系统等。在骨组织与软组织再生、改建和烧伤的治疗中也有所应用。例如作为透明贴剂，制造人工玻璃体、人工关节、人工角膜、人造肌肉等。

（4）农业领域

水凝胶在农业领域的应用主要体现在保水和智能肥料的开发上。被称为保水剂的水凝胶对于锁住土壤中水分、保持土壤肥力有很大作用，保水剂还对土壤温度升降有缓冲作用，具有较好的土壤保温性，可用以调节夜间温度，使昼夜温差变幅减小。作为智能肥料能够感知外部条件，如 pH 值、温度、植物根部信号物质的变化，并据此释放养分，这种释放模式与植物的生长周期相契合，提高了肥料的使用效率。

（5）灭火剂

把水凝胶加入灭火剂中，可增加水的加热稳定性，延长水在可燃基材上的停留时间，提高水的有效隔氧降温能力，这不但充分发挥了水的灭火性能、降低用水量，还能提高灭火速度、灭火效率和灭火安全性。

水凝胶在国内的应用领域非常广泛，涵盖了工业、消费品、医疗和农业等多个领域。随着科技的发展和创新，水凝胶的应用前景将会更加广阔。

1.3.1.3 市场规模

阿谱尔（APO Research）所发布的关于全球与中国水凝胶市场的报告，研究了过去以及当前的增长趋势和机会，为 2024—2030 年预测期间市场指标提供了宝贵的见解。2023 年我国水凝胶市场规模为 9.68 亿元。2024 年我国水凝胶市场规模达到约 40 亿元。根据《2024—2029 年中国水凝胶行业重点企业发展分析及投资前景可行性评估报告》，预计到 2029 年，我国水凝胶市场规模将继续增长，达到 200 亿元以上，市场的年均增长率（CAGR）在 6%～10%之间。

在我国市场，水凝胶的应用领域广泛，特别是在医疗和个人护理领域，随着医疗技术的不断创新和患者需求的提升，我国医用水凝胶市场规模也在迅速扩大。

我国水凝胶市场的发展趋势显示出强劲的增长势头，预计在未来几年内将继续扩大。市场规模增长的主要原因有如下几点。

① 技术创新　新型水凝胶材料的研发和应用，如智能型水凝胶敷料和导电水凝胶，将为市场带来新的发展机遇。技术进步将推动水凝胶在更多领域的应用，包括医药、个人护理、农业等。

② 环保和可持续发展　随着环保意识的提升，环保型、生物相容性好的水凝胶产品将更受市场欢迎。对生物降解和低环境影响的水凝胶材料的需求将增加。

③ 应用领域拓展　水凝胶在医疗领域的应用将继续扩大，特别是在伤口护理和皮肤管理方面。水凝胶在农业、工业、消费品等领域的应用也将得到进一步发展。

④ 市场竞争加剧　随着市场规模的扩大，竞争将变得更加激烈，企业需要加强创新能力和品牌建设。市场集中度可能会提高，领先企业将占据更大的市场份额。

⑤ 政策支持　良好的政策环境将继续支持水凝胶行业的发展，特别是在医疗和个人护理领域。

1.3.2　国外研究概况

1.3.2.1　主要研究方向

（1）力触发聚合双网络水凝胶

北海道大学龚剑萍教授和 Tasuku Nakajima 教授提出了力触发聚合（force-triggered polymerization）的方法，可以在水凝胶表面快速生成所需的微结构。通过在第二网络合成时使用疏水模板并施加适当压力，可以防止双电层的形成，从而在几秒内根据功能需求对水凝胶表面的物理形态及化学性质进行快速、有效的调节。这种力触发化学改造水凝胶表面的策略，为水凝胶在各个领域的应用发展提供了新的思路。

（2）动态肟键和疏水相互作用的双动态交联水凝胶

传统水凝胶的一个主要问题是其较低的机械强度和韧性，这限制了它们在许多实际应用中的使用。通过改变水凝胶的拓扑结构、引入能量耗散机制以及增强高阶结构等方法，可以显著提高水凝胶的机械强度和韧性，并在弹性凝胶和黏弹性凝胶中进行了有效的实践，实验显示，这些水凝胶的断裂能量和疲劳阈值显著提高，弹性模量和强度也得到有效增强。这些改进使得水凝胶能够在承受更大的机械负荷时仍保持结构完整性，从而扩展了其应用范围。采用葡萄多糖和 F127 构建了一种基于动态肟键和疏水相互作用的双动态交联水凝胶，作为 3D 打印自固化水凝胶墨水。这种水凝胶墨水具有良好的温度敏感性，在低温下仅以轻度动态肟键交联，能够直接挤出成型；在被打印到生理温度环境时，凝胶组分形成疏水相互作用二次交联，从而增大凝胶强度和提高打印支架的稳定性。该水凝胶具有优异的力学韧性，如拉伸性能、压缩性能和恢复性能。

（3）高强度抗撕裂导电水凝胶

基于 Hofmeister 效应，利用溶剂置换的方法制备了高强度抗撕裂导电水凝胶（BRCH）。该水凝胶的最大压缩应力达到 5.6MPa，断裂能达到 $7.45kJ/m^2$，显著高于传统水凝胶电极。利用该水凝胶构建的 BRCH-TENG 具有极佳的力学可靠性，在遭受锤击等外力冲击后依然能够稳定地输出能量，实现 BRCH-TENG 在高冲击环境下的稳定工作。

（4）自生长和自强化水凝胶

通过机械化学强化和自生长策略，依赖动态共价键或非共价相互作用，如氢键、金属配位、超分子相互作用等。这些相互作用可以在特定条件下（如温度变化、pH 值变化或光照）触发，从而使水凝胶恢复其原有的性能。例如，Schiff 碱连接、二硫键和硼酸酯键等动态共价键在自愈合水凝胶中起重要作用。水凝胶能够模仿生物系统的特性，更好地适应周围环境，是一种能够在遭受物理损坏后自动恢复其结构和功能的材料。这种特性使得它们特别适合用于动态环境，例如在生物体内作为植入物或在外部作为可穿戴设备。这些设计使得水凝胶材料不仅在力学性能上得到提升，还能在生物学和工程应用中展现出更大的潜力，为软材料领域的进一步研究和应用奠定基础。

（5）智能响应型水凝胶

智能响应型水凝胶可以根据环境变化（如温度、pH 值、光、电场等）做出响应，从而在特定条件下执行预定的功能。这类水凝胶在药物控释、生物传感和组织工程等领域具有巨大的应用潜力。例如，温度敏感性水凝胶可以在体温下发生相转变，从而实现药物的可控释放；pH 敏感性水凝胶则可用于胃肠道疾病的治疗，因为它们能在特定的 pH 环境下释放药物。

1.3.2.2 应用领域

（1）工业领域

① 制造接触透镜　水凝胶材料由于其高透明度和保水性，在制造软性接触透镜方面有着重要的应用。这类透镜佩戴舒适，透氧性好，减少了眼部干涩等问题，提高了用户的体验感。例如，一些高含水量的水凝胶接触透镜能够提供更好的视觉质量和眼部健康。

② 柔性传感器和执行器　水凝胶的柔性和可调节的力学性能使其成为制造柔性传感器和执行器的理想材料。通过掺入导电物质如碳纳米管或金属纳米颗粒，水凝胶可以用来制作敏感的压力传感器、湿度传感器等。这些传感器可以贴合在不规则表面上，甚至人体皮肤上，用于监测各种生理信号。此外，水凝胶执行器可以对外部刺激（如电信号、温度变化等）做出响应，实现特定的动作输出。

③ 黏合剂　水凝胶还可以用作黏合剂，尤其是在潮湿环境下表现出优良的黏合性能。例如，某些水凝胶黏合剂可以在水下保持黏性，这对于海洋设备的维修和生物医学应用非常有用。这些黏合剂的设计灵感往往来自自然界，比如贻贝足丝蛋白，通过结合仿生设计和化学修饰，实现了强黏附性和环境适应性。

④ pH 传感器和生物传感器　由于水凝胶的体积和性质可以根据周围环境的 pH 值发生变化，因此它们可以用作 pH 传感器。通过检测水凝胶的响应变化，可以间接测定环境的 pH 值。此外，水凝胶还可用于制备更复杂的生物传感器，如葡萄糖传感器，通过结合特定识别元件，实现对目标分子的高灵敏度检测。

⑤ 超级电容器　在能源存储领域，水凝胶作为超级电容器的电极材料或电解质显示出良好的应用前景。通过合理设计，水凝胶可以具备高电导率和大的比表面积，从而实现高效的能量存储和快速充放电。例如，导电聚合物基水凝胶超级电容器具有高功率密度和长循环寿命，适用于便携式电子设备和电动汽车等领域。

（2）消费品领域

① 卫生用品　水凝胶在卫生用品如尿布、卫生巾中的应用也非常广泛。这些产品要求材料具有高吸水能力和良好的保水性，水凝胶正好满足这些需求。通过吸收并锁住水分，水凝胶帮助皮肤保持干燥，减少湿疹等问题的发生，提高使用者的舒适度。

② 化妆品　水凝胶在化妆品中的应用已经非常成熟。它可以作为面膜、爽肤水、乳液等产品的保湿剂，能够有效地提供水分，改善肌肤干燥问题。与传统的保湿剂相比，水

凝胶具有更好的渗透性和保湿效果，能够长时间锁住水分。此外，水凝胶还能够增加化妆品的稳定性和延展性，使其更易于使用和推广。

③ 食品　水凝胶在食品工业中的应用也受到了关注。它可以用于食品的质地改良、营养成分的包封和保护以及食品包装等方面。水凝胶能够吸收和储存大量的水分和养分，形成稳定的水分环境。

（3）医用领域

① 细胞治疗　水凝胶被用于干细胞的三维培养，可通过模拟体内微环境，促进干细胞的定向分化。例如，使用嵌入生长因子的水凝胶可以引导干细胞向特定谱系（如神经元或心肌细胞）分化。在组织再生和癌症免疫治疗中，水凝胶作为细胞递送载体发挥了重要作用。例如，将免疫细胞（如 T 细胞、自然杀伤细胞）封装在水凝胶中，并将其递送到病变部位，可以实现持久的局部免疫治疗效果。

② 组织工程　水凝胶与生物活性分子（如生长因子）或细胞结合，用于骨和软骨缺损的修复。例如，聚乙二醇（PEG）衍生的水凝胶已被用于软骨再生，可提供一个支持细胞生长和基质沉积的临时骨架。

③ 皮肤再生　在皮肤组织工程中，水凝胶作为创伤敷料，不仅可保护伤口免受感染，还能提供湿润环境，促进皮肤细胞的增殖和迁移，加速伤口愈合。例如，海藻酸钠和壳聚糖基水凝胶因其良好的生物相容性和促愈合性能而在临床上得到广泛应用。

④ 药物传递系统　水凝胶被用来装载化疗药物，实现肿瘤部位的持续释放，减少全身毒性。例如，PNIPAAm 水凝胶可以响应温度变化，实现化疗药物的控释。水凝胶还可以递送基因治疗所需的核酸，如 RNA 或质粒 DNA。通过与阳离子聚合物结合，水凝胶可以保护核酸免遭降解，并促进其细胞内摄入。例如，PNIPAAm 纳米凝胶被用于递送 EGFR-RNA，成功抑制了卵巢癌的生长。

⑤ 伤口敷料　通过在水凝胶中加入抗菌剂（如银纳米粒子）和促愈合成分（如生长因子），可以实现伤口的高效愈合。例如，壳聚糖基水凝胶因其天然的抗菌和促愈合特性，被广泛用于慢性伤口的治疗。

⑥ 美容医学　透明质酸基水凝胶被广泛用作面部填充剂，通过注射的方式填补皱纹和凹陷，达到美容效果。这类填充剂不仅能够即时塑形，还能刺激胶原蛋白的生成，维持长期效果。

（4）农业领域

① 土壤改良剂　水凝胶可以吸收并保持大量水分，改善土壤的保水能力。例如，在干旱地区，将水凝胶混入土壤中，可以显著提高土壤的保水能力，减少灌溉次数。它还能改善土壤结构，防止土壤侵蚀，提高土壤的透气性和肥力。

② 植物生长调节剂　水凝胶可以作为植物生长调节剂的载体，缓慢释放营养物质和植物激素，促进植物生长。例如，使用水凝胶可以显著提高作物的发芽率和幼苗的生长速度。它还可以用于种子包衣，保护种子免受外界环境的影响，提高种子的萌发率。

③ 农业灌溉　水凝胶可以用于制备高效节水的灌溉系统。例如，将水凝胶与灌溉水混合，可以使水分缓慢释放到土壤中，减少水分的蒸发和流失，提高灌溉效率。它还可以用于制备自灌溉的种植容器，减少人工灌溉的需求。

④ 农业病虫害防治　水凝胶可以用于制备农药缓释剂，使农药缓慢释放，延长药效，减少农药的使用量。

⑤ 农业传感器　水凝胶可以用于制备农业传感器，如土壤湿度传感器，实时监测土壤的水分状况，为精准灌溉提供数据支持。

⑥ 农业大数据　水凝胶可以用于制备农业大数据的存储和传输设备，提高数据的安全性和传输效率。

（5）环境治理及保护

① 工业染料去除　在环境保护领域，水凝胶可用于去除工业废水中的染料。通过适当的化学改性，水凝胶内部可以形成丰富的吸附位点，有效地吸附水中的染料分子。例如，基于壳聚糖或聚丙烯酸的水凝胶对多种染料显示出高效的吸附能力，并且可以通过简单的方法再生，降低处理成本。

② 重金属离子吸附　水凝胶在处理重金属污染方面也展现出了巨大的潜力。通过引入特定的功能基团，水凝胶可以选择性地吸附水中的重金属离子，如铅、镉、汞等。含有氨基、羧基等功能基团的水凝胶材料对重金属离子具有较高的吸附容量和较快的吸附速率，适用于大规模的水质净化。

③ 农业废弃物处理　水凝胶可以用于处理农业废弃物，如将其与畜禽粪便混合，可以制成有机肥料，提高肥料的利用效率。

总体而言，目前对水凝胶的研究主要集中在提高其力学性能、开发自愈合和智能响应特性、拓展其在组织工程和再生医学中的应用，以及探索其在柔性电子和环境治理中的潜力。这些研究方向不仅推进了水凝胶的基础科学研究，也为未来的实际应用开辟了新的途径。通过不断优化和创新，水凝胶有望在更多领域实现突破，带来深远的影响。

1.3.2.3　市场规模

根据阿谱尔的统计及预测，2023 年全球水凝胶市场销售额约为 14.2 亿美元，预计到 2033 年将达到 45.7 亿美元，2024—2033 年的复合年增长率（CAGR）为 6.9%。全球水凝胶市场主要区域包括亚太地区、北美、欧洲、拉丁美洲以及中东和非洲。由于北美地区医疗研发支出不断增加，在 2023 年占据市场主导地位。以水凝胶贴销售为例，日韩制药公司均有水凝胶贴生产，产品在全球销售，拜耳、强生等公司也有水凝胶贴产品，多委托日韩制造。水凝胶贴均为化学药物水凝胶贴，且镇痛类产品占 98%。全球水凝胶贴年产销量为 80 亿～100 亿贴，日本帝国制药是最大的水凝胶贴生产厂家，其年产水凝胶贴数量高达 12 亿～20 亿贴（连接起来可绕地球 4 周），日本久光（年产 9 亿贴）、急救药品（年产 6 亿贴），韩国第一制药等均为规模化的水凝胶贴生产商。

目前，国外水凝胶市场的主要参与者有 3M、Novartis、ConvaTec、Coloplast、Axel-gaard、Teikoku Pharma、Hisamitsu、Johnson & Johnson、Hollister、Paul Hartmann 和 Molnlycke Health Care 等。

参考文献

[1]　王薇，李丹杰，李菲，等．水凝胶在医学领域的研究现状 [J]．橡塑技术与装备，2024，50（5）：

18-22.

[2] 陈天宇. 载银碳纳米管聚乙烯醇水凝胶的制备及其水蒸发性能研究 [D]. 杭州：浙江农林大学，2023.

[3] 潘晓丹. 环糊精 MOF 材料负载百里香酚及在樱桃番茄保鲜中应用 [D]. 广州：华南理工大学，2022.

[4] 张浩，苏佳灿. 水分的魔术师：水凝胶的应用与展望 [J]. 科学，2024，76（2）：37-40.

[5] 杨盼盼，杨建军，吴庆云，等. 淀粉基水凝胶的制备及其应用进展 [J]. 精细化工，2024，06：1-16.

[6] 刘玉珊. 电/磁双重刺激响应水凝胶的制备及其在软机器人领域的应用 [D]. 扬州：扬州大学，2023.

[7] 王仲楠，郭慧，母悦山. 基于多巴胺改性纳米复合水凝胶的制备和性能 [J]. 材料研究学报，2024，38（4）：269-278.

[8] 刘鹏涛，樊荣，汪文雪. 纳米纤维素复合水凝胶的制备及其在食品工业中的研究进展 [J]. 天津科技大学学报，2024：1-8.

[9] 朱佳辰，钟源，武均，等. 玉米秸秆生物炭复合水凝胶材料的制备及性能研究 [J]. 高分子通报，2024：1-12.

[10] 杨帆. 生物响应性降解水凝胶的制备及其骨修复性能的研究 [D]. 上海：华东理工大学，2012.

[11] 江凯. 细菌纤维素-壳聚糖复合水凝胶的制备及其在抗菌敷料与药物释放中的应用研究 [D]. 广州：华南理工大学，2021.

[12] 聂华荣，柳明珠. 羧甲基纤维素钠水凝胶的制备及其生物降解性研究 [J]. 功能高分子学报，2003（4）：553-556.

[13] Yoshida R，Uchida K，Kaneko Y. Comb-type grafted hydrogels with rapid deswelling response to temeperaure changes [J]. Nature，1995，374：240.

[14] Kwon C，Bae Y H，Kim S W. Electric erodible polymer gel for controlled release of drugs [J]. Nature，1991，354：291.

[15] Osada Y，Okuzaki H，Hori H. Apolymer gel with electrically driven motility [J]. Nature，1992，335：242.

[16] 赵新，崔建春，刘多明，等. 辐射合成的水凝胶的结构与溶胀特性 [J]. 高分子学报，1994，5：600-608.

[17] Miyazaki T，Yamaoka K，Kaneko T，et al. Hydrogels with the ordered structures [J]. Science and Technology of Advanced Materials，2000，1：201.

[18] 单军. 国内有关高聚物水凝胶的合成、溶胀性能及其结构表征的研究 [J]. 化工新材料，1996，11：2-11.

[19] Kaneko Y，Sakai K. Rapid deswelling response of poly（N-isopropylacrylamide）hydrogels by the formation of water release [J]. Macromolecules，1998，31：6099.

[20] Hu Z B，Chen Y Y，Wang C J. Polymer gels with engineered environmentally responsive surface patterns [J]. Nature，1998，393：149.

[21] Hoffman A S，Afrassiabi A，Dong L C. Thermally reversible hydrogels：Ⅱ. Delivery and selective removal of substances fromaqueous solutions [J]. Controlled release，1986，4：213.

[22] 纪淑玲，彭勃，林梅钦，等. 黏度法研究胶态分散凝胶交联过程 [J]. 高分子学报，2000，1：65.

［23］ 左榘，牛爱珍，安英丽，等．凝胶化反应全过程的激光光散射跟踪研究［J］．高分子学报，1998，4：419.

［24］ Matsumoto A，Fujihashi M，Aota H. Gelation in free radical terpolymerization of poly（allyl methacrylate）crosslinked polymer nanosphere with allyl benzoate and vinyl benzoate［J］. Eur Polym J，2003，39：2023.

［25］ Konak C，Jakes J. Dynamic light scattering from polymer solutions and gels at the gelation threshold［J］. Polymer，1991，32：1077.

［26］ 马光辉，苏志国．新材料与应用技术-新型高分子材料［M］．北京：化学工业出版社，2003.

［27］ Falamarzian M，Varshosaz J. The effect of structural changes on swelling kinetics of polymeric/hydrophobic pH-sensitive hydrogels［J］. Drug Dev Ind Pharm，1998，24：667.

［28］ KouJ H，Amidon G L，Lee P I. pH-dependent swelling and solute diffusion characteristics of poly（hydroxyethylmethacrylate-*co*-methyarylic acid）hydrogels［J］. Pharm Res，1988，5：592.

［29］ Peppas N A，Klier J. Controlled release by using poly（methacrylic acid-*g*-ethylene glycol）hydrogels［J］. Controlled Release，1991，16：203.

［30］ Tanaka T，Nishio I，Sun S T，et al. Collapse of gels in an electrical field［J］. Science，1982，218：467.

［31］ IrieM. Photoresponsive polymers［J］. Adv Polym Sei，1990，94：27.

［32］ Mamada A. Photoinduced phase transition of gels［J］. Macromolecules，1990，23：1517.

［33］ Ishihara K. Glucose induced permeation control of insulin through a complex membrane consisting of immobilized glucoseoxidase and a poly（amide）［J］. Polym J，1984，16：625.

［34］ Hassan C M. Dynamic behavior of glucose-responsive poly（methacrylic acid-*g*-ethylene glycol）hydrogels［J］. Macromolecules，1997，30：6166.

［35］ Jin Y，Zhang L. Structure and control release of chitosan/carboxymethyl cellulose microcapsules［J］. Appl Polym Sei，2001，82：584.

第**2**章
水凝胶的分类与结构特性

2.1 水凝胶的分类及质量标准

2.1.1 水凝胶的分类方法

水凝胶作为一种重要的高分子材料，在医药、环境、农业、食品等多个领域都有广泛应用。对其分类进行深入了解，有助于更好地理解和应用水凝胶的性质和功能。根据不同的分类标准，水凝胶可以分为多种类型。

2.1.1.1 根据网络键合方式分类

水凝胶是由亲水性高分子通过交联作用形成的三维网络结构，交联可以通过化学键（如共价键、离子键）或物理作用力（如氢键、静电作用、链的缠绕）实现。根据网络键合方式的不同，水凝胶可以分为物理凝胶和化学凝胶。

（1）物理凝胶

通过物理作用力（如氢键、静电作用、链的缠绕等）形成的凝胶。这种凝胶是非永久性的，可以通过加热等方式转变为溶液，因此也被称为假凝胶或热可逆凝胶。例如，PVA 经过冰冻融化处理可以形成在 60℃以下稳定的水凝胶。

（2）化学凝胶

通过化学键（如共价键、离子键）交联形成的三维网络聚合物，是永久性的，又称为真凝胶。例如，聚丙烯酸（PAA）通过化学交联剂交联形成的水凝胶。

2.1.1.2 根据大小形状分类

根据水凝胶大小形状的不同，有宏观凝胶与微观凝胶（微球）之分。根据形状的不同，宏观凝胶包括柱状、球状、膜状、纤维状和多孔海绵状等。这些不同形状的水凝胶在实际应用中各有优势。

① 柱状水凝胶　可用于特定的支撑结构或者作为填充材料。

② 球状水凝胶　因其较大的比表面积，常用于药物释放系统或者生物传感器。

③ 膜状水凝胶　由于其薄而平坦的特性，适合用于伤口敷料或者生物膜的模拟。

④ 纤维状水凝胶　具有较高的拉伸强度和柔韧性，可用于组织工程中的支架材料。

⑤ 多孔海绵状水凝胶　其多孔结构有利于细胞的附着和营养物质的交换，因此在组织工程和药物传递领域有广泛应用。

微观凝胶（微球）的大小在微米级和纳米级之间。这种微小尺寸的水凝胶具有以下特点：

① 高比表面积　能够提供更多的反应位点，增强与周围环境的相互作用。

② 快速响应　由于其尺寸小，能够更快地响应外界刺激，如温度、pH 值等。

③ 精确控制　可以通过改变微球的大小和组成，精确控制其物理化学性质，以满足不同的应用需求。

④ 生物相容性　微观凝胶在生物医药领域有广泛应用，如药物载体、细胞培养和组织修复等。

2.1.1.3　根据对外界刺激的响应情况分类

根据水凝胶对外界刺激的响应性，可分为传统水凝胶和环境敏感性水凝胶两大类。传统水凝胶对环境如温度或 pH 值等的变化不敏感；而环境敏感性水凝胶是指自身能感知外界环境（如温度、pH 值、光、电、磁场等）微小的变化或刺激，并能产生相应的物理结构和化学性质变化甚至突变的一类高分子凝胶，刺激响应性水凝胶根据响应因素不同又可分为如下几种。

① 温敏性水凝胶　其体积能随温度变化的高分子水凝胶，可分为热胀型温敏性水凝胶和热缩型温敏性水凝胶。前者是指水凝胶的溶胀度在最低临界溶解温度附近随温度发生突变式增加，大分子链因水合而伸展；后者是指水凝胶在较高温度下大分子链聚集而收缩，溶胀度急剧下降，而在低温时则发生溶胀。聚丙烯酰胺水凝胶以及甲基丙烯酸、丙烯酸经共价交联聚合后形成的水凝胶均具有热胀温度敏感性。

② pH 响应性水凝胶　是其体积随环境 pH 值变化的高分子水凝胶。这类凝胶大分子网络中具有可解离成离子的基团（羧基、磺酸基或氨基），它们根据环境 pH 值变化夺取或释放质子，而含有大量可电离基团的聚合物被视为电解质。例如，PAA 在 pH 值高的条件下电离，而聚甲基丙烯酸 N,N-二乙氨基乙酯（PDEAEM）在低 pH 值时离子化。利用 pH 响应性水凝胶的这种性质可以方便地调节和控制凝胶内药物的扩散和释放速率。

③ 光敏感性水凝胶　是由于光辐照而发生体积变化的凝胶，这种凝胶网络中一般都具有光敏感基团，当遇到紫外光辐照时，光敏感基团发生光异构化或光解离，因基团构象和偶极矩变化而使凝胶溶胀。具有光异构化性能的典型化合物是偶氮苯、三苯甲烷无色染

料衍生物。将三苯甲烷无色染料衍生物和 N-异丙基丙烯酰胺共聚制备出光敏感的水凝胶。在某一温度下，水凝胶在紫外光的照射下发生不连续溶胀，停止照射后发生收缩。在紫外线照射状态下，凝胶随着温度变化显示不连续的体积变化，而紫外光照射停止时，凝胶的体积变化是连续的。利用这种性质可以将凝胶应用于光能转化为机械能的执行元件等方面。

④ 电敏感性水凝胶 一般由交联聚电解质（分子链上带有可离子化的基团）高分子网络构成。只要网络上带有电荷，无论是合成高分子还是天然高分子，所有的电解质凝胶对电场作用都有反应，比如在接触电场作用下会产生电收缩。网络上带正电的凝胶，在电场作用下，水从阳极放出；带负电时凝胶中的水从阴极释放。电解质凝胶在电场作用下的这种收缩现象，是由水分子的电渗透效果而引起的。在非接触电场下电解质凝胶发生弯曲，其行为依赖于胶体中的聚离子浓度。它们的变形是由两个原因引起的：一是凝胶内外离子浓度差引起的渗透压变化；二是聚合物网络内聚离子浓度减少引起的组分变化。

⑤ 磁敏感性水凝胶 是对磁场敏感的水凝胶。它可借助超声波使磁性离子在水溶液中分散，制备包埋磁性粒子的高吸水性磁敏感性水凝胶。例如，通过在聚 N-异丙基丙烯酰胺中引入 γ-Fe_2O_3 制的的磁响应水凝胶，在磁场改变的条件下，因磁滞损耗而产生热量，从而可将该凝胶应用于化学机械系统的能量转换器。

2.1.1.4 根据合成材料分类

根据合成水凝胶的原料来源可分为天然高分子水凝胶和合成高分子水凝胶。天然高分子由于具有更好的生物相容性、对环境的敏感性以及丰富的来源、低廉的价格，正在引起越来越多的重视，但是天然高分子材料稳定性较差，易降解。天然水凝胶主要由胶原、明胶、透明质酸、壳聚糖等多糖和纤维蛋白合成。合成水凝胶则是由合成亲水性的高分子通过物理或化学作用交联而成的，这些合成亲水性的高分子包括聚丙烯酸及其衍生物、聚乙烯醇、聚氧乙烯、聚丙烯酰胺等。

2.1.1.5 根据交联方式分类

水凝胶可以分为物理交联水凝胶和化学交联水凝胶。物理交联水凝胶是可逆凝胶，主要是通过非共价相互作用如氢键、疏水相互作用、结晶作用或配位键等形成的一种水凝胶。这类交联方式不需要化学反应，而是依靠分子间的物理作用力来构建网络结构，例如，氢键交联水凝胶是利用可逆的弱相互作用力——氢键，在特定条件下反复形成和断裂，聚乙烯醇水凝胶就是通过氢键交联形成的一种常见水凝胶。疏水缔合交联水凝胶是通过疏水基团在水环境中聚集形成的。这种聚集作用可以在一定程度上增强水凝胶的机械强度和稳定性。例如，聚丙烯酰胺与疏水改性的聚丙烯酸共混形成的水凝胶，通过疏水缔合作用增强了整体的力学性能。化学交联水凝胶则是通过牢固的共价键交联形成稳定的网络结构，涉及化学反应如迈克尔加成、席夫碱反应、巯基-烯点击反应等。化学交联水凝胶是不可逆凝胶，通常具有更高的稳定性和机械强度，如丙烯酰胺类水凝胶、聚酯类水凝胶等。例如，聚丙烯酸与聚丙烯酰胺通过迈克尔加成反应形成的水凝胶，具有良好的生物相容性和机械强度。壳聚糖与醛基化的透明质酸通过席夫碱反应形成的水凝胶，具有优异的自愈合能力和生物黏附性。

2.1.1.6 其他分类

根据聚合方式的不同进行分类，主要包括：

① 均聚水凝胶　是由单一类型的单体通过聚合反应形成的。这类水凝胶的网络结构相对简单，性能主要由单体的性质决定。例如，聚丙烯酸水凝胶就是一种常见的均聚水凝胶，通过丙烯酸单体的聚合反应形成。

② 共聚水凝胶　是由两种或两种以上不同类型单体共同参与聚合反应形成的。通过调节不同单体的比例和种类，可以获得具有特定性能的水凝胶。例如，丙烯酸（AA）和丙烯酰胺（AM）的共聚物水凝胶，通过这两种单体的协同效应，可以获得既具有良好机械强度又有高吸水性的水凝胶。

③ 互穿聚合物网络（interpenetrating polymer network，IPN）水凝胶　是由两种或两种以上的聚合物网络互相穿插但不互相融合而形成的一种特殊结构的水凝胶。这种结构赋予水凝胶更加优异的力学性能和稳定性。例如，PVA 和 PAA 的互穿网络水凝胶，通过PVA 和 PAA 的独立网络互相穿插，形成具有优良机械强度和吸水性的水凝胶。

根据所带电荷的性质进行分类，主要分为以下几种。

① 非离子水凝胶　是构成网络的聚合物上没有带电荷基团的水凝胶。这类水凝胶的溶胀行为主要由物理相互作用（如氢键、疏水相互作用）决定，而不是由离子间的相互作用决定。常见的非离子水凝胶包括聚丙烯酰胺、聚乙烯醇等。

② 离子水凝胶　是指构成网络的聚合物上带有可解离的离子基团，能够在水中解离出游离离子。根据所带电荷的类型，离子水凝胶又可以进一步分为阴离子水凝胶和阳离子水凝胶。阴离子水凝胶带有负电荷基团，如羧基（—COOH）、磺酸基（—SO$_3$H）等。这些基团在水中可以解离出 H$^+$，从而使聚合物带上负电荷。常见的阴离子水凝胶包括聚丙烯酸、聚丙烯酸钠（PAANa）等。阳离子水凝胶带有正电荷基团，如季铵盐基团（—NH$_3^+$）。这些基团在水中可以吸引 Cl$^-$ 等负离子，从而使聚合物带上正电荷。常见的阳离子水凝胶包括聚甲基丙烯酰氧乙基三甲基氯化铵（PMETAC）等。

③ 两性水凝胶　是在同一聚合物链上同时带有正负两种电荷基团的水凝胶。这样的结构使得两性水凝胶具备独特的性质，如较高的溶胀率和较好的机械强度。

2.1.2　水凝胶质量的判断标准

水凝胶质量检测的标准通常会根据其应用领域和特性要求的不同而有所差异，水凝胶质量的判断标准涉及多个方面，包括物理性能、化学性能、生物性能等，以下是一些常见的评估水凝胶质量的检测项目及其参考标准。

2.1.2.1　物理性能检测

（1）溶胀率

水凝胶在水中的溶胀程度是一个重要指标，合格的水凝胶应该能够在一定时间内达到预期的溶胀率，并且在不同环境条件下保持稳定。水凝胶的溶胀率（SR）通常按如下公式测定：

$$SR = \frac{W_s - W_d}{W_d} \times 100\%$$ (2-1)

式中　W_s——溶胀平衡时的质量，g；

　　　W_d——初始质量，g。

（2）力学性能

包括弹性模量、拉伸强度、断裂伸长率等。这些指标反映了水凝胶的机械强度和柔韧性，对于其在实际应用中的性能至关重要。黏弹性一般参照 ASTM D412、ASTM D5289 等标准进行拉伸或蠕变测试，拉伸强度、断裂伸长率等一般参照 ISO 37、ASTM D882 等标准测试。

（3）透明度和雾度

一般性评价参照 ASTM D1003、ISO 13468 等标准，对于某些应用，如隐形眼镜或光学传感器，水凝胶的透明度和雾度需要满足特定的标准。

（4）密度

水凝胶的密度可以影响其在不同介质中的浮力和沉降速度，因此这也是一个重要的物理性能指标。

（5）热性能

水凝胶的热性能标准主要包括以下几个方面。

① 热稳定性　通过热重分析（TGA）来测量水凝胶的热稳定性和热分解温度，这可以揭示水凝胶在高温环境下的稳定性，为其在高温条件下的应用提供指导。

② 热响应性　对于热响应型水凝胶，其热响应性可以通过观察相应的膨胀变化和体积收缩行为来判断。

③ 热致相变　热致相变水凝胶是一种可以在温度变化下发生可逆相变的水凝胶材料。在低温下，热致相变水凝胶处于一种溶胀状态，吸收水分并形成凝胶结构。当温度升高到临界温度（也称为相变温度）时，水凝胶会发生相变，失去水分并收缩成较小的体积。

④ 热响应增韧　热响应型水凝胶可以根据温度的变化改变其力学性能，主要有两种类型：LCST 型和 UCST 型。

2.1.2.2　化学性能检测

（1）pH 值

水凝胶的 pH 值应该在一个合适的范围内，以确保其与周围环境的兼容性和生物相容性。

（2）离子含量

某些水凝胶可能需要特定的离子浓度来维持其稳定性或功能，因此离子含量的检测也是必要的，可依据具体用途和相关行业标准进行离子含量分析。

（3）化学稳定性

水凝胶在不同化学环境中的稳定性需要进行评估，以确保其在实际应用中的可靠性。

耐化学药品性一般参照《塑料　耐液体化学试剂性能的测定》（GB/T 11547—2008）等相关标准。

2.1.2.3　生物性能检测

在医疗器械中，与人体相接触或植入体内的医疗器械都存在一定的风险性。这类医疗器械一般称为生物材料和人工器官。生物材料是指与人体组织接触或取代、修复病变组织的天然或合成材料；人工器官是指当人体因疾病或创伤而导致器官出现严重不可修复的病变时，用模拟器官功能的人工装置暂时或永久替代已基本丧失功能的病变器官。生物材料和人工器官除少数作为诊断或康复用途外，其中大部分是以治疗疾病为目的，它们直接或间接与人体的组织和血液相接触。医疗器械质量的好坏直接关系到使用者的生命安全，因此，在用于临床前必须进行一系列的生物学评价。医疗器械与人体接触或植入人体后对宿主人体的影响是一个非常复杂的过程，主要发生四种生物反应：组织反应、血液反应、免疫反应和全身反应。

（1）组织反应

当植入器械出现在人体的血管外组织中时，植入器械附近会发生不同程度的炎症。当材料含有毒性物质时，易造成组织坏死或发生突变引起癌症。

（2）血液反应

当器械与血液接触时，首先在器械表面有一层蛋白吸附，不同材料制成的器械与血液作用情况不同，血液相容性不好的材料甚至在几秒到几分钟内由血液细胞和纤维蛋白形成血栓。血栓形成还与血液流速和流动方式有关。

（3）免疫反应

有些医疗器械在与人体接触时，可能会导致一系列免疫反应，包括体液反应和细胞反应。例如人工肾用的透析器纤维素膜会导致补体激活、淋巴细胞亚群的变化等。

（4）全身反应

以上三种反应会形成局部的毒性反应，也会进一步发展形成全身整体毒性反应。同时，进入体内的一些毒性物质也可诱发分子突变，甚至形成癌变。

鉴于此，针对直接与人体接触或在体内使用的医疗器械，需要建立一套生物学评价程序，通过微生物试验（体外试验）和动物试验（体内试验）来评价医疗器械对细胞和动物体的有害作用，并通过以上试验综合预测其在临床使用时是否安全。

为了保障医疗器械在临床应用的安全有效性，各国、各组织积极制定相关的生物学评价标准，我国从 20 世纪 70 年代开始研究生物医用材料的生物相容性及其评价方法。国际标准化组织（ISO）于 1989 年成立 TC194 技术委员会，专门负责研究制定医疗器械生物学评价系列标准。1992 年，该委员会发布 ISO 10993—1992 系列标准十几种，来规范医疗器械的生物学评价。我国在 ISO 10993—1992 标准的基础上，根据实际情况，于 1997年提出了医疗器械生物学评价试验标准，即 GB/T 16886 系列标准（现已陆续更新）。对于医用或生物相关的水凝胶通常有如下评价标准。

（1）细胞毒性试验

对于生物医学应用的水凝胶，必须进行细胞毒性试验，以确保其对细胞的安全性。细胞毒性试验一般参照 ISO 10993-5 或 GB/T 16886.5 等生物相容性评价标准。

（2）血液相容性试验

如果水凝胶可能与血液接触，如在医疗器械中，那么血液相容性试验是必不可少的。血液相容性试验一般参照 GB/T 16886.4 或 ISO 10993-4 等标准。

（3）生物降解性

对于可降解的水凝胶，其降解速度和产物的安全性需要进行评估。生物降解性根据实际需求和相关规定进行测定。

（4）药物释放性能

通常采用药物装载效率和药物释放曲线特性进行评估。如果水凝胶被用作药物载体，则其药物装载效率需要满足预期的要求，水凝胶的药物释放特性应该与预期的治疗效果相匹配，因此需要进行详细的药物释放曲线测试。

2.1.2.4 微观结构判断

通过显微镜观察水凝胶的微观结构，可以评估其均匀性、孔隙率和交联程度等。红外光谱、X 射线衍射、核磁共振等分析方法可以提供关于水凝胶分子结构和化学键的信息，有助于评估其质量。

2.1.2.5 其他特定性能检测

根据水凝胶的具体应用，可能还需要进行其他特定性能的检测，如导电性、抗菌性、阻燃性等。这些判断检测标准仅为一般性指导，具体的检测项目和执行标准应结合实际情况以及国家和行业的相关标准来确定，如 ASTM、ISO、YY/T 等标准，以确保检测结果的准确性和可比性。同时，选择具有 CMA、CNAS 等资质认证的检测机构进行检测，可以保证检测结果的公正性和可靠性。

2.1.3 水凝胶的保存

（1）选择合适的容器

水凝胶的保存容器应该是密封的，以防止水分的蒸发和外界污染物的进入。常见的容器包括玻璃瓶、塑料瓶或聚丙烯管。同时，容器的大小应该与水凝胶的体积相匹配，以减少与空气接触的面积。

（2）保持干燥环境

水凝胶对湿度非常敏感，因此保存时应尽量保持干燥的环境。可以在保存容器中放置一些干燥剂，如硅胶或干燥剂袋，以吸收容器内的湿气。在封闭容器时，要确保容器内没有多余的空气，以减少湿气的存在。

（3）存放在阴凉处

水凝胶对温度的要求不高，但是过高的温度可能会导致水凝胶熔化或变形。因此，建议将水凝胶保存在阴凉的地方，避免阳光直射或高温环境。

（4）避免振动

振动可能会导致水凝胶的分散性降低，影响其吸水性能。

（5）冷冻干燥

对于一些水凝胶，冷冻干燥是一种有效的保存方法。通过真空冷冻干燥法，水凝胶生成多孔结构，可以解决水凝胶原有保存不稳定和使用不方便等问题。冻干后，水凝胶物质剩留在冻结时的冰架之中，呈疏松多孔的海绵状，体积几乎不变，内表面积大，复水性良好，而且含水极少，能在常温下长时间保存。

（6）使用保鲜剂

对于生物纤维素水凝胶，一种保存方法是将其在液体保鲜剂中浸泡，且生物纤维素水凝胶与液体保鲜剂一起包装。这种方法能够获得良好的保鲜效果，无须真空密封，保存期在常温下也可延长至 40 周。

（7）避免污染

在制备和使用水凝胶过程中，要注意避免细菌和其他微生物的污染。可以使用无菌操作技术，如在无菌环境中制备水凝胶、使用无菌容器储存等。

（8）保持湿润

水凝胶在干燥环境中容易失去水分，导致性能下降。因此，在储存和使用过程中，要保持水凝胶的湿润状态。可以通过添加保湿剂、使用密封容器等方法来实现。

（9）温度

某些水凝胶在高温下可能会发生溶胀或降解，因此在储存和使用过程中要注意控制温度。一般来说，将水凝胶保存在 4℃或更低温度下可以延长其使用寿命。

2.2 水凝胶的基本结构

2.2.1 水凝胶的组成成分

2.2.1.1 聚合物网络

水凝胶的基本骨架是由聚合物链构成的网络结构。聚合物链通过化学或物理交联形成三维网络。这些聚合物链可以是天然高分子，如琼脂糖、海藻酸盐、壳聚糖等，也可以是合成高分子，像聚丙烯酰胺、聚 N-异丙基丙烯酰胺等。琼脂糖是由琼脂二糖重复单元组成，琼脂糖分子间通过氢键等相互作用形成凝胶结构。而合成高分子则可以通过精确的化学合成方法来控制其结构和性能。以聚丙烯酰胺为例，它是由丙烯酰胺单体通过自由基聚合反应合成的，其聚合物链上的酰胺基团可以与水分子形成氢键。

其独特的聚合物网络结构赋予了水凝胶许多特殊的性质，如高含水量、柔软性、生物相容性等，这使得水凝胶在众多领域有着广泛的应用，包括生物医学、农业、环境科学等。对水凝胶聚合物网络结构的深入研究有助于更好地理解其性能并进一步开发其应用潜力。

（1）水凝胶聚合物网络的基本组成单元

① 单体

a. 亲水性单体　丙烯酸及其衍生物是常见的亲水性单体。例如，丙烯酸分子中含有羧基（—COOH），羧基具有亲水性，可以与水分子形成氢键。在聚合反应中，丙烯酸单体之间通过共价键连接形成聚合物链。丙烯酰胺也是广泛使用的亲水性单体。丙烯酰胺分子中的酰胺基团（—CONH$_2$）能够与水产生相互作用，它的聚合反应可以通过自由基聚合等方式进行，形成线型或支化的聚合物链段。

b. 疏水性单体　为了调节水凝胶的性质，有时会引入少量疏水性单体，例如苯乙烯（St），它是一种具有苯环结构的疏水性单体。当苯乙烯与亲水性单体共聚时，可以改变水凝胶的溶胀性能、力学性能等。疏水性单体在聚合物网络中的分布会影响水凝胶对疏水性物质的吸附能力等特性。

② 交联剂

a. 化学交联剂　最常见的化学交联剂是 N,N'-亚甲基双丙烯酰胺（MBAA）。在自由基聚合反应中，MBA 分子中的两个双键可以分别与不同的聚合物链发生反应，从而将不同的聚合物链连接起来，形成三维网络结构。其交联作用能够有效地限制聚合物链的运动，使得水凝胶具有一定的形状稳定性。戊二醛也可作为交联剂使用，尤其是在一些生物基水凝胶的制备中。戊二醛的醛基可以与含有氨基的聚合物链发生缩合反应，实现交联过程。不过，戊二醛具有一定的毒性，在生物医学应用中需要对其残留量进行严格控制。

b. 物理交联剂　物理交联主要依靠分子间的非共价键作用，如氢键、离子键等。例如，在一些由聚电解质组成的水凝胶中，离子键可以起到交联的作用。聚电解质水凝胶中的带电基团之间相互吸引，形成物理交联点。另外，一些生物大分子之间的氢键也可以构建水凝胶的网络结构，如蛋白质分子之间通过氢键相互作用形成水凝胶网络。

（2）水凝胶聚合物网络的构建方式

① 自由基聚合

a. 引发体系　传统的热引发体系，例如过硫酸铵（APS）和亚硫酸钠（Na$_2$SO$_3$）组成的引发体系。过硫酸铵在加热条件下分解产生自由基，这些自由基可以引发单体聚合。在水凝胶的制备中，这种引发体系常用于丙烯酸及其衍生物的聚合反应。光引发体系是另一种重要的引发方式。光引发剂如 2-羟基-2-甲基-1-苯基-1-丙酮（Darocur 1173）在光照下能够产生自由基。光引发聚合具有反应速度快、可在温和条件下进行且时空可控性强的优点，适用于制备具有复杂形状或特定功能的水凝胶。

b. 聚合反应过程　以丙烯酸和 N,N'-亚甲基双丙烯酰胺的聚合为例，在引发剂作用下，丙烯酸单体的双键打开，开始进行链增长反应。随着反应的进行，聚合物链不断增长，当链增长到一定程度时，MBA 的双键与聚合物链上的活性位点反应，形成交联结构，逐渐构建起三维网络结构。在这个过程中，反应温度、单体浓度、交联剂用量等因素都会影响聚合物网络的结构和性能。

② 缩聚反应

反应类型：聚酯型水凝胶可以通过缩聚反应制备。例如，由多元醇和多元酸进行缩聚反应。以乙二醇和对苯二甲酸为例，在一定的反应条件下，醇羟基（—OH）和羧基

（—COOH）发生缩合反应，脱去水分子，形成酯键（—COO⁻）。随着反应的进行，多个单体分子之间不断反应，形成线型或支化的聚合物链，再通过进一步的交联反应构建水凝胶的网络结构。聚酰胺型水凝胶的制备也是基于缩聚反应。由二胺和二酸反应，氨基（—NH₂）和羧基（—COOH）缩合形成酰胺键（—CONH⁻）。在缩聚反应中，反应体系的酸碱度、反应温度和反应物浓度等对聚合物网络的形成和性能有显著影响。

③ 其他聚合方式

a. 离子聚合 在一些特殊的水凝胶制备中，离子聚合也被采用。例如，阳离子聚合可以用于制备含有阳离子单体的水凝胶。阳离子单体如甲基乙烯基醚（MVE）在阳离子引发剂作用下进行聚合反应。离子聚合的特点是反应速度快、对反应条件要求较为严格。由于离子聚合过程中没有链终止反应（在理想情况下），故可以得到分子量很高的聚合物链，这些聚合物链通过交联等方式构建水凝胶网络。

b. 开环聚合 某些环状单体可以通过开环聚合形成水凝胶的聚合物网络。例如，己内酯（CL）可以进行开环聚合。在引发剂作用下，己内酯的环状结构打开，单体之间依次连接形成聚合物链。开环聚合可以精确控制聚合物的分子量和结构，并且可以通过引入不同的功能基团来调节水凝胶的性能。

2.2.1.2 水相

水在支持水凝胶形态方面发挥着重要作用，赋予水凝胶弹性、促进溶质扩散等力学性能，保证了水凝胶在诸多方面的潜在应用。在聚合物网络中的水表现出与其三相（气、液、固）不同的独特性质。随着材料科学研究的快速发展和新型水凝胶的出现，水的独特性质变得更加复杂，这种复杂性源于水受其存在的位置和微环境的影响。本书将阐述水凝胶中水的存在状态、分布和行为，并结合水分子对聚合物的官能团和侧链、交联网络参数以及三维结构的孔隙大小和有序性的影响，来了解水分子在调节水凝胶性能方面的重要作用。

（1）水凝胶中的水：状态、分布和行为

在 20 世纪 70～90 年代，大量的研究工作致力于表征聚合物体系中水的存在状态，包括水合水、伴生水、结合水与自由水、高密度水与低密度水以及冷冻水与非冷冻水。水凝胶中水的"三态"模型的发展包括"结合""中间"和"自由"状态。水凝胶中的水分子可以分为三类：围绕亲水官能团的水分子，如酰胺基团（—CONH—、—CONH₂）、羟基（—OH）、氨基（—NH₂）和硫酸盐（—SO₃H）等；以嵌入式存在于笼形或其他结构的疏水性基团周围的水分子；除前两部分外的大部分自由区域的水分子。能够与亲水基团形成强相互作用的水分子称为强结合水（SBW），这部分水在温度低于 260～265K 的条件下就可以解冻。与亲水性基团的相互作用较差的水分子称为弱结合水（也被称为"中间水"，WBW），这部分水在温度 260～265K 和 273K 时均会发生相态转变，从固态解冻为液态。与聚合物网络几乎没有相互作用、具有接近体积水性质的水分子称为自由（非结合）水（NBW），这部分水在温度为 273K 左右时结晶。基于相变行为，水凝胶中的水也被分为非冻结水（即 SBW）、冻结结合水（WBW 和一少部分 SBW）和自由水。三种水态在界面处的行为和相对含量取决于聚合物的长度、极性、电荷、交联度、固体填料颗粒的类型和含量、溶质和溶剂或共溶剂和/或共吸附剂的类型和含量、材料的形貌、孔隙度、拓扑结构、表面化学和总体含水量等。材料的水化程度反过来影响材料的性能，进而影响水凝胶的应用环境。

（2）水凝胶材料

用于合成水凝胶的材料非常丰富，而每种材料都具有独特的化学和物理性质，这导致合成的水凝胶中分子链之间的相互作用和微观结构存在非常明显的差异，因此，三种状态的水分子在水凝胶中的分布受到聚合物结构的影响，特别是聚合物官能团的极性和空间排列对水分子的分布情况的影响尤为显著。由含有大量极性基团如羟基、氨基、羧基、酰胺基团等的材料合成的水凝胶表现出高吸水性或高溶胀性。常见的官能团按极性递减顺序依次为：酰胺＞羧酸＞醇＞酮～醛＞胺＞酯＞醚＞烷烃。这说明聚合物取代的类型和水平是影响水凝胶体系中水分布的重要因素之一。一个明显的例子是亲水性羟丙基纤维素水凝胶比甲基纤维素水凝胶的 SBW 含量明显更高。这是因为当极性官能团电离时，会对周围水分子的结构产生实质性的影响。Akagi 等利用具有均匀网络结构的四臂聚乙二醇（tetrai-PEG）水凝胶作为模型，发现水凝胶的表面润湿性在很大程度上取决于带电基团的浓度，特别是那些没有配对和离子稳定的基团，随着带电基团浓度的增加，接触角从 70° 减小到 38°，这是因为具有较高势能的带电基团具有将表面的 NBW 分子向内牵拉的能力，从而导致更高的润湿性。Maeda 等发现，聚乙烯磺酸钠、聚丙烯酸钠、聚 L-赖氨酸氢溴酸盐和聚丙烯胺盐酸盐中水的氢键网络结构的扰动程度远大于水溶性中性聚合物（如聚 1-乙烯基-2-吡咯烷酮和聚乙二醇）。可电离基团的数量影响聚合物网络中水态的分布。例如，低 pH 下质子化氨基或高 pH 下去质子化羧基的增加使 SBW 含量增加。此时，由于静电排斥而增大的水凝胶网络尺寸也促进了更多的水分进入水凝胶网络结构中。然而，由于静电水合效应的抵消，两性离子型聚合物和同时具有阳、阴离子侧基的聚合物（两性聚合物）不会显著干扰水的氢键网络结构。在具有两性结构的聚合物中，极性基团首先发生水合作用。系统中水分子和亲水中心之间形成的第一个氢键促进了后续氢键的形成以及与非极性疏水单元的相互作用。通过调节聚合物亲水、疏水区域之间的平衡，可以影响聚合物周围或凝胶中水的行为。例如，疏水基团可能对凝胶相中的水分子形成的水合壳产生长程扰动效应，导致水凝胶的持水能力降低。当聚合物具有疏水和亲水区域的最佳平衡时，它可以表现出优异的整体水合氢/水流动性，以及理想的水通道网络拓扑结构。此外，侧链的理想长度促进了侧链的运动，从而有可能充当"桨轮"或"转子"，以增强周围环境的流动性。许多研究表明，聚合物侧链的长度、数量和其他结构参数会影响水。Sekine 等发现，聚丙烯酰胺（PAAm）水凝胶中的大多数结合水分子与 PAAm 侧链上的亲水基团形成了四个强氢键，而由于聚-N,N-二甲基丙烯酰胺（PDMAA）侧链上的两个额外甲基的影响，结合的水分子与周围的水分子形成了弱氢键。PDMAA 侧链上的疏水基团导致水凝胶内结合水分布不均。此外，过长的侧链可能会增加疏水相互作用，导致聚集和疏水坍塌，而过多的侧链则可能由于空间位阻的增加而降低水凝胶中的含水量。Czaderna-Lekka 等观察到当聚乙二醇甲基醚甲基丙烯酸酯（POEGMA）的寡醚链长 $n \geqslant 7$ 时，POEG-MA 网络随着低聚醚链长的增加，聚合物结晶相的范围也扩大了。这表明侧链可能会影响网络中水通道的形成，因为水结晶需要系统中存在连续的水通道。

（3）交联网络参数

水凝胶的形成需要两个重要条件。首先，在聚合物链上存在亲水基团，以促进水进入网络结构并停留。其次，大分子链之间要有一定的交联强度以形成网络。根据交联机理，水凝胶可分为物理交联、化学交联和多重交联三种类型（图2-1）。

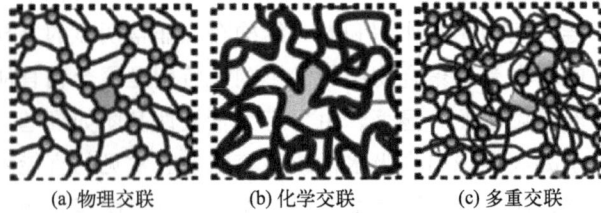

(a)物理交联　　　　(b)化学交联　　　　(c)多重交联

图2-1　水凝胶中的孔隙和交联网络结构

物理交联水凝胶一般由弱二次力和可逆的分子间相互作用生成，如氢键、离子/静电相互作用、结晶/立体配合物形成、疏水/亲水相互作用。化学交联方法包括自由基聚合、高能辐射、缩合反应（如羟基/氨基和羧酸之间的缩合反应）、醛互补、点击化学（如叠氮化物-炔和叠氮化物-炔环加成反应、硫基-乙烯砜和硫基-马来酰亚胺 Michael 加成反应）和酶激活生物化学等。一些更复杂的水凝胶是通过联合交联方法诱导合成的。相同的组成成分采用不同的交联方法可以形成具有不同交联网络结构的水凝胶，从而表现出不同的物理化学性能。例如，Chuang 等比较了化学和物理特性相似但交联方式不同的胶原蛋白水凝胶，发现两种胶原水凝胶材料之间交联键的差异导致了扩散、微观结构和力学性能上的差异。共价交联的水凝胶渗透性较低，密度更大，网络更强。水凝胶的网络参数包括网孔大小、相邻交联点之间聚合物链的平均分子量（M_C）和交联密度（ρ_x）。Wu 等研究了不同交联密度下化学交联聚乙二醇水凝胶中水和小溶质扩散的分子动力学。聚乙二醇水凝胶的链分子在 $572\sim3400$ 之间，随着交联密度的增加，水在聚合物-水界面的扩散减小，离子和罗丹明的扩散减慢。模拟实验结果与阻塞尺度理论相似。一般情况下，网孔尺寸越小，M_C 越低，交联密度越高。这降低了水进入和扩散的能力，从而影响水凝胶的宏观膨胀行为，但水凝胶的保水率可能会增加。此外，更高的聚合物体积分数、更小的聚合物分子量、更大的交联剂浓度和更长的交联时间都会减少水凝胶共聚物链之间容纳水的空间，从而产生高刚性结构。Kogon 等利用场循环核磁共振和 3-Tau 模型对各向异性聚半乳糖醛酸水凝胶的水动力学进行了研究。发现表面层扩散时间 τ_ℓ 与聚半乳糖醛酸浓度无关。解吸时间 τ_d 随聚半乳糖醛酸浓度的增加而减小，随网孔尺寸的减小而减小。因此，水从表层到主体的解吸与网孔尺寸之间存在相关性。如果聚合物链的分子量增加，水凝胶的平衡膨胀度也会增加，因为交联密度降低，网孔尺寸增大。此时，冻结水和非冻结水含量均增加，且冻结水增加的程度更大。当混合不同分子量的低聚物时，当量分子量的增加同样导致平衡膨胀度和冻结水量的增加。在平衡状态下，通常使用 Flory-Rehner 方程将水凝胶的交联密度（ρ_x）与其体积膨胀比（Q，聚合物体积分数的倒数）联系起来。式（2-2）是 Flory-Rehner 方程的简化版本。假设一个高度膨胀的体系（$Q>10$），忽略其聚合物链端。Flory-Rehner 理论描述了聚合物-溶剂（水）混合自由能引起的渗透压与水凝胶中的网络弹性之间的溶胀平衡。

$$Q = \rho_x^{-\frac{3}{5}} \left(\frac{\frac{1}{2} - 2\chi_1}{V_1} \right)^{\frac{3}{5}} \quad\quad\quad (2\text{-}2)$$

式中　Q——体积膨胀比；

　　　ρ_x——凝胶的交联密度，mol/cm^3；

　　　V_1——溶剂的摩尔体积，对于水，$V_1 = 18cm^3/mol$；

　　　χ_1——溶剂和聚合物之间的相互作用参数。

综上所述，非冷冻水（SBW）的含量主要受网络化学结构的影响。另外，冷冻水（NBW 和冷冻结合水）的量主要取决于聚合物网络的网状结构和尺寸。

（4）三维结构的多样性

除了聚合物网络中相邻交联之间的可用空间外，一些水凝胶在其三维结构中还具有物理孔隙。

水凝胶根据其网孔尺寸、物理孔径大小可分为四类。它们的网孔尺寸、物理孔径和主要水态为：微孔水凝胶（<1.4nm），以 SBW 为主；超微孔水凝胶（1.4～3nm），包括 SBW 和 WBW；介孔水凝胶（3～50nm），包括 SBW、WBW 和 NBW；大孔水凝胶（>50nm），主要是 NWB。Yan 等利用二维红外（2D IR）振动回波和偏振选择泵-探针（PSPP）光谱技术发现，孔隙改变了水和溶质的动力学和相互作用。水分子在孔内的运动是均匀的。大孔、多孔结构和孔弹性松弛可以为水的传递提供快速通道。此外，在连通孔隙存在的情况下，表面张力驱动的毛细作用可以加速水的输送，从而影响水凝胶中水的扩散方式和速率。

当水凝胶网络中的孔隙以一维（排列通道）或二维（分层）有序排列并以互联或非互联状态存在时，就会出现各向异性。在 Zhao 等设计的各向异性分层多孔聚 2-羟乙基甲基丙烯酸酯-co-丙烯酰胺水凝胶中，水表现出沿着大而长的排列通道单向扩散。Mito 等设计了一种具有各向异性的聚衣康酸十二烷基甘油三酯/聚丙烯酰胺（PDGI/PAAm）超分子水凝胶，该水凝胶由树轮状 PDGI 嵌入 PAAm 凝胶基质形成层状双层结构，表现出准一维轴向水的扩散和单向胀缩行为。Meo 等发现，在结构有序的硬化葡聚糖/硼砂水凝胶中，水具有异常的各向异性轴向增强扩散行为。这些结果表明，有序的水凝胶结构可能导致水分子表现出对扩散方向的依赖性，而不是在所有方向上均匀扩散。当然，跨层扩散是可能存在的，但会受到限制。

核壳水凝胶在药物递送、生物传感、环境修复和组织工程等方面具有重要的应用价值。在没有外部力学约束的情况下，水凝胶网络通过均匀和各向同性的膨胀达到平衡。当它们应用于不同的场景时，由于力学约束无处不在，聚合物网络的膨胀通常会达到不均匀和各向异性的平衡状态。Zhao 等通过计算发现，在核壳界面附近，水浓度大大降低，应力较高。在这个平衡状态下，凝胶中的水分布是不均匀的，所以不应该用菲克定律来分析水在凝胶中的扩散行为，而应该用一般的动力学规律来进行分析。

（5）水随着外部环境的变化

① 干燥环境　随着水凝胶中的水分蒸发，水凝胶的性质发生了显著变化。脱水过程

分为三个阶段。在第一阶段，NBW 大部分蒸发，聚合物网络因此收缩，但聚合物网络的纠缠结构阻止了收缩。水形成的氢键强度也随着含水量的降低而降低，O—H 键长度缩短，说明随着水的蒸发，聚合物网络中水的密度降低。在第二阶段，失水速率增加，聚合物网络继续收缩，尽管速率几乎保持不变，但是 WBW 的蒸发在聚合物网络的孔隙空间中形成了一个液气界面。在这一阶段结束时，由于毛细作用导致网络崩溃，聚合物经历玻璃化转变，表现为能量的快速转移。在第三阶段，剩余的水以 SBW 的形式存在。玻璃态聚合物中的水由弱氢键组成，形成四方结构，表明存在二维氢键网络。

此外，由于 SBW 分子和 WBW 分子之间形成氢键，所有水分子的扩散系数在干燥过程中急剧降低，这些氢键充当聚合物链之间的交联剂。根据 Xu 等的研究，由于聚合物网络的微观约束和松弛同时存在，水凝胶在脱水过程中可以同时变硬和变软。凝胶中的预松弛和缠结程度的差异都对水凝胶脱水产生了影响。在复吸水过程中，采用不同方法干燥后的水凝胶具有不同的吸水行为。例如，冻干水凝胶在溶胀过程中表现出菲克扩散行为，而采用空气干燥的水凝胶在溶胀过程中表现出松弛机制。

② 低温环境　在低温条件下，水凝胶中的 NBW 形成稳定的六边形冰，而冻结结合水通过缓慢冷却形成亚稳冰，通过淬火形成非晶态冰。用等温结晶法测定冻结结合水的成核速率和晶体生长速率，其晶体生长速度比自由水慢约 10 倍。冷冻结合水的成核速率和晶体生长速率由等温结晶测量确定，其晶体生长速率比自由水慢约 10 倍。这与利用 Gibbs-Thomson 关系式推算出的冰点降低一致，其中 SBW 和 WBW 中的冰核向较低温度（SBW 较低）移动。随着水合程度的降低，结晶温度和起始熔化温度都降低，这可以用 SBW 的增加来解释。水凝胶晶体的生长可以作为聚合物链之间的交联点，因此冻融过程将增加交联点的数量，同时提高凝胶的力学性能和水的扩散速度。

③ 机械负荷　当水凝胶变形时，水凝胶内的水分子随聚合物网络迁移。Pasqui 等发现，在剪切应力的作用下（如通过注射器针头），水分子可以从结合态变为半结合态。反过来，会降低水凝胶的力学性能，使其变软或变硬。在特定的长度和时间下，水凝胶内部的水迁移及其与环境的交换会对水凝胶的变形和断裂产生重大影响。例如，在固定的机械载荷下，预切割的水凝胶会发生延迟断裂。这种现象被解释为与水迁移相关的典型断裂行为。Yang 等证实，浸入水中的水凝胶比浸入油中的水凝胶更容易发生延迟断裂。Li 等提出了一种基于纳米限制聚合（NCP）的通用凝胶增韧策略。

2.2.2　水凝胶的网络结构类型

水凝胶的网络结构可以分为多种类型，包括以下四种。

（1）单网络结构

单网络（single network，SN）结构水凝胶是一种具有单一交联网络结构的水凝胶。交联方式可以是共价键、氢键或其他物理相互作用。其特点在于聚合物链通过一种交联方式形成稳定的网络，当水分进入后被"困"在网络中，展现出软弹特性，这种相对简单的网络结构，使水凝胶面对外界压力时支撑能力有限，强度较差。

单网络水凝胶的合成方法多种多样，常见的包括自由基聚合、光交联、化学交联等。

例如，通过硫醇-烯化学聚合可以形成具有可控交联的单网络水凝胶，这种方法可以有效地抑制均聚反应，从而实现交替网络的形成。单网络水凝胶的力学性能受到多种因素的影响，包括交联密度、聚合物链的长度和分布以及交联点的性质。研究表明，单网络水凝胶的应力-拉伸响应与其网络结构密切相关，通过调整这些参数可以显著改变其力学性能。单网络水凝胶由于其良好的生物相容性和可调节的力学性能，在生物医学领域有广泛的应用。例如，它们可以用于细胞打印、组织工程支架的制备，以及药物递送系统的设计。

（2）双网络结构

双网络（double network，DN）结构水凝胶是一种由两个互相贯穿或部分贯穿的复合网络组成的聚合物材料。双网络结构水凝胶通常由两个独立却相互交织的网络组成。第一个网络是通过密集的交联点充分交联形成的具有脆性和刚性的聚合物网络，如聚电解质，在受到外部应力时提供牺牲键，通过键的断裂吸收大量能量，从而保护第二网络不被立即破坏，并为水凝胶提供机械强度和刚性，起到初始承载和保护作用。第二个网络则是通过疏松的弱交联或非交联形成的柔韧而有弹性的聚合物网络，为整体结构提供弹性和回复能力，使水凝胶整体具备柔韧性和高拉伸性，能够在第一网络断裂后继续维持整个水凝胶的完整性，并允许水凝胶在去除应力后恢复原状。

有机-有机双网络水凝胶的合成通常涉及两种不同的亲水性聚合物网络的先后形成。经典的两步聚合法是最常用的制备方法之一。例如，第一步可以通过自由基聚合形成第一网络，随后在第二步中通过另一单体的聚合形成第二网络。这种方法要求在第二网络的形成过程中不对第一网络造成破坏。有机-无机双网络水凝胶结合了有机聚合物和无机材料的优点。无机成分（如纳米粒子、黏土等）不仅可以增强水凝胶的力学性能，还可以带来额外的功能性，如导电性、磁响应性等。合成这类水凝胶通常涉及无机材料的表面改性，以便更好地与有机网络相结合。例如，通过化学接枝或原位聚合等方法，可以使无机纳米粒子均匀分散在聚合物网络中，形成稳定的复合结构。

双网络结构水凝胶有如下几方面的特点。

① 强韧性和高机械强度　双网络结构最显著的优点之一就是卓越的韧性和机械强度。通过两个网络的协同作用，水凝胶可以在承受大变形时有效分散和吸收能量，防止材料迅速失效。例如，当水凝胶受到拉伸或压缩时，第一网络中的脆性成分会发生断裂，消耗大量能量，而第二网络则通过其弹性变形来适应这种应力，确保整体结构不会发生灾难性破坏。

② 抗疲劳和抗损伤能力　由于双网络结构的存在，水凝胶具备出色的抗疲劳和抗损伤能力。即使在反复或长时间的应力作用下，材料也不易出现累积损伤导致的功能衰退。第一网络通过不断断裂和重组，有效地耗散了能量，而第二网络则保证了材料的持续恢复能力。

③ 高度可恢复性和形状记忆　双网络水凝胶往往表现出高度的可恢复性和形状记忆特性。这得益于第二网络的弹性设计，使得材料在去除外部应力后能够恢复原状。这种特性在实际应用中尤为重要，尤其是在需要材料重复使用的场景下。

④ 导电性和传感性　在一些特定的设计中，双网络水凝胶还可以具备导电性和传感性。通过引入导电材料（如碳纳米管、金属纳米线等）或者使用导电聚合物（如聚吡咯、

聚苯胺等），水凝胶不仅可以传导电流，还可以对外界刺激（如压力、湿度、温度等）做出响应，显示出巨大的应用潜力，特别是在智能穿戴设备和生物医学传感器领域。

⑤ 生物相容性和多功能性　双网络结构的设计允许水凝胶在保持高强度的同时，仍具备良好的生物相容性和多功能性。这对于组织工程、药物释放、生物黏合剂和可穿戴传感器等应用至关重要。通过合理选择和设计构成网络的聚合物，可以使水凝胶模拟自然组织的力学性能，同时具备所需的生物功能。

这种结构的设计允许 DN 水凝胶在保留传统水凝胶高含水量和高黏弹性的优势的同时，克服其脆弱易碎的缺点。其拉伸强度和压缩强度均可达到兆帕数量级，这是大多数具有单一网络的普通水凝胶所无法比拟的。这种结构也克服了传统单网络水凝胶在力学性能上的不足，并因其良好的力学性能、抗溶胀性能和自修复性能而被广泛应用在组织工程、智能传感器和离子吸附等领域。

（3）互穿聚合物网络结构

互穿聚合物网络（interpenetrating polymer network，IPN）结构水凝胶是指两种或多种独立的聚合物网络在分子尺度上相互穿插、缠结，形成一个复杂的三维网络结构。在这个结构中，每个聚合物网络保持自身的连续性，并且没有共价键直接连接不同的网络，但在空间上形成了紧密的交织。这种结构可以通过同时或顺序聚合两种或多种单体来实现，也可以通过对现有网络进行再交联来形成。

互穿聚合物网络结构水凝胶的合成方法有多种。两步法：以聚 N-丙烯酰基甘氨酸（PACG）为第一重网络，聚 N-丙烯酰基甘氨酰胺（PNAGA）为第二重网络，在引发剂的作用下引发单体进行自由基聚合，形成聚 N-丙烯酰基甘氨酸和聚 N-丙烯酰基甘氨酰胺的互穿聚合物网络结构水凝胶。正交自组装：通过小分子水凝胶剂和表面活性剂的正交自组装获得自组装互穿网络。这种 IPN 的非共价特征使其形成完全可逆，可用于双重响应系统。点击反应结合自由基聚合：采用"一锅法"通过水相中酸酐-氨基点击反应与自由基聚合制备 pH 和温度双敏感性互穿网络水凝胶，操作简单、条件温和、反应时间短、绿色环保。互穿聚合物网络结构水凝胶有如下几方面的特点。

① 增强的力学性能　互穿聚合物网络结构的一个显著特点是其大幅增强的力学性能。由于不同网络之间的相互缠绕和纠缠，应力可以在多个网络之间有效地分配，从而提高了整体的机械强度和韧性。例如，在构建具有互穿网络结构的微纤化纤维素/胶原复合水凝胶时，通过优化交联和复合条件，可以使复合水凝胶的机械强度大幅度提升。

② 压缩强度　通过引入互穿聚合物网络结构，水凝胶的压缩强度可以大幅提升。例如，MFC/京尼平交联猪皮胶原水凝胶的压缩强度可达 151.46kPa，是纯猪皮胶原水凝胶的 67 倍。

③ 拉伸强度　互穿聚合物网络结构还能提高水凝胶的拉伸强度，使其在受力时不易断裂。通过调节纳米纤维素的含量、小分子交联剂的用量等参数，可以显著增强水凝胶的拉伸性能。

④ 改善的溶胀性能　互穿聚合物网络结构通过增加交联密度和网络复杂性，可以更好地控制水凝胶的溶胀行为。这种结构允许水凝胶在溶胀时吸收更多的水分，同时又不至于过度溶胀而导致结构破坏。例如，通过引入不同类型的二价金属离子（如 Ca^{2+} 和

Ba^{2+}），可以调节甲基丙烯酸缩水甘油酯（GMA）接枝海藻酸钠水凝胶的溶胀性能，使其在蒸馏水中的溶胀率达到 2607％、1839％和 1408％。

⑤ 多功能性　互穿聚合物网络结构使得水凝胶具备更高的多功能性。通过组合不同特性的聚合物网络，可以获得兼具多种优良性能的复合水凝胶。例如，结合高强度和高韧性的网络，可以设计出适合人工软骨组织工程应用的水凝胶。此外，通过合理设计，可以使水凝胶具备 pH 响应、温度响应等多种智能特性。

⑥ 良好的生物相容性和生物降解性　互穿聚合物网络结构的水凝胶通常表现出良好的生物相容性和生物降解性，这是因为可以通过选择合适的生物相容性聚合物来构建网络。例如，使用微纤化纤维素和胶原蛋白构建的互穿网络水凝胶展示了优异的生物相容性和生物降解性，适用于组织工程和药物缓释等领域。

（4）高阶网络结构

高阶网络（high-order network，HN）结构水凝胶是指在单一或双网络基础上，通过多层次、多尺度的结构设计，进一步优化水凝胶。传统的单网络水凝胶由于其简单的结构，往往难以兼具高强度、高韧性和高弹性。双网络水凝胶通过结合两个不同特性的网络，已经在一定程度上改善了这些问题，但仍然有局限性。高阶网络结构在此基础上，通过引入更多层次的有序结构，实现了跨越微观到宏观尺度的性能优化。

高阶网络结构通常包括 4 个层级。

① 分子链层级　通过特定分子单元的选择和组合，如刚性短链和柔性长链的搭配，形成基本的建筑模块。例如，壳聚糖（CS）作为一种带有正电荷的天然多糖，与聚乙烯醇（PVA）这种柔性高分子相结合，可以提供丰富的相互作用位点。

② 纳米级结构　通过控制分子自组装、结晶等方式可以形成纳米纤维、纳米颗粒等结构。这些结构不仅增强了水凝胶的力学性能，还为其提供了特殊的表面特性和反应活性。

③ 微米级结构　通过微相分离、冰模板法等技术手段，形成双连续相或多相结构。这些结构赋予水凝胶更复杂的力学行为和功能特性，比如提高其韧性和抗冲击性。

④ 宏观层级　对整体结构的宏观调控，使水凝胶具备各向异性、定向传输等功能。例如，通过外场（电场、磁场）诱导、机械拉伸等方法，可以使水凝胶内部的结构呈现有序排列，模拟生物组织的复杂结构。这些多层次结构协同作用，共同提升了水凝胶的力学强度、韧性和其他功能性指标。高阶网络结构水凝胶凭借其优异的综合性能，常被用作组织工程支架材料，能促进细胞生长和组织修复、实现药物的控释，还可用于软体机器人和可穿戴设备中。

高阶网络结构水凝胶通常有 2 种合成方法。

① 冻融法　是一种简便有效的物理交联方法，特别适用于 PVA 基水凝胶的制备。通过反复的冻结-融化过程，可以在 PVA 分子之间形成稳定的物理交联点，从而构建出三维网络结构。具体步骤如下。

a. 溶液制备　将 PVA 溶解于水中，配成一定浓度的溶液。PVA 的醇解度和黏度对其最终形成的水凝胶的性质有很大影响。

b. 冻结　将 PVA 溶液倒入模具中，放入低温环境中（如 $-80 \sim -20^{\circ}C$ 的冰箱）冷冻一段时间。在此过程中，PVA 分子逐渐排列并形成部分结晶区域。

c. 融化 将冻结后的样品取出，在室温下解冻。解冻过程中，PVA 的晶体部分熔化，并与其他分子链形成交联。

d. 循环 重复上述冻结-融化过程数次，以确保充分的物理交联和稳定的网络结构形成。通过调节冻融循环次数、温度和时间参数，可以精确控制水凝胶的内部结构和性能。

② 冰模板法 是一种通过控制冰晶生长来制造具有定向多孔结构水凝胶的方法。具体步骤如下。

a. 溶液准备 将聚合物溶解在水中形成均匀溶液。

b. 控制冻结 通过程序降温，溶液中的水分按照预设方向结晶。冰晶的生长驱使聚合物浓缩并在冰晶周围形成网络。

c. 脱冰 通过升华或其他方式去除冰晶，留下沿冰晶生长方向排列的多孔结构。

这种方法可以制造出具有高度有序和可控结构的水凝胶，适用于需要定向传质和力学各向异性的应用场景。

分子自组装是通过非共价键（如氢键、π-π 堆积、疏水作用等）驱动分子自发形成有序结构的过程。在水凝胶中，可以通过设计特定的分子单元，使其在特定条件下自组装形成纤维、片层等结构，进而提高水凝胶的整体性能。例如，通过改变温度、pH 值等条件，可以触发 PNIPAAm 侧链的塌缩和相互作用，形成具有响应性功能的高阶结构。

高阶网络结构除了能显著提高水凝胶的力学性能外，还赋予了水凝胶许多独特功能。通过多层次结构的设计，水凝胶的强度和韧性得到了大幅增强。例如，高阶双网络（high-order double network，HDN）水凝胶通过优化不同尺度上的结构参数，实现了比传统分子双网络水凝胶更高的力学强度和韧性。具体表现在以下几点。

① 强度 高阶结构通过多层级的相互作用分散应力，防止裂纹扩展，从而提高整体强度。

② 韧性 不同尺度的结构协同作用，吸收更多的能量，使水凝胶在受力时不易脆断，展现出更高的韧性。

③ 生物相容性和抗菌性 通过合理设计分子组成和结构，高阶网络水凝胶可以具备良好的生物相容性和抗菌性能，适合用于组织工程和生物医学领域。

④ 抗溶胀性 通过多层次结构的相互制约作用，水凝胶在溶胀时体积变化更加可控，可维持较高的稳定性。

⑤ 可塑性和响应性 高阶结构设计使水凝胶对外界刺激（如温度、pH 值变化）具有响应性，可以根据环境变化做出相应调整，拓宽了其应用范围。

2.2.3 水凝胶的微观结构特征

水凝胶的微观结构包括：网络孔隙结构，其大小可以通过 TEM 等技术直接观察，网络大小的分布和均匀性会影响水凝胶的力学性能和溶胀行为。水凝胶网络表面存在大量悬挂链，这些悬挂链可以影响水凝胶的表面性质和与其他物质的相互作用。在一些水凝胶中，由于不同聚合物成分的不相容性，会形成相分离结构，这种结构可以通过调节聚合物的比例和交联程度来控制。

2.2.3.1 孔隙结构

水凝胶的孔隙结构是其重要的特征之一，对其性能和应用有着显著影响。水凝胶是由交联聚合物网络构成的材料，其网络结构形成了许多微观孔隙，孔隙的大小、形状和分布对水凝胶的性能有着重要影响。这些孔隙的形成可以通过不同的方法，如冷冻干燥法、溶胶-凝胶法、相转化法等在水相或有机相中形成凝胶，随后通过干燥或冻结等方式得到多孔结构。

（1）冷冻干燥法

冷冻干燥是生产多孔水凝胶支架的一种广泛使用的方法。在这个过程中，水凝胶首先在低温下冷冻，然后在低压下进行干燥，使得水分直接从固态升华为气态，从而在水凝胶中留下孔隙。例如，在一项研究中，为骨组织工程开发的基于交联多糖的水凝胶，先在 0.025％ NaCl 中溶胀，然后在低冷却速率（即−0.1℃/min）下冷冻干燥，最后在增加离子强度的水性溶剂中溶胀。在冷冻步骤中，每个孔都是由一个到几个冰粒的生长产生的，大多数晶体是通过二次成核形成的，因为最初每个支架中都存在很少的成核位点[0.1 核/(cm³/℃)]。聚合物链在晶间空间被排斥，并形成一个宏观网络。升华后，冰粒被平均大小为 280μm 的大孔所代替，并且通过高分辨率 X 射线断层扫描测量，所得到的干燥结构是高度多孔的。

（2）溶胶-凝胶法

溶胶-凝胶法是通过水解和缩聚反应形成凝胶网络，在这个过程中，溶剂分子被包裹在凝胶网络中，当溶剂被去除后，就会留下孔隙。例如，在一些水凝胶的制备中，通过溶胶-凝胶法可以在水相或有机相中形成凝胶，随后通过干燥或冻结等方式得到多孔结构。

（3）相转化法

相转化法是通过改变体系的温度、压力或组成等条件，使得聚合物溶液发生相分离，形成凝胶相和溶剂相，溶剂相去除后形成孔隙。例如，在增强相分离制备超大孔水凝胶的研究中，选取两种具有不同聚集趋势且相互混溶的聚合物（海藻酸钠和聚乙烯酸），在凝胶化过程中，这两种聚合物各自聚集且相互排斥，进而诱导高密度聚合物相的产生，成功在水凝胶内部塑造出更大的孔隙结构。

（4）3D 打印

3D 打印技术可以通过逐层堆积的方式构建具有特定孔隙结构的水凝胶。在打印过程中，可以通过调整打印参数（如喷头大小、打印速度、材料浓度等）来控制孔隙的大小和形状。例如，在 3D 打印具有多级孔结构的水凝胶研究中，制备了一种由微凝胶经主客体包合作用而交联、粘接而成的水凝胶体系，该水凝胶具备一个微凝胶堆叠而成的本征微孔结构。由于主客体包合作用的动态可逆特性，该水凝胶又能通过挤出-凝胶化式的 3D 打印技术得到大孔结构及宏观形貌。此方法中各个尺度的孔结构由不同机理形成，能够独立、精确地控制。

（5）热反向铸造技术

热反向铸造技术是通过在琼脂糖凝胶空间内进行单体溶液的自由基交联聚合反应制备多孔水凝胶，在化学凝胶凝固后将琼脂糖凝胶除去，以形成相互连接的孔隙路径。例如，在一项研究中，通过热反向铸造技术研究了多孔聚丙烯酰胺水凝胶的设计和制造，选择了两种不同的琼脂糖/单体溶液比率来调节水凝胶的孔隙率。

（6）喷涂法

喷涂法可以通过喷涂含有聚合物和交联剂的混合溶液，在特定条件下形成多孔水凝胶涂层。例如，在制备可喷涂多孔水凝胶涂层的研究中，首先喷涂聚乙烯醇（PVA）和单宁酸（TA）混合粉末，随后喷涂戊二醛（GA）水溶液。PVA 和 TA 的水溶解导致氢键网络的瞬时形成，可固定初始颗粒间的孔隙。PVA 与 GA 之间的后续化学交联反应不仅永久稳定了孔隙，还增强了涂层的力学性能。当 TA 含量不足时，初始颗粒间的孔隙难以固定，PVA 完全溶解后才发生交联反应，难以有效形成多孔结构。而当 GA 浓度低时，后交联不完全，动态的 PVA/TA 氢键网络受水分子扩散的影响，将逐渐由多孔结构转变为无孔结构。由此证明，这种两步交联与颗粒溶解的动力学调控是形成孔结构的关键。

孔隙大小可以从纳米级到微米级不等。纳米级孔隙有利于小分子的扩散和吸附，例如在用于生物传感的水凝胶中，纳米级孔隙可以让生物分子（如蛋白质、核酸等）有效地进入水凝胶内部并与识别元件相互作用。微米级孔隙则对细胞的迁移和生长有影响，在组织工程领域，具有合适微米级孔隙的水凝胶可以为细胞提供生长空间，允许细胞在其中移动、增殖和分化。

孔隙的形状也多种多样，有球形、圆柱形、蜂窝状及多尺寸孔结构等。不同形状的孔隙会影响水凝胶的力学性能和流体传输性能。例如，圆柱形孔隙的水凝胶可能在某些方向上具有更好的流体传输性能，而球形孔隙的水凝胶可能具有更均匀的力学性能分布。蜂窝状结构是一种特殊的结构，由许多小孔组成，这些小孔呈蜂窝状排列，形成了一个多孔的网络。例如通过冻干辅助 DLP 3D 打印可以得到具有复杂几何形状的多尺寸孔水凝胶。在这个过程中，由于 Fe^{3+}-羧基交联的存在，冻干后的初级化学交联网络被锁定，冻干诱导的临时多孔结构在水中充分膨胀后被固定并保留。

（1）球形

通过对嵌入的示踪剂颗粒的位移轨迹进行成像来表征水凝胶的孔隙率，当将经过处理避免特定吸附的荧光球形颗粒装载到凝胶中时，其布朗运动引起的位移轨迹报告了孔的尺寸和投影形状，这里提到的孔的投影形状可能为球形。

（2）多尺度孔结构

在一些特殊的水凝胶研究中，如具有多尺度孔结构纤维素基超分子水凝胶，其孔结构包括从微观到宏观的多个尺度，这种情况下孔隙形状是多样化的，可能包含球形、柱状、纤维状等多种形状的组合，以实现不同的功能需求，如细胞黏附、营养物质交换等。

（3）大孔结构

在用于高性能大气集水的大孔水凝胶研究中，大孔水凝胶具有大孔结构，这种大孔的形状可能是不规则的，但具有较大的尺寸，以实现高比表面积和良好的吸附性能。

孔隙的分布可以是均匀的，也可以是不均匀的。均匀分布的孔隙有利于水凝胶性能的均一性，而不均匀分布的孔隙可能会在某些局部区域产生特殊的性能，如在药物释放方面，不均匀孔隙分布可能导致药物在水凝胶中的非均匀释放，这在一些需要局部高浓度药物释放的情况下可能是有利的。水凝胶的孔隙分布情况与其制备方法、材料组成以及应用需求等因素密切相关。表 2-1 是不同制备方法下的孔隙分布特点。

表 2-1　不同制备方法下的孔隙分布特点

制备方法	孔隙分布特点
冷冻干燥法	孔隙分布通常较为均匀,冰晶在冷冻过程中形成的空间结构在干燥后得以保留,从而成为孔隙
溶胶-凝胶法	孔隙分布可以通过调节溶胶和凝胶的形成条件来控制,通常具有较高的孔隙率和均匀的孔隙分布
相转化法	孔隙分布取决于相分离的过程,可以通过调节聚合物的浓度、温度和溶剂的性质来控制
3D 打印	孔隙分布可以通过设计打印路径和参数来精确控制,实现复杂的孔隙结构和分布
热反向铸造技术	孔隙分布取决于琼脂糖凝胶的结构和去除方式,通常具有较高的孔隙率和良好的连通性
喷涂法	孔隙分布取决于喷涂的条件和材料的性质,通常具有较高的孔隙率和均匀的孔隙分布

此外,孔隙分布还会影响水凝胶的物理性质,如吸水率、渗透性、力学性能和生物相容性等。例如,孔隙分布均匀的材料,水分会更加均匀地分布,从而增强材料的吸水率。在设计水凝胶的孔隙分布时,需要根据具体的应用需求选择合适的制备方法和条件,以实现所需的物理性质和功能。

2.2.3.2　聚合物链构象

水凝胶中的聚合物链具有不同的构象,这与聚合物的化学结构、交联方式和环境条件等因素有关。

在未交联的聚合物溶液中,聚合物链通常呈无规卷曲状态。当形成水凝胶时,由于交联点的限制,聚合物链的构象会发生改变。例如,在化学交联密度较高的水凝胶中,聚合物链会被拉伸得更直,而在物理交联且交联密度较低的水凝胶中,聚合物链可能仍然保留一定的无规卷曲特性。

聚合物链的构象会影响水凝胶的弹性、韧性等力学性能。例如,拉伸后的聚合物链在受到外力时会表现出不同的应力-应变行为,与无规卷曲的聚合物链相比,拉伸后的聚合物链在承受拉伸应力时可能会更早地发生断裂,从而影响水凝胶的拉伸强度和断裂伸长率。

2.3　水凝胶的基本理论

对水凝胶制备和性能的研究为水凝胶理论的发展提供了可靠的实验数据,水凝胶理论又为水凝胶产品的制备及改性提供了理论依据,二者相辅相成,相互促进。20 世纪 50 年代,Flory 通过大量实验研究,建立了吸水性高分子的 Flory 吸水理论,为水凝胶的发展初步奠定了理论基础。70 年代 Tanaka 等提出的水凝胶体积相转变理论,使水凝胶的溶胀热力学和动力学理论更为完善,据此可以统一且定量地理解凝胶的性质和行为,开辟了将水凝胶作为功能材料的应用道路。以 Flory 的吸水理论和 Tanaka 的水凝胶体积相转变理论为基础,研究水凝胶的溶胀热力学和动力学理论。

2.3.1 水凝胶热力学理论

经典的 Flory 弹性凝胶理论指出，凝胶溶胀过程的自由能 G、化学位 μ 和渗透压 π 的变化分别如式(2-3)～式(2-5)所示：

$$\Delta G = \Delta G_{mix} + \Delta G_{ela} + \Delta G_{lon} \tag{2-3}$$

式中　ΔG——自由能，kJ；

ΔG_{mix}——混合自由能，kJ；

ΔG_{ela}——弹性自由能，kJ；

ΔG_{lon}——离子自由能，kJ。

$$\Delta \mu_1 = \Delta \mu_{1,mix} + \Delta \mu_{1,ela} + \Delta \mu_{1,lon} \tag{2-4}$$

式中　$\Delta \mu_1$——化学位，kJ/mol；

$\Delta \mu_{1,mix}$——混合化学位，kJ/mol；

$\Delta \mu_{1,ela}$——弹性化学位，kJ/mol；

$\Delta \mu_{1,lon}$——离子化学位，kJ/mol。

$$\pi = \pi_{mix} + \pi_{ela} + \pi_{lon} \tag{2-5}$$

式中　π——渗透压，Pa；

π_{mix}——混合渗透压，Pa；

π_{ela}——弹性渗透压，Pa；

π_{lon}——离子渗透压，Pa。

由式(2-3)可见，水凝胶自由能的变化由混合自由能、弹性自由能和离子自由能的变化三部分构成，下标 mix、ela、lon 分别代表混合能、弹性能和离子能。当凝胶达到溶胀平衡时，$\Delta G = 0$（$\Delta \mu_1 = 0$；$\pi = 0$）。

$$\Delta \mu_1 = \frac{\partial G_1}{\partial n_1}\Big|_{T,P,n_2} = -V_1 \pi \tag{2-6}$$

式中　V_1——溶剂的摩尔体积，m^3/mol；

π——凝胶的渗透压，Pa。

2.3.1.1 混合自由能

当溶质大分子和溶剂分子相互混合时，混合过程会引起整个体系的 Gibbs 自由能产生变化，记为 ΔG_{mix}。

（1）Flory-Huggins 平均场理论

Flory 和 Huggins 提出著名的混合自由能平均场理论，即：

$$\Delta G_{mix} = RT[n_1 \ln(1-\phi_2) + n_2 \phi_2 + \chi n_1 \phi_2] \tag{2-7}$$

或
$$\pi_{mix} = -\frac{RT}{V_1}[\ln(1-\phi_2) + \phi_2 + \chi \phi_2^2] \tag{2-8}$$

式中　R——摩尔气体常数；

T——热力学温度，K；

χ——聚合物-浴剂相互作用参数；

ϕ_2——凝胶的高分子体积分数。

(2) Qian 半经验修改公式

Qian 认为参数 χ 不是常数，而是温度（T）和组成（ϕ_2）的函数，提出半经验公式：

$$\chi(T,\phi_2)=D(T)B(\phi_2)$$
$$D(T)=d_0+d_1/T+d_2\ln T \tag{2-9}$$
$$B(\phi_2)=1+b_1\phi_2+b_2\phi_2^2$$

式中　　　　　　$D(T)$——对变量 T 进行拟合得到的函数；

　　　　　　　　$B(\phi_2)$——对变量 ϕ_2 进行拟合得到的函数；

d_0，d_1，d_2，b_1，b_2——可调节的模型参数。

所以，混合自由能为：

$$\frac{\Delta G_{\mathrm{mix}}}{NRT}=\frac{1-\phi_2}{r_1}\ln(1-\phi_2)+\frac{\phi_2}{r_2}\ln\phi_2+\phi_2\int_{\phi_2}^1\chi(T,\phi)\mathrm{d}\phi \tag{2-10}$$

$$\frac{\Delta\mu_{1,\mathrm{mix}}}{RT}=\ln(1-\phi_2)+(1-\frac{r_1}{r_2})\phi_2+\chi(T,\phi_2)r_1\phi_2^2 \tag{2-11}$$

式中　r_1，r_2——相对摩尔体积，$\mathrm{m}^3/\mathrm{mol}$，$r_1=0$，$r_2=\dfrac{v_2 M_{\mathrm{w2}}}{v_1 M_{\mathrm{w1}}}$。

Bae 等在此基础上进一步简化，提出 $B(\phi_2)=\dfrac{1}{1-b\phi_2}$，其余同 Qian 的修正式。

(3) Choi 修正式

Choi 在式(2-9)～式(2-11)基础上进一步简化，得到下式：

$$\frac{\Delta G_{\mathrm{mix}}}{NRT}=(1-\phi_2)\ln(1-\phi_2)+\phi_2\int_{\phi_2}^1\chi(T,\phi)\mathrm{d}\phi \tag{2-12}$$

$$\chi(T,\phi_2)=D(T)B(\phi_2)$$

$$D(T)=d_0+\frac{d_1}{T} \tag{2-13}$$

$$B(\phi_2)=\frac{1}{1-b\phi_2}$$

推广至二元体系，二元共聚物链段与溶剂的相互作用参数 χ_{nel} 由下式给出：

$$\chi_{\mathrm{nel}}=(1-x)\chi_{\mathrm{AC}}+x\chi_{\mathrm{BC}} \tag{2-14}$$

式中　　　　　　　x——共聚单体的摩尔分数；

χ_{ij}（$i=A$ 或 B，$j=C$）——共聚物链段 i 组分与溶剂的作用参数。

假设只有 A 和 B 两种链段与溶剂产生作用参数，忽视共聚物中 A 和 B 两种链段间的作用参数，则：

$$\chi_{ij}(T,\phi_2)=D_{ij}(T)B_{ij}(\phi_2)$$

$$D_{ij}(T)=d_{0,ij}+\frac{d_{1,ij}}{T} \tag{2-15}$$

$$B_{ij}(\phi_2)=\frac{1}{1-b_{ij}\phi_2}$$

式中 $d_{0.ij}$，$d_{1,ij}$，b_{ij}——可调节的模型参数。

（4）配分函数

Prange 等认为无须采用有关温度依赖参数（如聚合物-溶剂相互作用参数 χ），通过区别氢键和分散力，提出了一种统计力学的配分函数，能很好地用来预测凝胶的溶胀平衡，公式如下：

$$\Delta\mu_{1,\text{mix}}=RT\left[\ln\phi_1+\phi_2-\frac{1}{2}z_1^\alpha q_1\ln\frac{[\Gamma_{11}^{\alpha\alpha}]_{\text{pure}}}{[\Gamma_{11}^{\alpha\alpha}]_{\text{mix}}}-\frac{1}{2}z_1^\beta q_1\ln\frac{[\Gamma_{11}^{\beta\beta}]_{\text{pure}}}{[\Gamma_{11}^{\beta\beta}]_{\text{mix}}}\right.$$
$$\left.-\frac{1}{2}z_1^D q_1\ln\frac{[\Gamma_{11}^{DD}]_{\text{pure}}}{[\Gamma_{11}^{DD}]_{\text{mix}}}\right] \tag{2-16}$$

式中 ϕ_1——溶剂体积分数；

z_1^α，z_1^β，z_1^D——每个 i 组分 α、β、D 位的配分数；

q_1——表面参数；

$\Gamma_{ij}^{\alpha\beta}$——表示 i 和 j 组分的 α 和 β 为接触的非随机因子。

2.3.1.2 弹性自由能

凝胶的弹性理论是在分子结构和热力学概念的基础上发展起来的。凝胶形变时会引起体系熵变，从而导致自由能变化，即弹性自由能 ΔG_{ela}。

（1）Gaussian 链模型

由 Gaussian 链模型可得到：

$$\Delta G_{\text{ela}}=\frac{3\rho_2 RT}{2\overline{M}_c}(\phi_2^{-2/3}-1) \tag{2-17}$$

$$\Delta\mu_{1,\text{ela}}=\frac{\rho_2 RTV_1}{\overline{M}_c}\phi_2^{1/3} \tag{2-18}$$

$$\pi_{\text{ela}}=\frac{\rho_2 RT_1}{\overline{M}_c}\phi_2^{1/3} \tag{2-19}$$

式中 $\overline{M}_c$——交联点间的分子量；

ρ_2——聚合物密度，mol/m^3。

由于端链对于弹性没有贡献，因此有必要对总网链数 N 进行修正。单位体积中理想交联网的网链数 $N_0=\dfrac{\rho_2 N_A}{\overline{M}_c}$，式中 N_A 为 Avogadro 常数。考虑每个线型分子链交联后都有两个末端形成的自由链，故单位体积中有效链的数目为：

$$N_0=N_A\left(\frac{\rho_2}{M_c}-\frac{2\rho_2}{M_n}\right)=\frac{N_A\rho_2}{\overline{M}_c}\left(1-\frac{2\overline{M}_c}{\overline{M}_n}\right) \tag{2-20}$$

式中 $\overline{M}_n$——高分子交联前的数均分子量。

（2）Flory-Erman 弹性理论模型

Flory-Erman 弹性自由能（A_{ela}）由两项构成 $\Delta A_{\text{ela}}=\Delta A_{\text{ph}}+\Delta A_c$。式中，$\Delta A_{\text{ph}}$ 为相

应幻象网络对弹性自由能的贡献，幻象网络是指链段仅承担将作用力转移至与之相连节点的功能，除此之外，不具备材料通常所涉及的任何其他物理或化学性质。交联网络的相邻网链可以相互横切，完全排除交联点周围网链缠结的存在，从而使交联点的波动不受阻碍。ΔA_{ph} 表达式如下所示：

$$\Delta A_{\text{ph}} = \frac{1}{2}\xi k T (\lambda_1^2 + \lambda_2^2 + \lambda_3^2 - 3) \tag{2-21}$$

式中　λ_1，λ_2，λ_3——线性伸长率；

　　　　　ξ——网络中独立的环数；

　　　　　k——玻尔兹曼常数。

上式是普遍的，对于任何忽略官能数和网络缺陷程度的网络都适合。对于一个完美的网络：

$$\xi = \mu_{\text{J}}(\varphi - 2)/2 \tag{2-22}$$

式中　μ_{J}——节点数；

　　　　φ——官能度。

当网络为完美四官能度时，$\xi = \mu_{\text{J}}$。ΔA_{c} 是真实网络对节点在其平均位置上涨落的约束所引起的。ΔA_{c} 取决于受邻近链段约束的节点数 μ_{J}，应力（以 λ_1、λ_2、λ_3 来表示）和参数 κ（反映约束力的强度）。假设邻近链段对节点的约束限制作用符合以涨落以及经受仿射变形的约束空间为变量的高斯函数，则可导出：

$$\Delta A_{\text{c}} = \frac{1}{2}\mu_{\text{J}} k T \sum_{l = 1 \sim 3} \left[B_l - \ln(B_l + 1) + D_l - \ln(D_l + 1) \right] \tag{2-23}$$

式中　ΔA_{c}——弹性自由能，kJ。

$B_l = \kappa^2 (\lambda_l^2 - 1)(\lambda_l^2 + \kappa)^{-2}$，$D_l = \kappa^{-1}\lambda_l^2 B_l$。

参数 κ 为幻象网络节点涨落的均方与被邻近节点约束涨落的均方之比，它表征了节点受邻近链段制约的强度与幻象网络影响的强度之比。其表达式为：

$$\kappa = \frac{1}{4}P\phi_{20}x_{\text{c}}^{1/2} \tag{2-24}$$

式中　P——无因次参数。

这里，P 为无因次参数，取决于高分子本身的特性和溶剂的摩尔体积。对于同向溶胀，$\lambda = \lambda_1 = \lambda_2 = \lambda_3$，所以实际体积 $V = \lambda^3 V^{\ominus}$，其中 $V^{\ominus}$ 是参考体积，故在该条件下的弹性自由能贡献的化学势为：

$$\Delta \mu_{1,\text{ela}} = (\mu_1 - \mu_1^0)_{\text{ela}} = \left(\frac{\partial \Delta A_{\text{ela}}}{\partial \lambda}\right)_T \left(\frac{\partial \lambda}{\partial n_1}\right)_T \tag{2-25}$$

式中　n_1——溶胀网络中溶剂分子的数目。

将 $V = \lambda^3 V^{\ominus}$ 代入即得：

$$\Delta \mu_{1,\text{ela}} = (\mu_1 - \mu_1^0)_{\text{ela}} = \frac{V_1}{3V^{\frac{2}{3}}V^{\ominus\frac{1}{3}}}\left(\frac{\partial \Delta A_{\text{ela}}}{\partial \lambda}\right)_T \tag{2-26}$$

结合上述关系式，得到：

$$\frac{\Delta\mu_{1,\mathrm{ela}}}{RT}=\frac{(\mu_1-\mu_1^0)_{\mathrm{ela}}}{RT}=\frac{V_1}{V^0}\lambda^{-1}\big[\xi+\mu_J K(\lambda)\big] \tag{2-27}$$

$$K(\lambda)\equiv\frac{\dot{B}}{1+B^{-1}}+\frac{\dot{D}}{1+D^{-1}} \tag{2-28}$$

式中，$\dot{B}\equiv\dfrac{\partial B}{\partial\lambda^2}$，$\dot{D}\equiv\dfrac{\partial D}{\partial\lambda^2}$。

考虑两种极端形式，如果高分子网络为幻象网络，则 $k=0$，函数 $K(\lambda)=0$；如果高分子网络为仿射（affine）网络，则 $k\to0$，函数 $K(\lambda)=1-\lambda^{-2}$。上述适用于高斯函数，对于非高斯函数，用 Δx_l 表示节点偏移，C 表示常数，公式为：

$$P(\Delta x_l)=C\exp\big[-\kappa\rho\lambda_l^p(\Delta x_l)^2\big] \tag{2-29}$$

这样，B 和 D 的定义式就变成：$B=\kappa^2(\lambda^2-1)(\lambda^\rho+\kappa)^{-2}$，$D=\lambda^\rho\lambda^{-1}B$。

（3）Flory-Rehner 弹性理论模型

对于同向溶胀，$\lambda=\lambda_1=\lambda_2=\lambda_3$，Flory-Rehner 弹性理论表达式为：

$$\Delta G_{\mathrm{ela}}=\frac{kTv_e}{2}(3\lambda^2-3-\ln\lambda^3) \tag{2-30}$$

Dusek 等对上述理论进行修正，引入了两个参数（A 和 B）得到弹性自由能：

$$\Delta G_{\mathrm{ela}}=kT\Big[\frac{3Av_e}{2}(\lambda^2-1)-Bv_e\ln\lambda^3\Big] \tag{2-31}$$

式中 v_e——弹性活性链的数目。

参数 A 和 B 为常数。后来人们发现参数 A 和 B 取决于凝胶的溶胀率，进一步应用节点涨落理论对参数 A 和 B 进行了解释，得到：

$$\Delta G_{\mathrm{ela}}=kT\Big[\frac{3Av_e}{2}\phi_{20}^{\frac{2}{3}}(\phi_2^{-\frac{2}{3}}-1)-Bv_e\ln\phi_2^{-1}\Big] \tag{2-32}$$

式中 ϕ_{20}——凝胶网络形成时聚合物体积分数。

其中：

$$A=\frac{\phi-2}{\phi}+\frac{2\phi_2}{\phi},\quad B=\frac{2\phi_2}{\phi} \tag{2-33}$$

下限 $\phi_2\to0$ 对应于幻象网络（phantom network），是普遍形式。而上限 $\phi_2\to1$ 不是普遍形式，因为参数 A 可能不保持一致。于是得到化学势的表达式：

$$\frac{\Delta\mu_{1,\mathrm{ela}}}{RT}=Z-\phi_2 Z_{\phi2} \tag{2-34}$$

$$Z=G_{AB}=\frac{\Delta G_{\mathrm{ela}}}{NRT}=\frac{3A}{2m_c}\phi_{20}^{\frac{2}{3}}(\phi_2^{\frac{1}{3}}-\phi_2)+\frac{B}{m_c}\phi_2\ln\phi_2 \tag{2-35}$$

式中，$Z_{\phi2}=\dfrac{\partial Z}{\partial\phi_2}$。

$$Z_{\phi2}=\phi_0^{\frac{2}{3}}\Big[\frac{A}{2m_c}(\phi_2^{-\frac{2}{3}}-3)+\frac{3}{\phi m_c}(\phi_2^{\frac{1}{3}}-\phi_2)\Big]+\frac{B}{m_c}(\ln\phi_2+1)+\frac{2\phi_2}{\phi m_c}\ln\phi_2 \tag{2-36}$$

式中 ϕ_2——凝胶网络形成时聚合物的体积分数；

m_c——每个链段占有的格子数。

2.3.1.3 离子自由能

离子自由能是由凝胶内外抗衡离子浓度差引起的，主要以渗透压（π_{lon}）表示：

$$\pi_{\text{lon}} = RT \sum_l (C_l^g - C_l^s) \tag{2-37}$$

式中 C_l^g 和 C_l^s——凝胶内部和外部活动离子 i 的浓度。

（1）一价离子

根据 Donnan 平衡理论，即：

$$C_+^g C_-^g = C_+^s C_-^s = (C_{\text{salt}}^s)^2 \tag{2-38}$$

式中 C_{salt}^s——外部溶液盐浓度。

根据阴离子凝胶内部电中性要求，即：

$$C_+^g = C_-^g + \frac{F}{\overline{V}_r} \phi_2 \tag{2-39}$$

式中 $\overline{V}_r$——高分子重复单元的摩尔体积；

F——凝胶网络有效电荷的摩尔分数。

结合上面关系式，最终得到：

$$\frac{\pi_{\text{lon}}}{RT} = 2C_{\text{salt}}^s(K-1) + \frac{F}{\overline{V}_r} \phi_2 \tag{2-40}$$

其中 K 值由下式给出：

$$K\left(K + \frac{F\phi_2}{\overline{V}_r C_{\text{salt}}^s} - 1\right) = 0 \tag{2-41}$$

式中 F——化学电荷密度的函数，一般由经验公式给出；

K——凝胶和溶液两相抗衡离子的分配系数，$K = C_-^g / C_{\text{salt}}^s$。

（2）二价离子

如果聚合物链段上是二价离子，则需要涉及第一和第二电离常数（K_{a1} 和 K_{a2}），其渗透压表达式如下：

$$\pi_{\text{lon}} = RT \frac{\phi_2^2 X^2}{4I\overline{V}_r^2} \left\{ \frac{2K_{a1}K_{a2} + 10^{-\text{pH}}K_{a1}}{2[(10^{-\text{pH}})^2 + 10^{-\text{pH}}K_{a1} + K_{a1}K_{a2}]} \right\}^2 \tag{2-42}$$

式中 X——凝胶网络中离子化聚合物的质量分数；

I——外部溶液的离子强度；

pH——外部溶液的 pH 值。

水凝胶体系涉及聚合物网络、溶剂以及它们之间的相互作用，实际情况相当复杂。目前大多热力学模型在关联水凝胶溶胀行为时往往忽略了由氢键、链段缠绕等引起的物理交联作用，以及交联剂交联效率对节点数的影响，从而造成这些理论模型不能很好地反映真实的凝胶体系，直接预测凝胶的溶胀行为存在困难。

2.3.2 水凝胶动力学理论

2.3.2.1 Tanaka动力学模型

凝胶的溶胀一度被认为是溶剂小分子向聚合物网络扩散的过程，溶胀时间取决于溶剂小分子的扩散系数。Tanaka 和 Fillmore 纠正了这种错误观点，并提出了著名的 Tanaka 凝胶动力学模型，已知有 THB 理论：

$$\frac{\partial \overline{u}(r,t)}{\partial t} = \frac{\text{div}\overline{\sigma}}{f} \tag{2-43}$$

式中　$\overline{u}(r,t)$——位移矢量，代表聚合物网络偏离凝胶溶胀平衡位置的位移；

　　　　f——聚合物网络与流体介质之间的摩擦系数；

　　　　$\overline{\sigma}$——应力张量，Pa。

在这种定义下，$t=\infty$ 时，$u=0$。$\overline{u}(r,t)$ 是空间和时间的函数。σ_{lk} 与位移矢量 $\overline{u}(r,t)$ 的关系为：

$$\sigma_{ik} = K\,\text{div}\overline{u}\delta_{ik} + 2\mu\left(u_{ik} - \frac{1}{3}\text{div}\overline{u}\delta_{ik}\right) \tag{2-44}$$

式中　σ_{ik}——垂直于 i 轴的单位平面上 k 方向的力，N；

　　　　K——聚合物网络的体积模量；

　　　　μ——聚合物网络的剪切模量；

　　　　δ_{ik}——克罗内符号，是区分不同方向的量，当 $i=k$ 时，$\delta_{ik}=1$，当 $i\neq k$ 时，$\delta_{ik}=0$；

　　　　u_{ik}——位移梯度张量的分量，描述位移在空间上的变化情况。

则上式变为：

$$\frac{\partial u}{\partial t} = \frac{K+\dfrac{\mu}{3}}{f}\text{grad}(\text{div}\overline{u}) + \frac{\mu}{f}\Delta\overline{u} \tag{2-45}$$

式中　Δ——Laplacian 算子。

对于球形凝胶，位移矢量是球形对称，$\overline{u}(\overline{r},t) = u(r,t)\overline{r}/r$，则径向应力表示为：

$$\sigma_{rr} = \left(K+\frac{4\mu}{3}\right)\frac{\text{d}u}{\text{d}r} + 2\left(K-\frac{2\mu}{3}\right)\frac{u}{r} \tag{2-46}$$

位移数值遵循下面运动方程式：

$$\frac{\partial u}{\partial t} = D\frac{\partial}{\partial r}\left\{\frac{1}{r^2}\left[\frac{\partial}{\partial r}(r^2 u)\right]\right\} \tag{2-47}$$

式中　D——凝胶的扩散系数，$D=(K+4\mu/3)/f$。

结合初始条件 $u(r,t)=\Delta a_0(r,a)(t=0)$ 和边界条件 $\left(K+\dfrac{4\mu}{3}\right)\dfrac{\text{d}u}{\text{d}r} + 2\left(K-\dfrac{2\mu}{3}\right)\dfrac{u}{r}=0$，并忽略剪切模量 μ 得到凝胶动力学方程：

$$u(r,t) = -6\Delta a_0\sum_{n=1}^{x}\frac{(-1)^n}{n\pi}\left(\frac{X_n\cos X_n - \sin X_n}{X_n^2}\right)\times\exp\left(-n^2\frac{t}{\tau}\right) \tag{2-48}$$

式中　Δa_0——溶胀过程中水凝胶球体半径的总增加量，cm；

X_n——溶胀参数，$X_n \equiv n\pi \dfrac{r}{a}$；

τ——溶胀的特定时间，$\tau \equiv \dfrac{a^2}{D}$，min；

a——达到溶胀平衡时水凝胶球的最终半径，cm；

t——整个溶胀时间，min。

当 $0 < t/\tau < 0.25$ 时，$\Delta a(t)/\Delta a_0$ 随着 t/τ 增加急剧减小，当 $t/\tau > 0.25$ 时，$\Delta a(t)/\Delta a_0$ 基本与 t/τ 呈线性关系。在第二种情况下，级数第一项 $\exp(t/\tau)$ 要比其他项大得多，占绝对优势。因此凝胶在溶胀过程中的半径的变化可简化为：

$$\Delta a(t) = \Delta a_0 \frac{6}{\pi^2} \sum n^{-2} \exp\left(-n^2 \frac{t}{\tau}\right) (r = a) \tag{2-49}$$

2.3.2.2 理论模型修正

Tanaka 凝胶动力学理论提出后，能很好地解释凝胶的溶胀行为，获得了巨大的成功，后来人们在此基础上进一步优化修正该理论模型，使理论模型更加合理精确。

(1) Peters-Candau 修正

Tanaka 和 Fillmore 在推导 Tanaka 模型时曾认为剪切模量 μ 与体积模量 K 相比很小，可忽略不计，然而在实际凝胶模量测试中发现剪切模量 μ 与体积模量 K 是同一数量级，Peters 和 Candau 在此基础上推导出适合于球形凝胶的溶胀动力学模型：

$$u(r,t) = \sum_n \left[a_n e^{-\frac{t}{\tau_n}} N(X_n r/a) \right] \tag{2-50}$$

式中，$X_n = a(\tau_n D)^{-\frac{1}{2}}$，$N(X) = \dfrac{\mathrm{con}X}{X} - \dfrac{\sin X}{X^2}$。

(2) Li-Tanaka 修正

Tanaka 动力学模型只适合于球形水凝胶，而在实际操作中还存在其他形状的凝胶，其中最为典型的还有长柱状和片状。因此有必要对此模型进一步推广使之能适用于非球形如长柱状和片状的水凝胶，Li 和 Tanaka 在这方面进行了不少研究。研究发现长柱状水凝胶溶胀过程，其径向和轴向溶胀膨胀比例一样，是同向扩展，所以凝胶溶胀过程不是纯扩散过程，这是因为凝胶网络存在剪切模量，凝胶系统会自动调节形状使剪切能最小。

如上所述，凝胶动力学理论模型需考虑剪切能。对任意形状的凝胶，剪切能由式（2-51）给出：

$$F_{\mathrm{sh}} = \mu \int \left[\left(u_{xx} - \frac{T}{3}\right)^2 + \left(u_{yy} - \frac{T}{3}\right)^2 + \left(u_{zz} - \frac{T}{3}\right)^2 \right] \mathrm{d}V \tag{2-51}$$

$$T = u_{xx} + u_{yy} + u_{zz} \tag{2-52}$$

式中 T——张力张量 u_{ik} 的轨迹。

因此剪切能最小的条件为：

$$\delta F_{\mathrm{sh}} = 0 \tag{2-53}$$

① 球形水凝胶　对于球形水凝胶来说，凝胶溶胀过程的剪切能始终是最小的，故此时

条件式(2-53)是多余的,因此上述的 Tanaka 和 Peters-Candau 模型对于球形水凝胶均适合。

② 长柱状水凝胶 结合式(2-45)、式(2-51) 和式(2-53),并结合长柱状水凝胶的初始条件和边界条件,得到长柱状水凝胶动力学计算公式:

$$u_r(r,t) \approx \Delta \frac{r}{a} e^{-\frac{t}{\tau}} \tag{2-54}$$

$$u_z(z,t) \approx \Delta \frac{z}{a} e^{-\frac{t}{\tau}} \tag{2-55}$$

式中 r——径向偏离位置;

z——轴向偏离位置。

③ 片状水凝胶 同样根据式(2-45)、式(2-51) 式(2-53),并结合片状水凝胶的初始条件和边界条件,得到片状水凝胶动力学计算公式:

$$u_z(z,t) \approx \Delta \frac{z}{a} e^{-\frac{t}{\tau}} \tag{2-56}$$

$$u_r(r,t) \approx \Delta \frac{r}{a} e^{-\frac{t}{\tau}} \tag{2-57}$$

依次对上述三种形状的聚丙烯酰胺水凝胶溶胀动力学进行研究并用来验证理论模型,其结果很理想。表 2-2 列出了这种比较结果。

表 2-2   不同组分凝胶的集体扩散系数和弛豫时间

几何形状	理论值		实验值	
	D_a/D_0	$\tau_1/\tau_{1,球}$	$\tau_{1,exp}/min$	$\tau_1/\tau_{1,球}$
球	1	1	39±8	1
气缸	2/3	2.0/1.9	65±8	1.7±0.3
阀瓣	1/3	5.7/5.0	215±6	5.5±0.9

(3) Wang-Li 修正

Wang 和 Li 等考虑溶剂在凝胶网络中存在的速度场对扩散系数 D 产生影响,建立了溶剂在凝胶中的速度场,修正水凝胶的扩散系数 D,使之处理非球形凝胶溶胀行为更为精确。考虑到溶剂分子的运动,式(2-43) 改为:

$$\frac{\partial \bar{u}}{\partial t} = \frac{\partial \bar{w}}{\partial t} + \frac{\mathrm{div}\bar{\sigma}}{f} \tag{2-58}$$

式中 $\dfrac{\partial w}{\partial t}$——溶剂的扩散速率,g/min。

同时剪切能条件式(2-53)依然有效。另外根据连续性方程,在凝胶分率很小的情况下,得到:

$$\nabla \cdot \frac{\partial \bar{w}}{\partial t} = 0 \tag{2-59}$$

① 长柱状水凝胶 结合式(2-53)、式(2-58) 和式(2-59),并参照长柱状水凝胶的初始条件和边界条件,得到长柱状水凝胶在 $r=a$ 处的动力学方程:

$$u_r(a,t) = \sum_{n=1}^{\infty} B_n \left[\Delta - \frac{1}{2} \int_0^r \frac{\partial u_r(a,\tau)}{\partial \tau} e^{Dq_n^2\tau} \mathrm{d}\tau \right] e^{-Dq_n^2\tau} \tag{2-60}$$

式中，$B_n = A_n J_1(a_n)$，$q_n = a_n/a$，其中 A_n 可从初始条件中求得，J_1 为 Bessel 函数。

② 片状水凝胶　结合式(2-53)、式(2-58) 和式(2-59)，并参照片状水凝胶的初始条件和边界条件，得到片状水凝胶动力学方程：

$$u_z(z,t) = \sum_{n=1}^{\infty} A_n \left[\Delta - 2 \int_0^l \frac{\partial u_z(a,\tau)}{\partial \tau} e^{Dq_n^2 \tau} d\tau \right] e^{-Dq_n^2 \tau} \sin(q_n z) \tag{2-61}$$

$$u_z(a,t) = \sum_{n=1}^{\infty} A_n \left[\Delta - 2 \int_0^l \frac{\partial u_z(a,\tau)}{\partial \tau} e^{Dq_n^2 \tau} d\tau \right] e^{-Dq_n^2 \tau} \sin(a_n) \tag{2-62}$$

符号同前。

水凝胶动力学理论自从 Tanaka 等创立以来，经过不断修正改进逐渐成熟，能很好地描述水凝胶的吸放过程。然而关于合成条件、凝胶结构、响应速率之间联系的认识不多，使得快速响应水凝胶的制备具有一定盲目性和局限性。

2.3.3　相转变机理

温敏性水凝胶是当今研究领域中备受关注的一种新型功能高分子材料。这种凝胶的优点在于其存在一个相转变温度——最低临界共溶温度（lower critical solution temperature，LCST）。在 LCST 以下，水凝胶大量吸水溶胀，升温至 LCST 附近，凝胶收缩挤出溶胀的水，且过程是可逆的，不需要其余外力就能达到这种吸放水过程的循环，引起了人们极大的研究兴趣。例如，PNIPAAm 水凝胶是一种典型的温敏性水凝胶，因其 LCST 在 32℃附近，接近人体温度，可用于浓缩分离、药物释放系统（DDS）及其他诸多领域，故而受到普遍关注。

Dusek 等通过结合 Flory-Huggins 平均场混合理论模型和理想弹性自由能模型最早预测了水凝胶相转变现象，然而后来发现这种理论模型不能预测非离子型水凝胶的不连续相转变，这是模型过于简单理想化的缘故。众所周知，水凝胶在水中的状态是可导致凝胶网络扩展的排斥力和引起网络收缩的吸引力相互竞争的一种平衡。目前普遍认为引起凝胶的相转变主要有范德华力、疏水作用、氢键和离子作用四种分子间作用力。

对于 PNIPAAm 水凝胶来说，疏水和氢键两种作用是引起相转变的主要动力。下面就这两种作用力展开简要论述。

① 疏水作用　非极性分子在水中会团聚产生疏水作用，这种疏水基团被周围大量水分子像"笼子"一样笼蔽，这种在"笼"中的水分子排列有序，可认为是冻结水。当环境温度上升，这种冻结的水分子开始融解，从而保护疏水基团的作用力减弱，所以随着温度提高，凝胶中疏水作用减弱。凝胶网络塌陷引起的熵减可从这种笼子融化导致的熵减中得到补偿，因此升高温度引起凝胶塌陷，熵是增加的。研究发现加入小分子添加剂可减弱这种疏水作用，如乙醇、二甲亚砜和 N,N-二甲基甲酰胺，而且还可以通过引入表面活性剂来调节这种疏水作用。

② 氢键作用　凝胶体系中存在两种氢键：水分子与高分子链之间的氢键和高分子链之间的氢键。当外界温度低于 LCST 时，两种氢键的相互协调作用使得疏水基团周围形成一个稳定的束缚水分子的水合结构。随着温度升高，水合结构破坏，氢键作用减弱，引

起水凝胶相转变。Heskin 等也认为发生温度相转变是由于温度上升打开了聚合物大分子与水分子之间的氢键。Schild 和 Tirrell 在研究反溶剂现象时发现了非水溶剂可导致聚合物和水接触的数目与强度减小，氢键作用减弱，从而使其 LCST 下降。Lin 等采用热微衰变全反射/傅里叶变换光谱系统对 PNIPAAm 水溶液的分子相互作用进行了定量研究，结果发现环境温度高于 LCST 时 PNIPAAm 分子中甲基的疏水相互作用增加了 1.5 倍；当温度低于 LCST 时，分子间相互作用主要是 PNIPAAm 与水之间的分子间氢键作用，而当温度高于 LCST 时，分子间的相互作用集中在 PNIPAAm 分子间的相互作用，体系的疏水作用占主导地位，从而使 PNIPAAm 分子蜷缩聚集并从水中析出。由此可见，低于 LCST 时体系的亲水作用占据优势，而当温度高于 LCST 时，内部疏水基团的相互作用将推动聚合物网络收缩，凝胶体积发生突变。

水凝胶的体积随温度增加而发生急剧变化的被称为不连续相转变，即一级相转变。反之，连续相转变的则为二级相转变。Tanaka 等从理论上解释水凝胶相转变的连续和不连续，将 Flory-Huggins 凝胶自由能模型进行处理，并引入代表对比温度和网络密度关系的参数 S，得到简化式：

$$t = S \left(\rho^{-\frac{5}{3}} - \rho^{-\frac{1}{2}} \right) - \frac{\rho}{3} \tag{2-63}$$

式中　S——可调参数。

$$t = \frac{(1-2\chi)(2F+1)}{2\phi_{20}} \tag{2-64}$$

$$\rho = \frac{\phi_2}{\phi_{20}}(2F+1)^{\frac{3}{2}} \tag{2-65}$$

$$S = \frac{vV}{N\phi_{20}^3}(2F+1)^4 \tag{2-66}$$

式中　v——凝胶网络链段的个数；

　　　N——单元个数；

　　　F——每个链段离子基团个数。

式(2-63)中只有一个可调参数 S，因此凝胶相转变是否连续也取决于 S。当 $S >$ 234.1 时，相转变为不连续；当 $S <$ 234.1 时，则连续。实际上水凝胶经常会出现连续相转变（二级相转变），Tanaka 等认为这是因为微凝胶颗粒较大，有粒径分散性。但凝胶形态对相转变的影响很难定论，在较大尺寸的凝胶中又发现了一级相转变。吴奇等认为微凝胶相转变相对较为平缓是由于微凝胶网络中的链段长度不均。Tanaka 等也发现随着交联密度的降低水凝胶的连续相转变会变成不连续相转变。交联密度较低时，链的均匀性较好，故出现一级转变。

2.3.4　水凝胶中物质扩散理论

水凝胶中的扩散是一个非常复杂的过程，其扩散速率介于液体中的扩散速率（约 0.05cm/min）和固体中的扩散速率（0.00001cm/min）之间，并受聚合物的浓度和溶胀度影响很大。因此，弄清、预测和控制小分子或者大分子在聚合物体系中的扩散仍然是极具挑战性的。

2.3.4.1 扩散基本方程

扩散过程的第一个数学处理是由 Fick 建立起来的，假定穿过单位面积的扩散物质的扩散速率与垂直于该面方向上的浓度梯度成正比：

$$F = -Af = -AD\frac{\partial c}{\partial x} \tag{2-67}$$

式中　F——流量，mol/s；

　　　f——通过单位面积的流量，mol/(s·cm^2)；

　　　A——扩散发生的面积，cm^2；

　　　D——扩散系数，mol/s；

　　　c——扩散物质的浓度，mol/cm^3；

　　　x——扩散距离，cm；

　　　$\dfrac{\partial c}{\partial x}$——沿着 x 方向上扩散物质的浓度梯度，mol/cm^2。

这一方程就是 Fick 第一定律，这是很多聚合物中扩散过程模型的出发点。考虑体系中的物质守恒定律，假定 D 为一常数，就很容易得到空间扩散的基本微分方程为：

$$\frac{\partial c}{\partial t} = D\left(\frac{\partial^2 c}{\partial x^2} + \frac{\partial^2 c}{\partial y^2} + \frac{\partial^2 c}{\partial z^2}\right) \tag{2-68}$$

通常情况下，只研究某一方向上的扩散，式(2-68) 就可以简化为：

$$\frac{\partial c}{\partial t} = D\frac{\partial^2 c}{\partial x^2} \tag{2-69}$$

上式是 Fick 第二定律。聚合物中溶剂的扩散与聚合物的性质以及溶剂与聚合物网络之间的相互作用密切相关。根据溶剂的扩散速率和聚合物松弛速率将扩散行为分为两大类：Fickian（Case Ⅰ 型）和 Non-Fickian（Case Ⅱ 型和不规则型）。时间为 t 时，单位面积的聚合物所吸收的溶剂量 M_t 为：

$$M_t = kt^n \tag{2-70}$$

式中　M_t——扩散速率，g/(min·cm^2)；

　　　t——扩散时间，min；

　　　k——常数；

　　　n——与扩散机理有关的一个参数，一般在 $1/2\sim1$ 之间。

式(2-70) 可用来描述任意温度下聚合物体系中的溶剂扩散行为。

（1）Fickian 扩散

Fickian 扩散通常在聚合物网络中当温度高于聚合物的玻璃化转变温度 T_g 时可以观察到。当聚合物处于橡胶态时，由于聚合物链有较高的活动性从而使得溶剂的扩散变得较为容易。因此 Fick 扩散的特征是溶剂的扩散速率（R_{diff}）远小于聚合物网络的松弛速率 $[R_{relax}(R_{diff} \ll R_{relax})]$。体系中存在较大的浓度梯度，从聚合物溶胀区到聚合物核心区，溶剂的浓度分布呈指数衰减。扩散距离与时间的平方根成正比：

$$M_t = kt^{\frac{1}{2}} \tag{2-71}$$

由于通常溶剂的扩散研究总是在聚合物的 T_g 温度以下，所以，符合 Fick 扩散类型的水凝胶并不多。另外，当聚合物中存在增塑剂时，一般也能观察到 Fick 扩散现象。

（2）Non-Fickian 扩散

此类型扩散在扩散实验温度低于聚合物的 T_g 时常常观察到。因为在这种情况下聚合物链的活动性较差，阻碍了溶剂的扩散。Non-Fick 扩散分为两种。一种是 Case Ⅱ 型扩散。这种情况下溶剂的扩散速率大于聚合物网络的松弛速率（$R_{diff} \gg R_{relax}$）。另一种是非常规扩散，这时溶剂的扩散速率与聚合物网络的松弛速率基本上在同一个数量级（$R_{diff} \sim R_{relax}$）。通常情况下，Case Ⅱ 型扩散在溶剂的活性较高时容易观察到。Case Ⅱ 型扩散的特征如下。

① 聚合物溶胀区的溶剂浓度迅速增加导致在聚合物溶胀区到聚合物核心区之间形成尖锐的溶剂扩散前沿。

② 在溶剂扩散前沿后的聚合物溶胀区中，溶剂的浓度基本维持一个常量。

③ 溶剂扩散前沿很尖锐，并且以恒速向前推进，扩散距离与时间成正比。

④ 溶剂向聚合物核心扩散存在一段呈现 Fick 扩散浓度特征的诱导时间。

Fick 扩散和 Case Ⅱ 型扩散是扩散的两种极限过程。非常规扩散介于这两者之间：

$$M_t = kt^n \tag{2-72}$$

式中，$\frac{1}{2} < n < 1$。

2.3.4.2　扩散机理和理论模型

水凝胶的许多应用都与其能够控制溶质分子在其中的扩散运动行为密切相关。因此，深入了解控制溶质在水凝胶网络中的行为以及控制的方式就显得尤为重要。已建立起来很多物理模型和数学表达式，期望能够模拟溶质在水凝胶中的扩散行为。众所周知，水凝胶是溶胀有大量溶剂的三维交联聚合物网络。它的三维交联结构通常被描绘为"筛子"，也就是聚合物链间包含水的孔隙。交联可以是共价键、离子键、范德华力、氢键或者是物理缠结。交联点使聚合物链在溶液中形成聚集沉淀微区。因此，水凝胶的结构就从聚合物链有较大的活动性均相区变化到聚合物链间存在强链间相互作用，以致聚合物链在分子水平上实际是不可动的非均相凝胶区。均相凝胶的典型例子是聚乙二醇（PEO）、PAAm、PVA 凝胶等。非均相凝胶主要有海藻酸钙凝胶、琼脂糖（agarose）凝胶、卡拉胶等。

溶质的传递过程在由聚合物链围成的含水的微区里发生，因此任何减小这一空间的因素都会影响到溶质的扩散。这些因素主要有溶质的尺寸与聚合物链筛孔的尺寸比、聚合物链的活动性以及聚合物链上可以与溶质结合的带电荷的基团。聚合物链的活动性是支配水凝胶中溶质运动的关键因素。对于均相凝胶而言，聚合物链间筛孔的尺寸和位置都不是固定不变的，而是处于动态变化之中；而在非均相凝胶中，聚合物链间筛孔的尺寸和位置则被认为基本不变。通常情况下，溶质在水凝胶内部的扩散能力随着水凝胶交联度的增加、溶质尺寸的增大、水凝胶中含水量的减少而下降。一般地，扩散理论模型都是在不同程度上强调溶质分子（流体力学模型）、凝胶网络（位阻模型）、溶剂分子（自由体积模型）三者的性质。一般模型的出发点和在扩散过程中起着重要作用的一些重要的参数如下。

① 溶质分子性质（流体力学半径、柔顺性、与溶剂和凝胶网络的相互作用、水化）。

② 凝胶网络结构（聚合物浓度、筛孔半径、链半径、聚合物体积分数）。

③ 溶剂（黏度、摩尔体积、自由体积、凝胶溶胀性质）。

（1）自由体积理论

自由体积模型的基础是 Cohen 和 Turnbull 为解释溶质在纯液体中的扩散行为而提出的一种理论。该理论认为，溶质是通过跳跃进入由液体内自由体积的再分配而形成的空洞中扩散的，并假定自由体积可以无能量损耗的再分配。这些空洞是由周围液体分子的无规热运动后退而形成的，接着由反向过程又被填充。溶质的扩散依赖于跳跃距离、热速率以及邻近存在自由体积空洞的概率。溶质在无限稀的液体里的扩散系数 D_0，表达为：

$$D_0 \propto V\lambda \exp\left(-\frac{\gamma\nu^{\cdot}}{\nu_f}\right) \tag{2-73}$$

式中　V——热速率；

　　　λ——跳跃距离，约等于溶质的直径；

　　　$\nu^{\cdot}$——使溶质跳入新的空洞所需的临界局部自由体积；

　　　γ——用来校正可以容纳多于一个分子的自由体积的重叠率的数学因子；

　　　ν_f——液体中单位分子的平均空洞自由体积。

Yasuda 等首次将这一理论应用于水凝胶中的溶质扩散。他们假定凝胶中只含痕量溶质，那么 ν_f 就可以近似地被认为是等于水分子的单位分子的自由体积 $\nu_{f,w}$ 和聚合物的单位分子的自由体积 $\nu_{f,p}$ 之和：

$$\nu_f = (1-\varphi)\nu_{f,w} + \varphi\nu_{f,p} \tag{2-74}$$

式中　φ——水凝胶中聚合物的体积分数。

也就是说，水凝胶中可供扩散的自由体积不仅由水分子再分配，还由聚合物链再分配来贡献。聚合物链的再分配贡献是很小的，可以忽略，由此上式可简化为：

$$\nu_f = (1-\varphi)\nu_{f,w} \tag{2-75}$$

溶质得以扩散除了要在液体内有一定的自由体积空间，还要找到聚合物链间的孔隙，于是溶质在水凝胶中的扩散系数 D_g 为：

$$\frac{D_g}{D_0} = P_0 \exp\left[-\frac{Ba^{\cdot}}{\nu_{f,w}}\left(\frac{\varphi}{1-\varphi}\right)\right] \tag{2-76}$$

式中　P_0——扩散溶质分子找到邻近聚合物链间孔隙的概率；

　　　$a^{\cdot}$——溶质分子的有效截面积；

　　　B——未定义的比例常数。

P_0 代表聚合物链对溶质的筛分作用。人们对式（2-76）做了很多推导，例如 Lustig 和 Peppas 提出了另外一种自由体积效应模型表达式。他们引入了一个交联点之间定量的相关长度 ζ，并假定溶质要想穿过聚合物链间孔隙，那么溶质的有效尺寸就必须小于 ζ。他们将筛分因子定义为 $[1-(r_s/\zeta)^2]$，得到：

$$\frac{D_{\mathrm{g}}}{D_0} = \left(1 - \frac{r_{\mathrm{s}}}{\zeta}\right) \exp\left[-Y\left(\frac{\varphi}{1-\varphi}\right)\right] \tag{2-77}$$

式中　ζ——交联点之间定量相关长度，cm；

$\qquad$ Y——溶质分子发生连续旋转运动所需要的临界体积和液体的单位分子平均自由体积的比率，$Y = \gamma\pi\lambda r_{\mathrm{s}}^2/\nu_{\mathrm{f,w}}$。

相关长度与聚合物的体积分数有关，这种相关性随着聚合物体积分数和聚合物溶剂体系的不同而不同。此外，Hennink 等还提出了另一种自由体积模型表达式：

$$n\left(\frac{D_{\mathrm{g}}}{D_0}\right) = \ln\psi - k_2 r_{\mathrm{s}}^2\left(\frac{\varphi}{1-\varphi}\right) \tag{2-78}$$

式中　ψ——筛分效应。

该模型假定筛分因子与聚合物体积分数无关，这种假定只有在聚合物体积分数极低的时候才近似成立。因此这一模型不可避免地显现出局限性。

（2）流体力学理论

流体力学理论描述溶质在水凝胶中的扩散行为是基于 Stokes-Einstein 方程所定义的溶质扩散系数。Stokes-Einstein 方程假定溶质分子是一个硬球，而且相对它所运动的溶剂中的溶剂分子而言很大，并且认为溶质是在由溶剂组成的连续相中作匀速运动，并受到摩擦拉力的阻碍。在无限稀溶液中溶质的扩散系数表达为：

$$D_0 = \frac{k_{\mathrm{B}}T}{f} \tag{2-79}$$

式中　k_{B}——玻尔兹曼常数；

$\qquad$ T——热力学温度，K；

$\qquad$ f——摩擦拉力系数。

摩擦拉力系数可由每条聚合物链的摩擦贡献进行加和得到。这样，Altenberger 等推导出以下表达式：

$$\frac{D_{\mathrm{e}}}{D_0} = 1 - \alpha_1 \varphi^{\frac{1}{2}} - \alpha_2 \varphi \cdots \tag{2-80}$$

$$\alpha_1 \propto r_{\mathrm{s}} \sqrt{r_{\mathrm{f}}}$$

式中　D_{e}——溶质在聚合物中的有效扩散系数；

$\qquad$ α——由聚合物链与溶质分子之间的相互作用力的波动决定的常数；

$\qquad$ r——聚合物链束的半径。

基于同样的模型，Cukier 等描述了具有刚性的链结构的非均相凝胶中溶质扩散系数的下降趋势：

$$\frac{D_{\mathrm{e}}}{D_0} = \exp\left\{-\left[\frac{3\pi L_{\mathrm{c}}N_{\mathrm{A}}}{M_{\mathrm{f}}\ln\left(\frac{L}{2r_{\mathrm{f}}}\right)}\right] r_{\mathrm{s}}\varphi^{\frac{1}{2}}\right\} \tag{2-81}$$

式中　L_{c}——聚合物链的长度，cm；

$\qquad$ M_{f}——聚合物链的分子量；

$\qquad$ N_{A}——阿伏伽德罗常数。

对于均相凝胶，依据标度概念提出了如下表达式：

$$\frac{D_e}{D_0} = \exp(-k_c r_s \varphi^{0.75}) \tag{2-82}$$

式中　k_c——对于给定的聚合物-溶剂体系为常数。

Phillip 等假定溶质表面不存在滑动，而且在远离溶质表面处流体速度为一常数，并且用 Brinkman 方程来计算多孔物质中的流动摩擦系数。认为扩散介质是由直的三维无规取向的刚性链束组成，于是得到：

$$\frac{D_e}{D_0} = \left[1 + \left(\frac{r_s^2}{k}\right)^{\frac{1}{2}} + \frac{1}{3} \times \frac{r_s^2}{k}\right]^{-1} \tag{2-83}$$

式中　k——扩散介质的水压渗透率，可以由 Jackson 和 Jamesl 提出的关系式得到：

$$k = 0.31 r_f^2 \varphi^{-1.17} \tag{2-84}$$

（3）位阻效应理论

位阻效应理论认为聚合物链是不可以穿透的，所以聚合链的存在就相当于增加了溶质扩散传递的路程长度。聚合链就像筛子，仅允许可以穿过聚合物链间孔隙的溶质分子通过。Mackie 和 Mearesl 最早研究将位阻效应引入非均相介质中的扩散过程。他们设想聚合物水凝胶体系为格子模型，聚合物占据格子中分数为 φ 的节点。溶质分子和聚合物链段的尺寸相当，溶质传递仅在自由节点之间发生。表达式为：

$$\frac{D_e}{D_0} = \left(\frac{1-\varphi}{1+\varphi}\right)^2 \tag{2-85}$$

尽管这一表达式也用来分析水凝胶中的溶质的传递过程，但由于它完全不考虑水凝胶和溶质的性质而存在很大局限性。Ogston 等假定溶质扩散是由一些连续的直接的无规单元步行组成，当碰到聚合物链时单元步行就停止。交联聚合物链被认为是有长而直并且宽度可以忽略的链束组成的无规网络，溶质被看作是硬球。单元步行距离被定义为聚合物网络间的球形空间根均方平均直径的长度。这样，在凝胶和无限稀的水溶液中的扩散系数关系表达为：

$$\frac{D_g}{D_0} = \exp\left(-\frac{r_s + r_f}{r_f}\sqrt{\varphi}\right) \tag{2-86}$$

该方程仅仅定性地符合某些实验结果。Johansson 等在假定凝胶是在一些圆柱形池子组成的基础上提出了另一个位阻模型。每一个圆柱形池子都由处于圆柱中心的无限聚合物棒及周围的溶剂组成，且圆柱半径是一定的。圆柱形池子中溶质的平均扩散系数可以由 Fick 第一定律扩散方程得到。那么，溶质在水凝胶中的扩散系数就等于圆柱形池子的数目之和乘以在圆柱形池子内的平均扩散系数。池子半径可由计算直形链束组成的无规网络中的球形空间分布而得到，表达式为：

$$\frac{D_g}{D_0} = e^{-\alpha} + \alpha^2 e^{\alpha} E_1(2\alpha) \tag{2-87}$$

$$\alpha = \left(\frac{r_s + r_f}{r_f}\right)^2 \tag{2-88}$$

式中　E_1——指数积分。

在聚合物分数低于 0.01 时，该模型能较好地解释聚合物水溶液或者水凝胶中的溶质扩散，但高于 0.01 时预测的值偏大。此外，Amsdenl 还提出了另外一个位阻模型。在这一模型中，溶质的扩散被认为是完全无规的过程，是溶质在聚合物链间寻找能够容纳其流体力学体积的空间，以此来实现扩散。该模型还采用了 Ogston 的关于直型无规取向的聚合物链间空间分布的描述和计算方法。这一模型表达式为：

$$\frac{D_g}{D_0} = \exp\left[-\frac{\pi}{4}\left(\frac{r_s + r_f}{\bar{r} + r_f}\right)^2\right] \tag{2-89}$$

式中 $\bar{r}$ ——聚合物链间孔隙的平均直径，等于聚合物链间的尾-尾距离平均长度的 3/2。

运用标度概念，这一距离为：

$$\zeta = k_s \varphi^{-\frac{1}{2}} \tag{2-90}$$

式中 k_s ——对于给定的聚合物-溶剂体系，其为与聚合物链柔顺性有关的常数。

这一模型假定聚合物链为直筒链，故适用于非均相，而又由于用了标度概念，所以也适合均相凝胶体系。

（4）位阻效应和流体力学效应综合模型

Brady 等提出位阻效应和流体力学效应对于溶质在水凝胶中的扩散过程的影响密切相关。Johnson 等考虑这一观点，将位阻模型和流体力学模型综合起来得到：

$$\frac{D_g}{D_0} = \frac{\exp(-0.84a^{1.09})}{1 + \left(\frac{r_s^2}{k}\right)^{\frac{1}{2}} + \frac{1}{3} \times \frac{r_s^2}{k}} \tag{2-91}$$

式(2-90) 比式(2-83) 和式(2-86) 能更好地预计 φ 和 r_s 对琼脂糖凝胶中溶质扩散系数影响。但这一模型低估了尺寸小的溶质的扩散系数，而且也只能定性地解释当水凝胶中聚合物浓度较高时的溶质的扩散系数的下降趋势。Clague 和 Phillips 提出了另外一个将位阻效应和流体力学效应更紧密结合起来的模型。在该模型里，将溶质描述为许多单个的累积体，用细长体理论的数值形式描述聚合物链束，由此计算流体力学相互作用。流体力学效应对溶质的扩散效应表达式为：

$$\frac{D_g}{D_0} = \exp\left[-\pi\varphi^{0.174\ln\left(\frac{59.6r_f}{r_s}\right)}\right] \tag{2-92}$$

这一模型应用于 BSA 在琼脂糖凝胶中的扩散过程，结果表明较 Johnson 等的模型更接近实验值，但这一模型关于溶质尺寸效应仍然没有得到很好的解释。此外，Clague 和 Phillips 将 Tsai 和 Streider 的位阻表达式结合起来，得到：

$$\frac{D_g}{D_0} = \left(1 + \frac{2}{3}a\right)^{-1} \exp\left[-\pi\varphi^{0.174\ln\left(\frac{59.6r_f}{r_s}\right)}\right] \tag{2-93}$$

这一模型由于受到推导时所做假定的限制，因此它只适用于由极性刚性链组成的非均相水凝胶中溶质的扩散过程。

2.3.4.3 扩散过程研究方法

水凝胶中物质扩散过程研究无论对聚合物凝胶的基础性研究还是其应用（例如药物的传递和释放）都有着很重要的理论和现实意义。在过去的研究中，已经陆续建立起来很多研究水凝胶中扩散过程的方法。

（1）NMR 法

用核磁法研究分子扩散是 20 世纪 50 年代兴起的。这一方法能给出聚合物凝胶结构和动力学方面很有用的信息。具体有核磁镜像法（NMR imaging）和脉冲梯度自旋回波核磁技术（pulsed gradient spin echo NMR，PGSE NMR）两种。核磁镜像法过去多半用于医疗领域，1993 年 Balcom 等首次将其运用于交联聚合物中扩散过程研究，后来广泛应用于研究水凝胶中的扩散。核磁镜像法能够给出材料中高度活动组分密度的二维或者三维图像，其最大优点是能够直观地观察扩散特征以及扩散物质在水凝胶中的位置和浓度，从而可以获得凝胶中分子扩散系数。例如，Kowalczuk 等用 NMR 镜像法研究了填充盐酸四环素的羟丙基甲基纤维素中盐酸水溶液的扩散过程，发现这一过程符合 Case Ⅱ 型扩散机理，也就是溶剂的扩散速率远大于聚合物网络的松弛速率。

PGSE NMR 技术是一种非常有用的工具，不仅可以研究凝胶中的扩散，还可以研究液体、聚合物溶液以及乳液中的扩散。该方法可以获得痕量扩散系数。Yamane 等通过 PGSE 法研究了苯乙烯和丙烯酸乙氧酯的 DMF 凝胶中探针氨基酸-3-丁氧羰基-苯丙氨酸的扩散行为。发现当扩散时间比较短时，由于受网络尺寸分布的影响，该氨基酸在扩散过程有两种组分，而当扩散时间比较长时，网络尺寸分布的影响抵消，该氨基酸只含有一种组分。这样，就凸显出了凝胶网络的不均匀性。Veith 等为建立完全填充的多孔硅胶自扩散模型而利用 PGSE 法测量了水在多孔硅胶中的受限扩散系数与填充量的依赖关系。结果表明，多孔硅胶粒子间和粒子内部的水分子的扩散呈现双指数回波衰减特征。粒子内的扩散系数随填充量的减少而下降，并且遵循由 Einstein 方程和 Archie（孔隙率和传导率的关系）定律结合而推导出的扩散系数与填充度的关系规律。PGSE NMR 技术具有快速、无损、用样量小的优点。但是这一方法要求先进的技术和设备，并且有合适的自旋回波，不受其他自旋回波的干扰。

（2）动态光散射

动态光散射包含所有可以提供分子动力学信息的光散射方法。这种方法对于研究液体和凝胶中的大分子的扩散系数非常重要。该法的基本思想就是研究单色相干的激光被分子或者粒子散射的情况。通过分析散射光的频率可以得到散射粒子或者分子的扩散系数，尽管小分子的扩散在理论上是可行的，但这一方法主要用来研究大分子的扩散。

（3）红外光谱法

在过去的 20 年里，很多红外光谱技术被用来研究聚合物内的分子扩散，包括红外透射光谱法、外反射光谱法、衰减全反射光谱法以及红外显微法。High 等提出了一种用红外透射光谱预测扩散系数的详细方法。将聚乙二醇和甲基丙烯酸共聚物及聚甲基乙烯基醚的膜分别涂布在溴化钾盐窗上，相互紧贴地放在一个可以拆卸的透射池中。升高温度至聚合物的 T_g 以上时，记录不同时间间隔的红外光谱，通过追踪该共聚物中与醚键形成氢键的羰基峰强度，就可以获得扩散系数。Sahlin 等则用近场红外镜像显微技术研究了聚丙烯酸凝胶中聚乙二醇分子的扩散过程。这一技术的基本特征是将摄像光圈拉近到试样表面一个波长范围内。

（4）浓度梯度法

这一类方法是通过建立浓度梯度来测定扩散系数，主要有稳态和非稳态两种模式。稳态模式是利用凝胶隔膜分开两个液体池，恒定给样池（donor cell）的扩散质的浓度，建立起稳态流量模式。由于这一方法历史较早，是一种常用来研究凝胶中扩散过程的方法，可以获得有效扩散系数 D。例如 Peppas 等用这种方法研究了聚甲基丙烯酸和乙二醇接枝共聚物〔poly（methacrylie acid-g-ethylene glycol）〕水凝胶中一系列不同半径的扩散物质的扩散行为，结果表明扩散系数随着扩散物质分子的半径增加而下降。此外他们还研究了 PVA、PAA 以及 PVA 和 PAA 的互穿网络凝胶中蛋白质和药物的扩散行为，并发现随着扩散物质与凝胶网络的相互作用的增加，其扩散行为受到的阻碍作用力也增加。非稳态模式下给样池的浓度有变化。然而这一方法属于间接法。

（5）荧光光谱法

荧光光谱法通常以一定波长的激光如 Ar^+（488nm 或 514nm）、氦氖激光（545nm）作为激发光源，激发荧光分子（如染料分子等）发出荧光。由于荧光强度与荧光团的平移扩散系数相关，因此测定荧光强度就可以得到荧光团的扩散系数。这一方法对于测定有荧光的分子在水凝胶中的扩散有着明显简单、直观的优势，因而近年来得到广泛应用。例如，Rusel1 用荧光光谱法研究了 PEG 水凝胶中荧光染料四甲基罗丹明的吸入过程，得到其扩散系数在 $10^2 \sim 10^3 cm^2/s$ 之间。又如，Pluen 等用荧光法研究了经过荧光标记的蛋白质、葡聚糖、DNA 等大分子在 2% 的琼脂糖溶液和凝胶的扩散过程。他们发现随着扩散物质分子链的柔顺性的增加，这些分子在水凝胶中的活动性明显增加，这一点可以用来探测凝胶链束间可供运动的空间。但需要指出的是，这一方法只适用于荧光分子或者经过荧光标记的分子在水凝胶中的扩散过程研究。

（6）电化学分析法

该方法基本原理是用电化学方法来研究水凝胶中具有电活性分子的扩散过程。常用来研究溶液中和水凝胶中物质传递过程的方法有稳态伏安法和计时安培分析法。对于稳态伏安法，电活性物质的扩散系数与微片型电极稳态电流强度相关，只要测得稳态电流就可以获得扩散系数。计时安培分析法常用来研究扩散物质溶液的浓度未知情况下的扩散。尤其当凝胶发生收缩时，水相和凝胶相发生分离，扩散物质分子在水凝胶相的浓度未知时，可通过归一化电流与扩散物质分子的扩散系数的关系来获得扩散系数。例如，Ciszkowska等用电化学方法研究了异丙基丙烯酰胺（NIPAAm）和它与丙烯酸共聚物（NIPAAm-co-AAC）等凝胶中电活性探针分子 1,1-二茂铁二甲醇和 2,2,6,6-四甲基-氧化哌啶自由基的扩散行为。他们发现这些探针在收缩的 NIPAAm 凝胶中的扩散系数比在溶胀态的 NIPAAm 凝胶中的低 1～2 个数量级，而在 NIPAAm-co-AAc 凝胶中的扩散系数大约比在相应的水溶液中低 20%～50%。此外，也有通过测电导率的方法来研究扩散过程，Beddow 等通过监控包埋在琼脂糖凝胶中双层油脂膜的电导率的变化，研究了缬氨霉素在琼脂糖水凝胶中的扩散过程，发现这一过程基本上符合 Fick 扩散机理。

（7）干涉法

干涉法最早出现的是全息干涉法，这是另外一种可以无损监测凝胶条中扩散物质浓度变化的方法。最初这种方法用来研究液体中的扩散过程，其特征与经典光谱干涉法很相似，但是经典光散射法由于通常要求待分析物均一透明，所以很难用于研究凝胶体系。全息激光干涉法则利用一个参比体系，可成功地用于研究凝胶或固体膜中的扩散行为。其基本要点是获得扩散凝胶体系的全息图，然后将其转化为浓度特征图。当将扩散发生时的凝胶的全息图与没有扩散发生时的凝胶全息图叠加时，就可以得到干涉图像。后来，Osada等用监控摄像机（CCD）代替全息干涉盘，提出了另外一种实时检测法——电子光斑法，并且成功地用这一方法研究了在水凝胶中电荷/纵横比对蛋白质扩散行为的影响。然而，由于这一方法是基于光的干涉原理，所以设备复杂且昂贵。

除以上方法外，还有重力测定法（不能测出扩散质的浓度分布数据）、激光共聚焦显微镜法等。

2.4 水凝胶的特性

水凝胶是一种具有三维网络结构的聚合物，其主要成分通常含有大量的亲水基团，如羟基（—OH）、羧基（—COOH）、氨基（—NH$_2$）等。这些亲水基团能够与水分子形成氢键等相互作用，从而使水凝胶具有很强的吸水性，能够吸收大量的水分并保持在凝胶结构中。

2.4.1 亲水溶胀性

水凝胶是一类具有三维网络结构的高分子材料，其独特之处在于能够吸收大量的水分并保持自身的结构完整性。亲水性是水凝胶的一个关键特性，这一特性使得水凝胶在众多领域有着广泛的应用，从生物医学到农业，从化妆品到工业材料等。对水凝胶亲水性的深入研究有助于我们更好地理解其性能、开发新的水凝胶材料并拓展其应用范围。

2.4.1.1 水凝胶亲水性的本质

（1）化学结构基础

① 亲水基团　通常来说，水凝胶都含有大量的亲水基团，如羟基（—OH）、羧基（—COOH）、氨基（—NH$_2$）等。这些亲水基团能够与水分子形成氢键。例如，在聚丙烯酸水凝胶中，羧基可以与水分子形成多个氢键，从而吸引水分子进入水凝胶网络。聚乙烯醇水凝胶中的羟基也具有很强的亲水性。这些羟基通过与水分子之间的氢键作用，使水凝胶能够吸收大量的水分。

② 聚合物链的柔性　水凝胶聚合物链的柔性对其亲水性也有影响。较为柔性的聚合物链能够更好地容纳水分子，使其在网络内扩散和结合。例如，一些天然高分子（明胶）形成的水凝胶，其聚合物链相对较柔，有利于水分子的吸附和扩散，从而表现出较好的亲水性。

（2）物理结构影响

① 孔隙结构　水凝胶的孔隙结构对亲水性起着重要作用。较大的孔隙能够允许更多的水分子进入水凝胶内部。例如，通过冷冻干燥等方法制备的具有大孔结构的水凝胶，其亲水性可能会增强，因为大孔为水分子提供了快速扩散的通道。孔隙的连通性也很关键。如果孔隙相互连通良好，水分子可以更容易地在水凝胶内部流动和分布，从而提高水凝胶整体的亲水性。

② 网络密度　水凝胶网络的密度会影响亲水性。较低密度的网络结构意味着有更多的空间可供水分子占据。当水凝胶的交联程度较低时，网络相对疏松，水分子更容易进入，亲水性可能会提高。然而，如果网络过于疏松，可能会导致水凝胶的力学性能下降。

2.4.1.2　影响水凝胶亲水性的外部因素

（1）环境温度

在较高温度下，水凝胶的亲水性可能会发生变化。对于一些水凝胶，高温会导致聚合物链的运动加剧，使得水凝胶网络结构发生改变。例如，某些热敏性水凝胶在高温下可能会发生相转变，从亲水性状态转变为疏水性状态。这是因为高温破坏了水凝胶内部的氢键等相互作用，导致水分子被排出。

在低温下，水凝胶的亲水性也可能受到影响。低温可能会使水凝胶中的水分子结冰，从而影响水凝胶的结构和性能。一些水凝胶在低温下可能会出现溶胀率下降的情况，因为结冰的水分子无法像液态水那样自由地与水凝胶中的亲水基团相互作用。

（2）外部离子浓度

对于离子型水凝胶，外部离子浓度的变化会对其亲水性产生显著影响。当外部离子浓度增加时，离子会与水凝胶中的离子基团发生静电作用。例如，对于带负电荷的水凝胶，高浓度的阳离子会中和水凝胶的负电荷，从而改变水凝胶的溶胀性能，可能导致溶胀率降低，亲水性减弱。

即使是非离子型水凝胶，外部离子浓度的变化也可能间接影响其亲水性。高浓度的离子可能会改变周围环境的渗透压，从而影响水凝胶对水分子的吸收能力。

水凝胶的亲水性是一个复杂的特性，它受到化学结构、物理结构等内在因素的影响，同时也受到环境温度、外部离子浓度等外部因素的作用。当水凝胶置于水中或其他水性环境中时，会发生溶胀现象。水凝胶的网络结构会吸收水分，导致体积增大。溶胀程度取决于水凝胶的化学组成、交联密度、外部环境的温度和离子强度等因素。

2.4.2　环境敏感性

环境敏感性是指水凝胶能够对外部环境的微小变化（如温度、pH 值、光照、电场、压力等）做出响应的能力。这种响应通常伴随着水凝胶物理结构和化学性质的变化，有时甚至是剧烈的变化使环境敏感性水凝胶可以根据环境刺激的变化调节其溶胀程度、形态和其他属性，从而实现特定的功能。环境敏感性水凝胶的响应机制主要依赖于其内部的化学成分和结构特征。以下是几种典型环境刺激下的响应机理。

（1）温度敏感性机理

温度敏感性水凝胶的典型代表是聚 N-异丙基丙烯酰胺，其具有温度敏感基团 $[—CONHCH(CH_3)_2]$。这类水凝胶在特定温度附近，分子链与水分子之间的相互作用会随温度变化而发生相转变，这个特定温度称为最低临界共溶温度（LCST）。当温度低于 LCST 时，水凝胶内聚合物链上的亲水基团与水分子形成氢键，使水凝胶呈现溶胀状态；当温度高于 LCST 时，氢键断裂，水分子之间的相互作用增强，排斥聚合物链的作用变强，水凝胶内的疏水基团开始聚集，减少与水的接触面积，导致水凝胶脱水收缩。

温度敏感的关键在于低温时，水分子与聚合物链上的亲水基团（如酰胺基团）形成稳定的氢键；高温时，疏水基团之间的范德华力增强，导致聚合物链间疏水缔合而使水分子排出。

（2）pH 敏感性机理

pH 敏感性水凝胶通常由不饱和弱酸（如丙烯酸）的交联聚合得到的含有弱酸性或弱碱性基团，如羧基（—COOH）、氨基（—NH$_2$）等。这些基团会随着周围 pH 值的变化进行质子化或去质子化的过程，从而改变水凝胶的电荷状态和溶胀程度。例如，在酸性环境中，羧基可能会质子化成为—COOH，而在碱性环境中，它会去质子化成为—COO$^-$。

关键在于 pH 值降低时，酸性基团质子化，增加正电荷；pH 值升高时，碱性基团去质子化，增加负电荷。pH 值的改变使电荷增加，导致静电斥力增大，促使水凝胶溶胀。

（3）光敏感性机理

光敏感性水凝胶含有能够吸收特定波长光的光敏基团，如偶氮苯、螺吡喃等。在光照下，这些基团会发生顺反异构化或其他光化学反应，进而改变水凝胶的交联密度和溶胀行为。例如，紫外光照射时偶氮苯基团从反式转化为顺式，导致分子链伸展，水凝胶溶胀。可见光照射时顺式基团重新转化为反式，水凝胶恢复初始状态。

关键在于光照诱导分子结构产生异构化变化，如顺式到反式的转换。光化学反应导致的交联密度变化影响溶胀行为。

（4）电场敏感性机理

电场敏感性水凝胶通常是基于带电聚合物（如聚电解质）构成的。在外加电场的作用下，带电基团会向相反电极迁移，同时带动整个水凝胶的移动或形变。

关键在于电泳效应使带电粒子在电场作用下的定向迁移。电场引起的离子分布变化导致水凝胶内外的渗透压差异。

（5）压力敏感性机理

压力敏感性水凝胶在受到外部压力时，其内部结构会发生压缩或拉伸，从而改变溶胀状态。这种响应可以通过水凝胶内部的应力传递和结构重排来实现。

关键在于外部压力导致的水凝胶内部结构发生压缩或扩展性形变。压力引起的体积变化直接影响溶胀程度。

环境敏感性水凝胶之所以具有广泛的应用前景，是因为它们能够根据环境变化进行自我调节，从而实现特定的功能。例如，在生物医药领域，它们可以用作可控药物释放系统；在环境监测方面，可以作为智能传感器检测特定参数的变化。理解这些响应机理有助于设计和开发新一代多功能智能水凝胶材料，推动多个高科技领域的发展。

2.4.3 生物相容性

水凝胶的生物相容性指的是材料在特定的实际应用中引起适当的宿主反应和材料反应的能力。在生物医学领域，这意味着材料应该不会引起有害的免疫反应、炎症、排异反应或其他不良生物效应，并且能够与生物组织和谐共存。水凝胶具有高含水量和类似细胞外基质（ECM）的三维结构，因此在与血液、体液及人体组织相接触时，表现出良好的生物相容性，也因此使其成为组织工程和再生医学的理想选择，如作为药物载体、组织工程支架等。

2.4.3.1 水凝胶的生物相容性机理

水凝胶的生物相容性机理可以从以下几个方面进行解释。

（1）高含水量

水凝胶的高含水量（通常可达 90% 以上）允许其为细胞提供一个湿润的微环境，这有助于维持细胞的活力和功能。高含水量还能促进营养物质和氧气的扩散，支持细胞代谢。

（2）ECM 的结构

水凝胶的三维网络结构可以模拟天然 ECM，为细胞提供必要的物理和化学信号，促进细胞的黏附、增殖和分化。这种结构支持细胞的自然生长行为，可提高组织整合程度。

（3）低免疫原性

水凝胶通常由生物相容性好的天然或合成高分子构成，如聚乙二醇（PEG）、透明质酸（HA）、壳聚糖等。这些材料本身的免疫原性很低，减少了引起免疫排斥的风险。

（4）可调的力学性能

水凝胶的力学性能（如弹性模量）可以通过改变交联密度等方式进行调节，以匹配不同组织的力学特性。这种可调节性有助于减少材料与组织之间的机械不匹配引起的负面影响，提高生物相容性。

（5）化学惰性与生物活性

水凝胶可以通过表面修饰或掺杂生物活性分子（如生长因子、药物等），在不影响其基本惰性的前提条件下，赋予水凝胶特定的生物功能。这些活性分子可以按需释放，促进组织修复和再生。

2.4.3.2 影响水凝胶生物相容性的因素

（1）材料组成

水凝胶的原材料对其生物相容性有决定性影响。天然高分子（如胶原、透明质酸、壳聚糖等）通常具有较好的生物相容性，而合成高分子（如聚乙二醇、聚丙烯酰胺等）则需要经过特殊设计以提高其生物相容性。

（2）交联方式

交联方式决定了水凝胶的稳定性和力学性能。化学交联（如共价键）通常较为稳定，但可能存在残余交联剂的毒性问题；物理交联（如氢键、静电相互作用）则相对温和，易于调控，但稳定性较差。

（3）含水量

高含水量有助于提高水凝胶的生物相容性，因为更多的水分意味着更好的营养物质传输和细胞代谢废物排除。同时，高含水量还可以减少水凝胶对周围组织的摩擦和机械损伤。

（4）孔隙结构

凝胶的孔隙结构影响细胞的迁移和增殖。合适的孔隙率和孔径尺寸（通常在数十到数百微米范围内）可以促进细胞的进入和三维生长，提高组织整合程度。

（5）表面性质

水凝胶的表面化学性质和粗糙度会影响细胞的黏附和扩展。通过表面修饰（如引入RGD序列）可以显著改善细胞的黏附性能，提高生物相容性。

（6）降解性能

水凝胶的降解速率应与组织修复再生的速率相匹配。过快或过慢的降解都会影响其生物相容性。理想情况下，水凝胶应在完成其辅助功能后逐渐降解并被机体吸收或排出。

2.4.4　力学性能

水凝胶的力学性能可以通过改变其化学组成和交联密度来调节。例如，一些研究通过设计制备具有双交联网络的水凝胶，大大提高了其力学性能，使其能够承受更大的外力而不变形。水凝胶的力学性能是其在实际应用中的关键因素，包括强度、韧性、弹性和耐疲劳性等。

2.4.4.1　强度相关性能

（1）拉伸强度

不同的水凝胶材料拉伸强度差异较大。例如，通过霍夫迈斯特效应制备的PVA/明胶双网络（DN）水凝胶，其拉伸强度为1.12MPa；而采用特殊技术制备的水凝胶，强度可高达15.3MPa。拉伸强度受多种因素影响，如材料的组成成分、交联方式等。在一些研究中，通过改变水凝胶的配比，可以使其转变为高强度材料。

（2）断裂伸长率

不同水凝胶的断裂伸长率也有很大区别。如多肽交联的高度缠结水凝胶断裂伸长率达440%；各向异性纤维基水凝胶可拉伸性高达1719%±77%。其影响因素包括水凝胶的内部结构、交联密度等。例如，超支化分子非缠结几何形状可增强柔性聚合物链的链段运动能力，从而影响断裂伸长率。

2.4.4.2 韧性相关性能

（1）断裂韧性

部分水凝胶具有较高的断裂韧性。例如，多肽交联的高度缠结水凝胶断裂韧性高达 $2100J/m^2$。断裂韧性与水凝胶的能量耗散机制有关。如一些水凝胶通过特殊的交联结构（物理缠结交联）并引入特殊的能量耗散机制，使其具有良好的断裂韧性。

（2）抗疲劳强度

某些水凝胶表现出优异的抗疲劳性能。例如，一种水凝胶能够在 1MPa 载荷下循环拉伸超过 10 万次，展现了极高的耐疲劳性。抗疲劳强度与水凝胶的内部结构稳定性、交联方式等因素相关。通过共价交联带来的结构稳定性，可使水凝胶具有较好的抗疲劳强度。

2.4.4.3 弹性相关性能

（1）弹性模量

不同水凝胶的弹性模量不同。例如，PVA-尿素水凝胶的弹性模量（11.28MPa）是 PVA-DS 水凝胶（4.97MPa）的 2.3 倍。弹性模量受水凝胶的组成、制备方法等影响。如尿素含量对 PVA-Ux DS 水凝胶力学性能有明显影响，在适当含量范围内能大大改善弹性模量。

（2）回弹性

部分水凝胶的回弹性表现出色。例如，在高载荷条件下（3MPa），某种水凝胶形成的滞后环非常小，其回弹性表现与医用 PDMS 弹性体相当。回弹性与水凝胶的内部结构、交联程度等有关。例如，规整的聚乙二醇网络与"光偶联反应"赋予水凝胶连续相与界面充足的抵抗能力，使其弹性表现出众。

2.4.4.4 其他力学性能

（1）滞后能

以多功能 PVA/明胶 DN 水凝胶为例，当间隔时间为 180min 时，水凝胶的滞后能可达到原值的 91.21%。滞后能与水凝胶的内部结构、交联情况以及材料的恢复能力等因素有关。

（2）杨氏模量

同样对于多功能 PVA/明胶 DN 水凝胶，间隔时间为 180min 时，杨氏模量可恢复到原值的 97.36%。杨氏模量的恢复情况与水凝胶的组成成分、交联方式以及环境条件等因素相关。

2.4.5 触变性

触变性是指材料在受到剪切力作用时，其黏度随时间降低，而当剪切力停止后，黏度又能逐渐恢复的性质。对于水凝胶来说，在静止状态下，它具有一定的凝胶结构，分子链之间相互交联形成相对稳定的网络。当受到外部剪切力时，例如搅拌或者在体内受到肌肉运动产生的力等，水凝胶的内部结构被破坏，分子链的排列发生改变，使得凝胶的黏度下降，表现出类似液体的流动性。这种触变性使得水凝胶在某些应用中具有独特的优势，例如在生物医学领域中作为可注射的材料。

2.4.5.1 水凝胶触变性的微观机制

（1）凝胶网络的破坏与重建

水凝胶的触变性与凝胶网络中的化学键和物理相互作用密切相关。在水凝胶中，存在着共价键交联和非共价键相互作用（如氢键、范德华力等）。当受到剪切力时，较弱的非共价键首先被破坏，使得凝胶网络部分解体，从而降低了黏度。而当剪切力去除后，分子链之间又会重新形成这些非共价键，凝胶网络逐渐恢复，黏度也随之上升。

（2）粒子间相互作用

对于一些含有颗粒的水凝胶体系，颗粒间的相互作用对触变性也有影响。在静止时，颗粒之间可能通过静电作用、空间位阻等方式形成相对稳定的结构。受到剪切力时，颗粒的排列被打乱，相互之间的作用减弱，导致体系的黏度降低。

2.4.5.2 影响水凝胶触变性的因素

（1）聚合物的组成与结构

① 聚合物的种类　不同类型的聚合物形成的水凝胶触变性有很大差异。例如，天然聚合物（如琼脂糖、明胶等）形成的水凝胶与合成聚合物（如聚乙二醇、聚丙烯酸等）形成的水凝胶，由于其分子链的结构和化学性质不同，在触变性方面表现各异。天然聚合物水凝胶往往具有较为复杂的分子结构和多种相互作用，其触变性可能受到生物来源成分的影响。

② 交联密度　交联密度是影响水凝胶触变性的重要因素。较高的交联密度会使得水凝胶的网络结构更加稳固，在受到剪切力时，需要更大的能量来破坏凝胶网络，从而表现出较高的初始黏度和较慢的触变响应速度。相反，较低的交联密度的水凝胶网络更容易被破坏，触变过程相对较快。

（2）环境因素

① 温度　温度对水凝胶的触变性有显著影响。一般来说，随着温度的升高，水凝胶分子的热运动加剧，分子间的相互作用减弱。这可能导致在剪切力作用下凝胶网络更容易被破坏，同时在剪切力停止后恢复的速度也可能变慢。不同类型的水凝胶对温度的敏感性不同，一些水凝胶在特定温度范围内具有较好的触变性，而超出这个范围则可能失去触变性或者出现异常的流变行为。

② 溶液的 pH 值　对于一些含有可电离基团的水凝胶，溶液的 pH 值会影响其触变性。例如，含有羧基或氨基的水凝胶，在不同的 pH 值下，这些基团的电离状态不同，从而影响分子链之间的静电相互作用。在合适的 pH 值下，水凝胶的触变性可能表现得更为

理想，而 pH 值的改变可能破坏原有的平衡，导致触变性的改变。

（3）添加剂的影响

① 盐类添加剂　盐类的加入会影响水凝胶的离子强度。在一定范围内，增加盐离子浓度可能会屏蔽分子链上的电荷，减弱静电相互作用，从而改变水凝胶的触变性。不同类型的盐（如一价盐、二价盐等）对水凝胶触变性的影响程度和机制可能有所不同。

② 其他小分子添加剂　除了盐类，一些小分子添加剂如表面活性剂、增塑剂等也会影响水凝胶的触变性。表面活性剂可能通过改变水凝胶与周围环境的界面性质来影响其触变性，而增塑剂可以增加水凝胶的柔韧性，进而影响其在剪切力作用下的流变行为。

水凝胶的触变性是一个复杂而又极具应用价值的特性。通过深入研究影响水凝胶触变性的因素，我们可以更好地控制和调节水凝胶的触变性，以满足不同领域的需求。在生物医学领域，触变性水凝胶为药物缓释、组织工程等提供了良好的材料平台；在工业领域，其在涂料、食品等行业也展现出了广阔的应用前景。随着材料科学技术的不断发展，我们对水凝胶触变性的理解将不断深入，水凝胶触变性的应用也将不断拓展，有望为解决更多的实际问题提供有效的解决方案。

2.4.6　可降解性

水凝胶的可降解性是指其在特定环境下分解为小分子并最终被吸收或排出的能力。这一性质对于确保水凝胶在体内的安全性和有效性尤为关键，特别是在药物递送和组织工程等应用中，可降解水凝胶能够在体内逐渐分解，避免了二次手术取出的需要。

2.4.6.1　水凝胶降解机理

（1）水解降解

水解降解是指水凝胶中的化学键（如酯键、肽键等）在水的存在下发生断裂，导致材料的降解。这种机制常见于合成的水凝胶中，例如聚乙二醇（PEG）衍生物。水解降解的速率取决于化学键的类型以及环境的 pH 值和温度等因素。

（2）酶降解

酶降解涉及特定的酶催化水凝胶中某些化学键的断裂，从而导致材料的降解。这种机制常用于模仿自然组织的降解过程，适用于可被特定酶识别和裂解的序列的水凝胶。例如，基质金属蛋白酶（MMP）可以降解 ECM 水凝胶，通过蛋白水解作用破坏水凝胶结构。

（3）光降解

光降解利用光照引发的化学反应来降解水凝胶。这种机制通过在水凝胶中引入光响应或光裂解基团，使得材料在光照条件下发生降解。光降解的优点是可以实现时空控制，即通过光照的位置和时间来精确调控降解的过程。

（4）Radical 介导的降解

Radical 介导的降解涉及自由基引发的化学键断裂。这种机制在巯基马来酰亚胺水凝胶中被探索，通过自由基引发 C—S 键的裂解，可实现材料的降解。这种机制为设计可降解水凝胶提供了新的策略，并且可以通过不同的刺激（如光照）来触发。

（5）化学降解

化学降解涉及由特定化学试剂引起的水凝胶结构的改变和降解。例如，某些水凝胶可以通过酸碱反应或氧化还原反应进行降解。这种机制依赖于特定化学环境的存在，因此可以通过改变环境条件来控制降解过程。

（6）温度敏感降解

温度敏感降解是指水凝胶在特定温度下发生结构变化而导致的降解。例如，聚 N-异丙基丙烯酰胺水凝胶在体温附近会发生相转变，导致结构的崩解和降解。

这些降解机制可以单独或组合使用，以实现对水凝胶降解过程的精细控制，从而满足不同应用场景的需求。

2.4.6.2 影响水凝胶可降解性的因素

（1）化学成分

① 化学交联剂类型　化学交联通过共价键连接聚合物链，形成的水凝胶通常较为稳定。交联剂的种类直接影响水凝胶的降解速率。例如，酯键和肽键可以在生理条件下被酶分解，从而使水凝胶降解。某些交联剂如透明质酸和藻酸盐可以通过酶促反应降解，而基于聚酐的交联剂则通过水解作用降解。

② 官能团　聚合物上的官能团（如氨基、羧基）参与交联反应，并影响水凝胶的降解行为。例如，含有更多酯基或肽键的水凝胶更容易被酶识别和降解。

（2）交联密度

交联密度定义为单位体积内交联点的数量，是决定水凝胶机械强度和降解速率的关键因素。高交联密度意味着更多的交联点，这降低了聚合物链的移动性，从而减缓降解过程。相反，低交联密度允许更多的水渗入网络，加快水解反应和整体降解。

（3）网络拓扑结构

水凝胶的拓扑结构（如线型、支化或星型聚合物）影响其降解方式。线型聚合物网络可能从末端开始逐步降解，而支化或星型结构则表现出不同的降解动力学。这是因为不同结构的聚合物链在空间排列和相互作用上有差异，从而影响酶或水分子的进入和作用。

（4）pH 值

许多水凝胶的降解受周围环境 pH 值的影响。例如，基于聚顺丁烯二酸酐的水凝胶在酸性环境中降解更快，因为酐环在低 pH 值下易于开环水解。类似地，一些通过酸碱反应敏感的官能团（如酰胺键）交联的水凝胶在特定 pH 值范围内表现出更高的降解速率。

（5）温度

温度升高通常加速水凝胶的降解，因为它增加了分子的热运动和水解反应速率。对于某些热敏性水凝胶，温度变化甚至可以直接引起结构的崩解。例如，聚 N-异丙基丙烯酰胺水凝胶在体温附近会发生相转变，导致其迅速收缩和降解。

（6）酶的作用

特定的酶可以催化水凝胶中某些化学键的断裂，大大加速其降解。例如，酯酶可以水解酯键，蛋白酶可以切割肽键。通过在水凝胶设计中引入酶敏感序列，可以使降解具有高度的特异性和可控性。

水凝胶的可降解性是其在生物医学应用中的一项重要属性，受到多种因素的综合影响。通过调节这些因素，可以设计出满足特定需求的水凝胶材料，从而拓展其在药物递送、组织工程和其他领域的应用潜力。未来的研究将继续致力于优化这些参数，以实现更加精准和高效的治疗效果。

2.4.7 流变学特性

流变学是研究材料在受力时流动和变形行为的科学，对于水凝胶而言，其流变学特性决定了其在不同应用场景中的表现，比如在 3D 打印、药物释放和组织工程中的适用性。流变学参数如黏弹性、屈服应力和储能模量等提供了定量描述水凝胶力学行为的方法。根据不同的特性和行为，水凝胶的流变学特性可以分为以下几个主要类别。

2.4.7.1 线性黏弹性区域（linear viscoelastic region）

水凝胶的黏弹性结合了固体和液体的特性，使其在受力时既表现出弹性又表现出黏性。这种双重性质可以通过动态力学分析来表征，通常涉及测量储能模量（G'）和损耗模量（G''）。在线性黏弹性区域内，材料的响应与所施加的应力或应变呈线性关系。

（1）储能模量（G'）

表示材料储存能量的能力，反映了材料的弹性部分。高 G' 意味着材料更倾向于表现出固体的性质，即在变形过程中能够恢复大部分。

（2）损耗模量（G''）

表示材料耗散能量的能力，反映了材料的黏性部分。高 G'' 意味着材料更倾向于表现出液体的性质，即在变形过程中更多的能量转化为热能或其他形式的能量损失。

在流变学测试中，当水凝胶表现为类固态时，$G'>G''$，意味着材料更多地表现出弹性特征。相反，如果 $G''>G'$，则表明材料的黏性特征占主导。在水凝胶的凝胶点，G' 和 G'' 相交，标志着从液态向固态的转变。

典型行为：在这一区域内，G' 通常大于 G''，这表明水凝胶在小变形下主要表现为弹性固体。

2.4.7.2 非线性黏弹性区域（nonlinear viscoelastic region）

当应力或应变超过一定阈值时，材料进入非线性黏弹性区域，在这个区域内，材料的响应不再与应力或应变呈线性关系。

（1）屈服应力（yield stress，τ_y）

是指使材料开始流动所需的最小应力。超过该应力后，G' 迅速下降，材料从弹性固体转变为流动状态。

（2）破坏应力（failure stress，τ_f）

是指导致材料完全破坏的应力。超过该应力后，材料无法再恢复到原来的形状。

典型行为：在这一区域内，随着应力或应变的增加，G'逐渐减小，而G''增加，表明材料的黏性行为增强。

2.4.7.3 触变性（thixotropy）

触变性是指材料在恒定剪切速率下，随着时间的变化，其黏度发生改变的现象。具体来说，就是材料在受到剪切力作用时，黏度降低；当撤去剪切力后，黏度又缓慢恢复。

典型行为：这种现象在很多水凝胶体系中都可以观察到，尤其是在含有纤维或颗粒填料的复合水凝胶中更为明显。

2.4.7.4 剪切稀化（shear thinning）

剪切稀化是一种非牛顿流体行为，指的是材料在受到剪切力作用时，其黏度随剪切速率的增加而降低。

典型行为：这种行为在很多水凝胶中都能观察到，特别是那些具有长链聚合物结构的水凝胶。在 3D 打印和注射应用中，剪切稀化的性质尤为重要，因为它允许材料在受力时容易流动，而在停止受力时又能快速固化。

2.4.7.5 弹塑性（viscoplasticity）

弹塑性是指材料同时表现出弹性（可逆变形）和塑性（不可逆变形）的性质。

典型行为：在低剪切应力下，材料表现出弹性行为；而在高剪切应力下，则表现出塑性流动。

2.4.7.6 蠕变（creep）

蠕变是在恒定应力作用下，材料的应变随时间逐渐增大的现象。

典型行为：长时间的应力作用会导致材料的永久变形，这对于理解水凝胶在长期载荷下的稳定性非常重要。

2.4.7.7 应力松弛（stress relaxation）

应力松弛是指在给定应变条件下，材料的应力随时间逐渐衰减的现象。

典型行为：这种行为揭示了材料内部能量耗散的过程，对于理解水凝胶的时间依赖性力学性能非常关键。控制水凝胶的流变学特性可以通过多种方法实现，下面详细介绍几种常见的方法。

（1）添加表面活性剂

例如十二烷基硫酸钠（SDS）：SDS 作为一种阴离子表面活性剂，与明胶的相互作用强烈，可形成复合物，影响水凝胶的流变特性。SDS 的加入可以调节明胶水凝胶的凝胶强度、凝胶化动力学和熔化/胶凝温度。这是因为 SDS 与明胶分子间的相互作用改变了水凝胶网络的交联程度和结构稳定性，影响了水凝胶的流变特性。

随着 SDS 的掺入，明胶水凝胶的凝胶强度和弹性模量线性增加，达到最大值后开始下降。这是因为适量的 SDS 增强了明胶分子间的交联，但过量的 SDS 会导致交联结构的破坏，从而降低凝胶强度。

（2）使用集成深度学习和微流控技术

通过集成深度学习和微流控技术，可以实时估计和调整聚合物流体的流变参数。这种方法利用合成数据训练深度神经网络，从而识别流变参数，如黏度和储能模量，仅通过压力降和流率测量即可实现。在微流控设备中，通过实时监测压力变化和流率，可以在线估计水凝胶的流变特性，从而实现对其特性的精确控制和调整。

（3）改性聚合物

例如，将 ε-聚赖氨酸（EPL）接枝到明胶上，形成 EPL 改性明胶（GEL-E）。GEL-E 与羧甲基壳聚糖（CMC）和氧化硫酸软骨素（OCS）共同作用，形成具有可注射性、自愈合性和抗菌性的多功能水凝胶。GEL-E 的引入提高了水凝胶的储能模量和弹性变形性能，增强了水凝胶的力学性能和生物相容性。此外，EPL 赋予水凝胶固有的抗菌活性，使其在伤口愈合应用中具有广阔的前景。

（4）控制纳米颗粒的添加

例如，将 $CoFe_2O_4$ 纳米颗粒引入通过自由基聚合-共沉淀法合成的印度果胶-聚丙烯酸/$CoFe_2O_4$（GGAACF）水凝胶中。$CoFe_2O_4$ 纳米颗粒的加入显著提高了水凝胶的弹性和黏度，存储模量（G'）高于损耗模量（G''），表明水凝胶具有较强的弹性。此外，Power Law 模型最适合描述这些水凝胶的非牛顿行为。

（5）静电相互作用

通过合成两亲性三嵌段共聚物，例如，聚 2-氨基乙基甲基丙烯酸酯-嵌段-聚 3-己内酯-嵌段-聚 2-氨基乙基甲基丙烯酸酯（PAMA-b-PCL-b-PAMA），再结合静电吸引作用与 HA 溶液相互作用。APM 的加入使 HA 溶液的流变行为从黏性流转变为弹性流，通过操控 APM 和 HA 分子间的静电相互作用，可以微调链间缔合作用，从而多样化 HA 溶液的流变特性。

2.5 结构与性能的关系

2.5.1 化学结构与力学性能

聚合物链的刚性对水凝胶的力学性能有很大影响。刚性较强的聚合物链（如芳香族聚合物链）组成的水凝胶往往具有较高的机械强度。例如，由聚苯乙烯-聚乙二醇嵌段共聚物形成的水凝胶，其中聚苯乙烯链段的刚性使得水凝胶能够承受较大的外力而不易变形。

化学交联和物理交联方式对水凝胶的力学性能也有不同的影响。化学交联水凝胶通常具有较高的初始机械强度，但可能缺乏柔韧性。而物理交联水凝胶虽然机械强度相对较低，但具有较好的弹性和自修复能力。水凝胶的力学性能（如弹性、强度、韧性等）与它的网络结构密切相关。

交联密度是影响力学性能的重要因素。较高的化学交联密度通常会使水凝胶具有较高的强度，但可能会降低其弹性。例如，在化学交联的聚乙烯醇水凝胶中，随着交联剂用量的增加，水凝胶的拉伸强度会增加，但断裂伸长率会降低。这是因为更多的交联点限制了聚合物链的运动，使得水凝胶在受到外力时更难发生形变。

网络结构的均匀性也对力学性能有影响。均匀的网络结构有利于应力的均匀分布，使得水凝胶具有更好的力学稳定性。相反，不均匀的网络结构可能会导致应力集中，在受到外力时容易在局部区域发生破坏。

2.5.2 官能团与性能

水凝胶是一类由亲水性聚合物链构成的三维网络结构，能够吸收并保存大量的水分。这些聚合物链上分布着各种官能团，这些官能团对水凝胶的性能起着至关重要的作用。以下是一些常见的官能团及其对水凝胶性能的影响。

（1）羟基（—OH）

羟基常见于 PVA、HA 等水凝胶中。羟基能够与水分子形成氢键，增强水凝胶的亲水性和吸水能力。羟基可以通过与其他官能团（如羧基、氨基）反应形成共价键，促进聚合物链间的交联，提高水凝胶的力学性能。羟基有助于提高水凝胶的生物相容性，使其适合用于生物医学领域。

（2）羧基（—COOH）

羧基存在于 PAA、HA 等水凝胶中。羧基在水中可以解离产生负电荷，增加水凝胶的电荷密度，有利于改善其离子传导性。羧基可以通过形成离子键或共价键参与交联反应，调节水凝胶的机械强度和稳定性。羧基的解离程度依赖于 pH 值，因此赋予水凝胶 pH 响应性，使其能够在特定 pH 值环境下发生溶胀或收缩。

（3）氨基（—NH_2）

氨基存在于 PAAm、CS 等水凝胶中。氨基能够与水分子形成氢键，增强水凝胶的亲水性和吸水能力；氨基可以通过与羧基反应形成酰胺键，促进聚合物链间的交联，提高水凝胶的力学性能。氨基有助于提高水凝胶的生物相容性和细胞黏附性，使其适用于组织工程和药物缓释等领域。

（4）磺酸基（—SO_3H）

磺酸基存在于聚磺酸酯类水凝胶中。磺酸基在水中可以解离产生负电荷，增加水凝胶的电荷密度，有利于改善其离子传导性。磺酸基的解离程度依赖于 pH 值，因此赋予水凝胶 pH 响应性，使其能够在特定 pH 值环境下发生溶胀或收缩。磺酸基有助于提高水凝胶的生物相容性和抗凝血性，使其适合用于生物医学领域。

水凝胶的官能团对其性能起着决定性的作用。通过合理设计和选择具有特定官能团的单体，可以制备出具有不同性能和功能的水凝胶，以满足各种应用场景的需求。未来，随着对水凝胶官能团研究的深入，将进一步推动其在生物医学、环境治理和智能材料等领域的应用。

2.5.3　网络结构与溶胀性能

网络孔径大小决定了水凝胶对水分子和溶质分子的扩散能力。较大的网络孔径有利于水分子的快速扩散，从而提高溶胀速度。对于生物医学应用中的药物释放水凝胶，合适的网络孔径可以控制药物的释放速率。

水凝胶的溶胀性能（如水凝胶在不同溶剂中的溶胀比）取决于其网络结构和组成成分。聚合物网络的亲水基团数量和种类会影响溶胀性能。例如，含有较多羧基和羟基等强亲水基团的水凝胶通常具有较高的溶胀比。这是因为这些亲水基团能够与水分子形成更多的氢键，从而吸引更多的水进入水凝胶网络。水凝胶的交联密度直接影响其溶胀性能。较高的交联密度会限制聚合物链的伸展，导致水凝胶的溶胀率降低。例如，在化学交联的聚丙烯酸水凝胶中，当交联剂用量增加时，水凝胶的网络结构变得更加紧密，能够吸收的水分量减少。较低的交联密度会使水凝胶具有较大的溶胀空间，溶胀比相对较高。因为交联点较少时，聚合物链有更多的空间来容纳水分子。而较高的交联密度会限制水凝胶的溶胀，溶胀比降低。

2.5.4　水相与性能

在水凝胶框架下，水赋予了水凝胶显著的特征，如膨胀、允许溶质扩散、柔软和弹性等形态。这些特性使水凝胶在控制释放系统、反应材料、过滤和分离材料、仿生材料和生物相容性材料等各个领域得到应用。了解水与水凝胶的相互作用不仅为材料的设计、优化和应用提供了重要的基础和方法，而且为水的基础研究提供了独特的视角，形成了完整的水与材料的研究图景。

2.5.4.1　水相与力学性能

非冻结结合水对水凝胶的力学性能有显著的增塑作用。非冻结结合水的存在使得高分子链段具有更高的活动能力，从而增强了水凝胶的拉伸强度和断裂伸长率。例如，HEMA/NVP 水凝胶中，随着非冻结结合水含量的增加，材料的拉伸强度和断裂伸长率均有明显提高。冻结结合水和自由水则对力学性能有负面影响。这类水的存在使得高分子链间的作用减弱，导致水凝胶的力学强度下降。例如，通过改变 HEMA 和 NVP 的配比来调节水凝胶中不同类型水的含量。结果显示，随着 HEMA 含量的增加，非冻结结合水增多，水凝胶的拉伸强度和断裂伸长率提高。而 NVP 含量的增加导致冻结结合水增多，水凝胶的力学强度下降。

2.5.4.2　水相与溶胀行为

水凝胶的溶胀行为与其网络结构的交联密度和水的存在状态密切相关。非冻结结合水含量高的水凝胶通常具有较低的平衡溶胀度，因为大量的水分子与网络结构紧密结合，不易自由移动。而自由水含量高的水凝胶则具有较高的平衡溶胀度，因为自由水能够更容易地进出网络结构。

2.5.4.3 水相与热性能

水凝胶的热性能与其含水状态也有密切关系。非冻结结合水提高了水凝胶的热稳定性，因为在加热过程中，这部分水不容易蒸发，从而使材料保持较好的结构完整性。而冻结结合水在加热过程中会先融化，对材料的热稳定性贡献较小。

调节水凝胶的水相以获得所需性能涉及多种策略，包括改变单体类型、交联剂的选择、合成条件的调整以及添加剂的使用。

（1）改变单体类型

单体的性质直接影响水凝胶的亲水性和力学性能。通过选择不同亲水性或疏水性的单体，可以调节水凝胶中水的状态和含量。亲水性单体如丙烯酸、丙烯酰胺（acrylamide）等，能够增加水凝胶的亲水性，提高其溶胀度。例如，在聚 N-异丙基丙烯酰胺中引入丙烯酸钠（SA），可以大幅提高溶胀度，但由于亲水性强，可能会导致热敏性下降。疏水性单体如 N-双丙酮丙烯酰胺，在共聚物中起到降低调节体积相变温度的作用。适量的疏水性单体可以保持热敏性，同时可以通过降低相变温度拓宽应用范围。

（2）交联剂的选择

交联剂决定了水凝胶网络的结构和密度，从而影响了其力学性能和溶胀行为。长链交联剂如四-乙二醇-双丙烯酸酯（TEGD），可以提供更柔性的网络结构，有利于提高溶胀度。例如，使用 TEGD 作为交联剂，可以使水凝胶在保证一定机械强度的同时，获得更高的溶胀度。低交联密度允许更多水分进入网络，提高溶胀度，但也可能导致机械强度不足。高交联密度则相反，提高机械强度但降低溶胀度。因此，选择合适的交联剂和浓度至关重要。

（3）合成条件的调整

合成条件如温度、引发剂类型和浓度等，都对水凝胶的最终性能有显著影响。

① 温度　高温聚合通常会产生较长的聚合物链，提高水凝胶的溶胀度。例如，在高于体积相变温度的条件下进行聚合，可以获得更高溶胀度的 PNIPAAm 水凝胶。

② 引发剂　如过硫酸钾（KPS）和过氧化苯甲酰（BPO）等，其浓度和类型会影响聚合速率和交联程度。合理选择引发剂可以在控制聚合速率的同时，优化水凝胶的力学性能。

（4）添加剂的使用

添加剂如盐、pH 调节剂和其他功能性分子，可以调节水凝胶的溶胀行为和响应性。

① 盐　高盐浓度通常会导致水凝胶的收缩，通过降低水凝胶与水之间的氢键作用，聚合物链间的相互作用会增强。例如，NaCl 的加入会使 PNIPAAm 水凝胶的浊点温度下降。

② pH 调节剂　如酸或碱，可以改变水凝胶中官能团的电离程度，从而影响其溶胀行

为。例如，pH值的升高会使含有羧基的水凝胶膨胀更大，因为电离程度增加导致斥力加大。

实际应用中，往往需要结合多种策略来调节水凝胶的水相，以满足特定需求。例如，通过共聚和交联设计，可以制备出既具有高溶胀度又能保持良好热敏性的水凝胶，适用于药物传输或组织工程等领域。调节水凝胶的水相是一个复杂但可控的过程，通过精心设计和优化，可以获得具有理想性能的水凝胶材料，以满足不同应用场景的需求。

2.5.5　孔隙结构与性能

水凝胶是因其独特的物理化学性质，在多个领域得到了广泛应用，如生物医药、组织工程、环境修复等。水凝胶的许多重要性能，比如机械强度、溶胀能力、渗透性和生物相容性，与其微观结构密切相关。特别是孔隙结构，包括孔隙的大小、形状、数量和分布，对这些宏观性能起着至关重要的作用。

（1）力学性能

水凝胶的力学性能，如拉伸性、韧性和压缩强度，直接受其孔隙结构的影响。一般来说，孔隙率较高的水凝胶，其机械强度相对较低，因为孔隙的增多减少了有效承载的聚合物交联点。然而，孔隙的存在也可以作为一种能量耗散机制，提高水凝胶的韧性。因此，水凝胶材料应该通过优化孔隙结构的方式来提高其力学性能。例如，具有适当孔隙结构的水凝胶可以在受到外力作用时，通过孔壁的变形和恢复来分散应力，防止裂纹的快速扩展。通过引入微孔结构，水凝胶的断裂能显著提高。这是因为孔隙周围的应力集中效应引发了更大范围的网络破坏，从而提高了整体的韧性。模拟结果显示，孔隙尺寸和壁厚对内在断裂能有显著影响，孔隙的存在可以使水凝胶的内在断裂能达到均质网络的数倍。

（2）溶胀性能

水凝胶的溶胀性能主要取决于其网络结构和亲水性。孔隙结构大的水凝胶通常具有更高的溶胀能力，因为更大的孔隙提供了更多的空间让水分子进入，并且增加了水凝胶与水的接触面积。孔隙的连通性也是影响因素之一，连通性好的孔隙结构有助于水分子在整个网络中的快速传输。通过对不同孔隙结构的水凝胶进行溶胀实验，发现孔隙率高且连通性好的水凝胶表现出更快的溶胀速率和更高的平衡溶胀率。例如，通过冷冻干燥技术制备的多孔水凝胶显示出优异的溶胀性能，因为冷冻过程中形成的冰晶帮助构建了一个开放且互连的孔隙网络。

（3）渗透性

孔隙结构影响材料内部的水流动性。孔隙大小一定的材料，其渗透性会随着孔隙数量的增加而增加。因此，在设计水凝胶材料的孔隙结构时，必须根据实际应用需求，选择适当的孔隙大小和数量。渗透性决定了水凝胶对小分子和离子的传输能力。孔隙结构直接影响水凝胶的渗透性，较大的孔隙和较高的连通性意味着更好的渗透性能。这对于药物释放系统尤为重要，孔隙结构不仅影响药物分子的负载效率，还决定了释放速率和路径。在药物释放研究中，通过调整水凝胶的孔隙结构，实现了对药物释放行为的有效调控。具有大孔结构的水凝胶显示出更快的药物释放速率，因为药物分子可以通过大孔更容易地扩散出去。相比之下，小孔结构的水凝胶则表现出缓慢而持续的释放行为，适合需要长时间维持药物浓度的应用场景。有研究表明，当平均孔径分别大于 $3.67\mu m$ 或 $5.56\mu m$ 时，金黄色葡萄球菌或铜绿假单胞菌的渗透概率均在 50% 以上。用 30% 或更少的水合成的水凝胶显示出平均尺寸低于 $1\mu m$ 的孔隙分布非常紧密，并有效地阻碍了革兰氏＋金黄色葡萄球菌（$0.5\sim1\mu m$ 球菌）和革兰氏-铜绿假单胞菌 $[(0.5\sim0.8\mu m)\times(1.5\sim3\mu m)$ 杆菌 $]$ 的渗透。

（4）生物相容性

水凝胶的生物相容性是其在生物医学领域应用的重要前提。孔隙结构不仅影响水凝胶的细胞相容性，还关系到组织长入和营养物质交换。适当的孔隙结构可以促进细胞的黏附、增殖和分化，有利于组织工程中的应用。研究表明，具有适当孔隙结构的水凝胶可以支持细胞的良好生长和功能维持。例如，在组织工程支架应用中，通过优化水凝胶的孔隙结构，成功实现了细胞在三维环境中的均匀分布和高效增殖，促进了新组织的形成。

综上所述，水凝胶的孔隙结构对其各项性能有着深远的影响。通过合理设计和调控孔隙结构，不仅可以提升水凝胶的力学性能和溶胀能力，还可以实现对其渗透性和生物相容性的有效控制。未来的研究可以通过结合多种表征技术和模拟手段，深入理解孔隙结构与性能之间的复杂关系，推动水凝胶在更多领域的创新应用。

参考文献

[1] 陈雪萍. 聚丙烯酸系吸水树脂的合成与表征 [D]. 浙江：浙江大学，2000.

[2] 郭兴林，李福绵，张树霖. 不同结晶度聚乙烯醇水凝胶中水氢键缺损的拉曼光谱学研究 [J]. 高分子学报，2001，3：408-412.

[3] 赵新，崔建春，刘多明，等. 辐射合成的水凝胶的结构与溶胀特性 [J]. 高分子学报，1994，5：600-606.

[4] Miyazaki T，Yamaoka K，Kaneko T，et al. Hydrogels with the ordered structures [J]. Science and Technology of Advanced Materials，2000，1：201.

[5] 单军. 国内有关高聚物水凝胶的合成、溶胀性能及其结构表征的研究 [J]. 化工新材料，1996，11：2-10.

[6] Jin Y，Zhang L. Structure and control release of chitosan/carboxymethyl cellulose microcapsules [J]. Appl Polym Sei，2001，82：584.

[7] Hoffman A S，Afrassibai A，Dong L C. Thermally reversible hydrogels：Ⅱ. Delivery and selective removal of substances from aqueous solutions [J]. Controlled release，1986，4：213.

[8] Hoffman A S. Applications of thermally reversible polymers and hydrogels in the rapeuies and diagnostics [J]. Controlled release，1987，5：297.

[9] Klum L A，Horbett T A. The effect of hydronium ion transport on the transient behavior of glucose sensitive membranes [J]. Controlled release，1993，27：95.

[10] Shiga T. Bending of high strength polymer gel in an electric field 197 ACS Polymer [M]. Preprints，1989.

[11] Beebe D J，Moore J S，Bauer J M. Study of reversible gelation of partially neutralized poly（methacrylic acid）by viscoelastic measurements [J]. Polym Sci A，1970，8：1089.

[12] 纪淑玲，彭勃，林梅钦，等. 黏度法研究胶态分散凝胶交联过程 [J]. 高分子学报，2000，1：

65-71.

[13] 左榘，牛爱珍，安英丽，等．凝胶化反应全过程的激光光散射跟踪研究［J］．高分子学报，1998，4：419-427.

[14] Matsumoto A，Fujihashi M，Aota H. Gelation in free radical terpolymerization of poly (allyl methacrylate) crosslinked polymer nanosphere with allyl benzoate and vinyl benzoate［J］. Eur Polym J，2003，39：2023.

[15] Konak C，Jakes J. Dynamic light scattering from polymer solutions and gels at the gelation threshold ［J］. Polymer，1991，32：1077.

第3章
水凝胶的制备方法

根据形成水凝胶所采用的交联剂的不同，可把水凝胶分为物理交联水凝胶（非共价交联水凝胶）和化学交联水凝胶（共价交联水凝胶）。物理交联水凝胶是指由于分子缠结和离子、氢键、疏水相互作用的存在而形成的网络结构。例如高分子在溶液中呈无规线团分布，随着温度的升高或降低，分子运动加剧，无规线团结构遭到破坏而相互缠绕形成螺旋，螺旋团聚后形成凝胶，如明胶、琼脂糖等，这种分子缠结水凝胶形成机理如图 3-1所示。

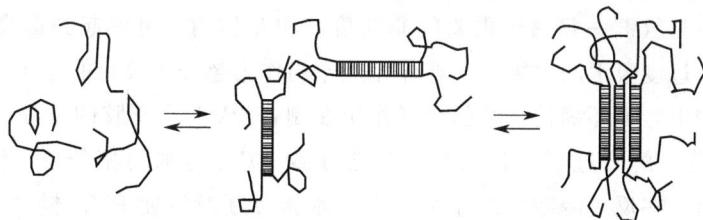

图 3-1　物理交联水凝胶的溶胶-凝胶转变示意图

当聚电解质与带相反电荷的多价离子键合时所形成的物理交联型水凝胶又称为离子包埋水凝胶，例如海藻酸钙水凝胶（图 3-2）。

在物理交联水凝胶中，分子间的缠绕、疏水相互作用或离子键合区域也会形成簇团结构，因此造成凝胶的不均匀性。同时自由链端和链环也会产生瞬时的网络缺陷。多价抗衡离子的离子交联是形成物理交联水凝胶的简单方法，但此类离子可与体液中的可溶性离子进行交换，不可避免地损失水凝胶原有的性能。此外，通过聚合物的相转变也可形成水凝胶，如接近最低临界共溶温度时，很小的温度变化就能使聚合物溶胶相转变成凝胶。

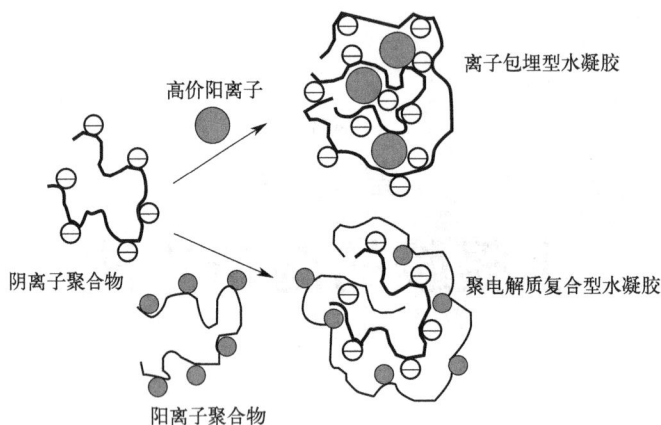

图 3-2　电荷相互作用物理交联水凝胶的形成示意图

对于物理交联水凝胶而言，其交联方式主要有属于非共价键的分子间可逆的相互作用（如氢键、静电相互作用聚合缠结、疏水或亲水相互作用交联）、金属配体结合作用、π-π堆叠作用、主客体相互作用以及结晶交联作用等，不涉及化学价态的变化。具有高强度、高定向性和动态可逆的氢键在水凝胶中是相当普遍的存在，是一种非常典型的分子间可逆的相互作用。许多天然聚合物［如聚多巴胺（PDA）、纤维素］与合成聚合物的分子链（如 PAM）上都具有羟基，因此这些分子链之间很容易产生氢键相互作用。金属配体结合作用则是通过金属-配体的配位键来表现金属离子固有物理化学的性质，有利于保障水凝胶的力学强度以及水凝胶网络的结构稳定性。π-π 堆叠作用是芳香化合物的芳香环之间的一种相互作用，与氢键一并属于重要的非共价键相互作用，可以起到提高水凝胶机械强度、防止水凝胶过度吸水的效果。主客体相互作用作为超分子聚合的作用力之一，常见于大环主体化合物中，如环糊精。结晶交联作用在制备 PVA 水凝胶的过程中最为常见。在PVA 水溶液冷冻、解冻过程中，冰晶生长会导致 PVA 与水的相分离，促进 PVA 的结晶。具体过程为：在反复冷冻、解冻循环中，冰晶会逐渐促使 PVA 链之间的物理交联，这使得原本互相独立的 PVA 分子链在多次冷冻、融化循环后形成致密的 PVA 网络结构，从而使 PVA 水凝胶获得较高的机械强度。

化学交联水凝胶是运用传统合成方法或辐射、光聚合等技术，引发共聚或缩聚反应产生共价键而形成的共价交联网络。共聚反应包括水溶性高分子的交联和一系列其他聚合反应通过交联聚合形成水凝胶，反应机理如图 3-3 所示。

含有多官能团的高分子可由缩聚反应形成化学交联水凝胶，如氨基与活性酯形成胺化合物、酸和醇生成酯、醛基和氨基形成 Schiff 碱等，反应机理如图 3-4 所示。

除了水溶性聚合物交联可以产生化学型水凝胶外，疏水性聚合物转变为亲水性并交联产生的网络体系也是化学型水凝胶。改性后的聚合物分子如果通过疏水相互作用转变成凝胶三维网络，则属于物理交联水凝胶；而极性基团发生反应形成了交联结构，则属于化学交联水凝胶，二者的反应机理如图 3-5 所示。

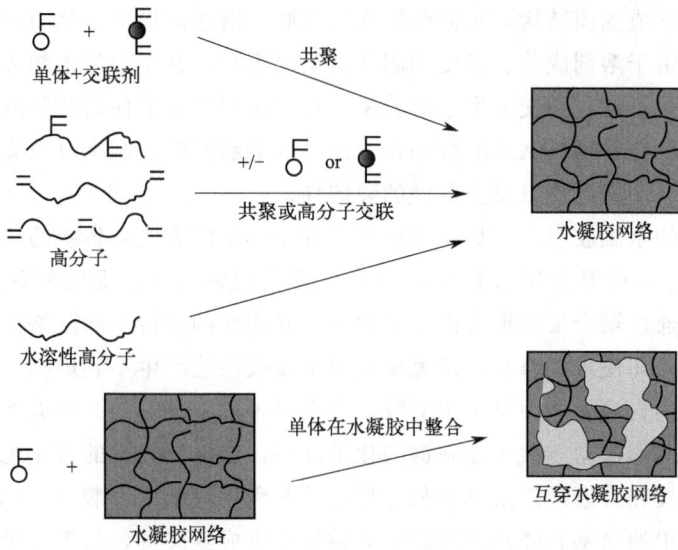

图 3-3 共聚交联水凝胶形成示意图

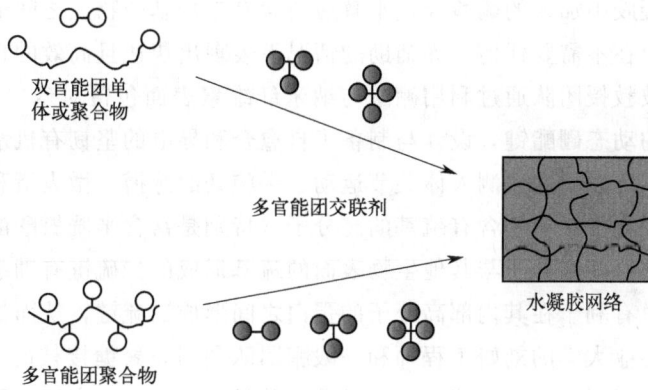

图 3-4 缩聚反应形成水凝胶示意图

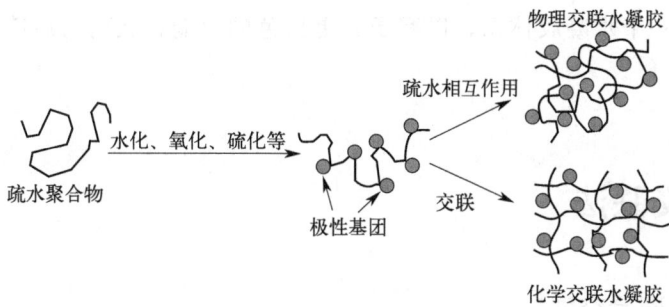

图 3-5 疏水性聚合物形成水凝胶示意图

在化学交联的交联相中，水凝胶根据不同交联密度达到一定的平衡溶胀度，因此在高交联低溶胀区域形成簇团结构，它们分散在低交联高溶胀区域里，从而导致水凝胶结构的不均一性。有时由于溶剂成分、温度和固体含量的影响，甚至会发生相分离现象，产生充满水的空洞或大孔、在化学交联型水凝胶中，自由链端缠结也使得凝胶网络产生缺陷而失去弹性。共价交联与物理交联水凝胶相比，是一种能够精确控制水凝胶交联密度的常用方法，但应注意交联剂的毒性以及交联键的降解性。

在化学交联的水凝胶中，常见的有以下几种化学交联方式：传统的化学交联（链生长聚合、加成缩聚、γ束聚合和电子束聚合等）、席夫碱键交联、硼酸酯键交联、二硫键交联等。通常单体通过聚合反应形成由传统化学交联构建的共价交联网络，然而这种共价交联网络一旦遭到破坏便难以修复，这无疑会对水凝胶性能产生不利影响。因此，动态化学键的引入所带来的自愈合能力对于水凝胶而言无疑是非常关键的。席夫碱反应是一种通过氨基和醛基交联而形成动态共价亚胺键的化学反应，如深圳大学的黄龙彪研究员、西北工业大学的孔杰教授和香港理工大学的郝建华教授等利用对苯二甲酸与三(2-氨基乙基)胺和线型聚脲预聚物中的氨基和醛基之间的席夫碱反应生成亚胺键，基于此设计制备了综合性能良好的绝缘聚合物和导电水凝胶的动态键交联网络，进而制备了寿命更长、可靠性更高的传感器。

硼酸键是水凝胶中加入的硼酸经过水解后与含有二羟基的物质之间形成的动态非刚性键，可以使水凝胶在不需要任何外界辅助的情况下表现出快速且高效的自愈合特性。深圳理工大学的韩林波教授团队通过利用硼酸与纳米纤维素表面包覆对苯二甲酸（TA）中的儿茶酚基团之间的动态硼酯键，设计与制备了自愈合和导电的坚韧有机水凝胶，基于该有机水凝胶的传感器可以精确监测人体关节运动、手腕处的脉搏、微表情和声音信号。

二硫键则一般存在于一些含有巯基的高分子（特别是富含半胱氨酸的蛋白质，如黏蛋白或角蛋白）间。这些高分子与其他生物表面的巯基形成的二硫键有助于其黏附在生物表面，而这些巯基也有利于在其内部高分子的蛋白之间形成二硫键，从而提高网络的力学交联强度。哈尔滨工业大学的刘妍工程师和齐殿鹏团队利用壳聚糖接枝的 *N*-乙酰-L-半胱氨酸的巯基与组织之间形成动态二硫键，合成了一种具有可再生、高组织黏附性的非膨胀水凝胶。

为满足不同的设计目的和应用需求，可以从不同的化学或物理交联方式中的一种或多种方法来构建同一个水凝胶体系，以赋予其更出色的性能，从而为后续的应用打下坚实基础。

3.1 化学交联法

3.1.1 自由基聚合交联

自由基聚合（free radical polymerization，FRP）由自由基引发单体的聚合反应。自由基聚合涉及自由基引发的链式反应，主要包括三个阶段：引发、增长和终止。在适当的条件下，化合物的共价键上一对电子发生均裂后分属于两个基团，这种带单电子的基团称为自由基，自由基由于含有未成对电子，因此非常活泼，容易与其他分子发生反应。单体是含有一个或多个不饱和键并能够参与聚合反应的小分子。聚合物则是由许多相同的或相似的单体分子通过化学反应连接在一起形成的长链分子。在引发阶段，自由基由引发剂（如偶氮化合物或过氧化物）分解产生，攻击单体分子中的不饱和键（通常是 C＝C 双键），生成新的自由基。在增长阶段，新生成的自由基继续与其他单体分子反应，形成增长的聚合物链。当两个自由基相遇时，链的增长终止，形成稳定的交联网络。

自由基交联是制备水凝胶的一种重要方法，特别是对于那些含有不饱和键（如丙烯酸酯或甲基丙烯酸酯）的前驱体分子。

3.1.1.1 自由基聚合交联反应原理

自由基聚合交联反应属链式聚合反应，分为链引发、链增长、链终止和链转移四个基元反应。

（1）链引发

链引发是聚合反应的起始阶段，主要任务是生成活性中心——自由基。这一步可以通过多种方式进行，例如热分解、光引发或使用引发剂。

① 自由基的产生

a. 化学引发剂分解　常见的引发剂包括偶氮化合物和过氧化物，它们在受热时会分解成自由基，从而启动聚合过程。常用的化学引发剂如过氧化苯甲酰、过硫酸铵和亚硫酸钠体系。以过硫酸铵为化学引发剂为例，在一定温度下过硫酸铵分解产生硫酸根自由基（$SO_4^- \cdot$），亚硫酸钠可以作为还原剂与过硫酸铵反应，加速自由基的产生。反应式为：

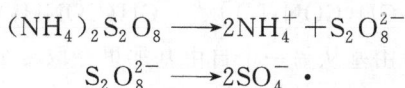

$$(NH_4)_2S_2O_8 \longrightarrow 2NH_4^+ + S_2O_8^{2-}$$
$$S_2O_8^{2-} \longrightarrow 2SO_4^- \cdot$$

b. 光引发　在特定波长的光照射下单体分子吸收光子能量，发生分子内或分子间的光化学分解产生自由基。例如，2-羟基-2-甲基-1-苯基-1-丙酮（HMPP）在紫外线照射下，分子中的羰基与相邻的甲基之间的化学键发生断裂，产生自由基。

c. 辐射引发　高能辐射如 γ-射线、X 射线、电子束等可以直接使单体分子电离或激发，产生自由基。例如，当水凝胶单体受到 γ-射线照射时，水分子首先被电离产生羟自由基（$\cdot OH$）和氢自由基（$\cdot H$），这些自由基可以引发单体的聚合和交联反应。

② 自由基的反应活性

a. 引发单体聚合　产生的自由基具有较高的活性，能够攻击单体分子中的不饱和键，形成新的自由基活性中心。例如，对于丙烯酸类单体（如丙烯酰胺），自由基可以加成到双键上，使单体分子变成活性自由基，反应式为：

$$SO_4^- \cdot + CH_2 = CH - CONH_2 \longrightarrow SO_4 - CH_2 - CH \cdot - COONH_2$$

b. 交联反应　当单体分子上有多个可反应的官能团时，活性自由基可以与其他单体分子或已经形成的聚合物链上的官能团发生反应，形成交联结构。例如，在制备具有双官能团的水凝胶时，如含有丙烯酸酯和甲基丙烯酸酯官能团的单体，自由基可以使不同链段之间的酯基发生反应，形成交联点。

（2）链增长

链增长是聚合反应的核心阶段，链增长是自由基与单体分子不断加成的过程，一旦生成了活性自由基，就会快速与单体分子反应，并传递自由基，使得链长度不断增加。链增长的实质就是一个加成反应过程，自由基攻击单体分子的双键，使双键发生均裂形成新的自由基，这个新的自由基再与另一个单体分子反应，如此循环往复，使聚合物链迅速延长。这个过程非常快速，大部分聚合物链都在此阶段形成。链增长反应可以表示为：

$$SO_4CH_2CH \cdot CONH_2 + CH_2 \!=\!\! CHCONH_2 \longrightarrow SO_4CH_2CH(CONH_2)CH_2CH \cdot CONH_2 \cdots\cdots$$

交联剂的作用是含有两个或多个可反应双键（如 N,N'-亚甲基双丙烯酰胺）的交联剂，能够在相邻的聚合物链之间形成共价键，将独立的线型聚合物链连接成三维网状结构。例如，N,N'-亚甲基双丙烯酰胺通过其两端的双键与丙烯酰胺单体的聚合物链交联，形成稳定的三维网络结构。

（3）链终止

链终止标志着活性链的终结，自由基消失，形成稳定的高分子。链终止主要有两种方式：偶合终止和歧化终止。

① 偶合终止　是指两个自由基通过共用未配对的单电子形成一个新的共价键，从而结束链生长的过程。这种终止导致两个活性链合并成一个单一的更高分子量的聚合物链。偶合终止的反应方程式可以表示为：

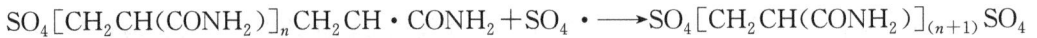

$$SO_4[CH_2CH(CONH_2)]_nCH_2CH \cdot CONH_2 + SO_4 \cdot \longrightarrow SO_4[CH_2CH(CONH_2)]_{(n+1)}SO_4$$

或

$$SO_4[CH_2CH(CONH_2)]_nCH_2CH \cdot CONH_2 + SO_4CH_2CH \cdot CONH_2 \longrightarrow$$
$$SO_4[CH_2CH(CONH_2)]_{(n+1)}CH(CONH_2)CH_2SO_4$$

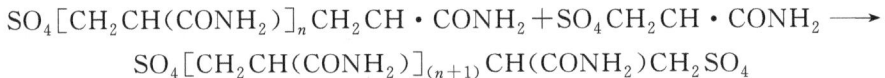

② 歧化终止　是一个自由基从另一个自由基那里夺取一个原子（通常是氢原子），从而形成两个稳定的分子，致使两条链同时终止反应。歧化终止的反应方程式可以表示为：

$$M_m \cdot + M_n \cdot \longrightarrow M_m + M_n$$

（4）链转移（可选）

链转移是指活性链自由基与另一种分子（如单体、溶剂、引发剂等）反应，将活性链转移到另一个分子上，形成新的自由基。这一过程虽然不属于严格意义上的链终止，但它改变了活性中心的位置。这一步骤不仅改变了链的终止方式，还可能导致支化或交联结构的形成。

3.1.1.2　自由基交联的优缺点

（1）自由基聚合的优点

① 反应条件宽松　自由基聚合的反应条件相对宽松，能够在较宽的温度和压力范围内进行，这使得它在工业生产中具有很大的优势。

② 适用单体广泛　自由基聚合可以用于多种单体的聚合，包括烯烃、丙烯酸酯、苯乙烯等，这使得它在合成高分子材料方面具有广泛的应用。

③ 反应速率快　自由基聚合的反应速率通常较快，能够在较短的时间内完成聚合反

应，这对于大规模工业生产来说非常重要。

④ 不需配体催化　自由基聚合反应可以在无任何配体催化的情况下完成，从而不必担心配体引发的干扰，使反应的结果更为优异。

⑤ 副产物少　自由基聚合有着反应条件相对温和及反应速率较快的优点，通过优化反应体系和反应条件（如温度等），可以减少副反应，从而可以大大减少副产物的产生。

⑥ 可直接以乳液形式使用　自由基聚合能够直接以乳液形式使用，这对于某些特定的应用场景非常有利。

⑦ 可实现活性自由基聚合　通过特定的方法，如氮氧自由基聚合（NMRP）、可逆加成-断裂链转移聚合法（RAFT）和原子转移自由基聚合（ATRP），可以实现活性自由基聚合，从而控制聚合物的分子量、分子量分布、端基官能化、立体结构等。

（2）自由基聚合的缺点

① 产物结构控制较难　由于自由基聚合中链自由基活泼，易发生双分子偶合或歧化终止以及链转移反应，不是活性聚合，因此产物的结构控制较难。

② 分子量分布较宽　自由基聚合的生成物的聚合度有很多，生成物的分子量分布也很零散，难以精确控制聚合物的分子量。

③ 分子的微结构不均　自由基聚合很难甚至不能控制分子的微结构，这对于一些对分子结构要求较高的应用场景来说是一个限制。

④ 易发生双基终止和链转移反应　自由基聚合中的双基终止和链转移反应会导致难以控制自由基聚合反应，并且一旦自由基活性种生成，直到链终止反应或链转移反应发生为止，链增长反应都会持续进行。

⑤ 催化剂残留问题　在一些活性自由基聚合方法中，如原子转移自由基聚合，催化剂用量较大，过渡金属离子以及配体会残留在聚合物中，去除比较困难，不仅影响聚合物性能，如光性能、电性能，而且造成聚合物带色。

⑥ 功能单体适用有限　在某些活性自由基聚合方法中，功能单体如丙烯酸、丙烯酰胺等不能进行可控聚合，这限制了其在一些特定领域的应用。

3.1.1.3　影响自由基交联水凝胶性能的因素

（1）单体浓度

① 对水凝胶网络结构的影响　当单体浓度较低时，形成的水凝胶网络结构比较疏松，交联点之间的链段较长。随着单体浓度的增加，水凝胶的网络结构变得更加致密，交联点增多。例如，在丙烯酸水凝胶的制备中，当丙烯酸单体浓度从 10% 增加到 30% 时，水凝胶的孔径从较大的微米级逐渐减小到纳米级。

② 对水凝胶物理性能的影响　单体浓度的增加会导致水凝胶的硬度、弹性模量等物理性能发生变化。一般来说，单体浓度越高，水凝胶的硬度越大，弹性模量也越高。这是因为更多的单体参与聚合和交联反应，形成了更紧密的网络结构，能够承受更大的外力。

（2）交联剂用量

① 对水凝胶交联密度的影响　交联剂用量直接影响水凝胶的交联密度。随着交联剂

用量的增加，水凝胶的交联密度增大。例如，在制备聚丙烯酰胺水凝胶时，当 N,N'-亚甲基双丙烯酰胺的用量从 0.1% 增加到 1% 时，水凝胶的交联密度明显增加，表现为水凝胶在水中的溶胀率降低，因为更多的交联点限制了水凝胶的溶胀。

②对水凝胶力学性能的影响　适当增加交联剂用量可以提高水凝胶的力学性能。在一定范围内，交联剂用量增加会使水凝胶的拉伸强度、断裂伸长率等性能得到改善。但交联剂用量过高时，水凝胶会变得脆硬，容易断裂，因为过高的交联密度限制了聚合物链的运动。

（3）引发剂浓度

① 对反应速率的影响　引发剂浓度的高低直接影响自由基的产生速率，从而影响水凝胶的制备反应速率。当引发剂浓度增加时，自由基产生的速率加快，单体聚合和交联反应的速率也相应加快。例如，在过硫酸铵引发的丙烯酸水凝胶制备中，当过硫酸铵的浓度从 0.1% 提高到 1% 时，反应时间从数小时缩短到几十分钟。

② 对水凝胶性能的影响　引发剂浓度过高可能会导致水凝胶性能下降。因为过高的引发剂浓度会产生过多的自由基，这些自由基可能会引发副反应，如链转移反应等。链转移反应会导致聚合物链的结构不均匀，从而影响水凝胶的物理和化学性能，如降低水凝胶的稳定性和生物相容性等。

（4）反应温度

① 对化学引发剂引发体系的影响　对于化学引发剂引发的自由基交联反应，反应温度是一个关键因素。如前所述，化学引发剂的分解速率与温度密切相关。例如，偶氮二异丁腈（AIBN）在 60～70℃ 下分解速率适中，能够稳定地产生自由基引发水凝胶的制备反应。如果温度低于这个范围，AIBN 分解缓慢，反应速率慢；如果温度过高，AIBN 可能会快速分解，导致反应失控，产生不均匀的水凝胶。

② 对光引发和辐射引发体系的影响　对于光引发体系，反应温度虽然不像化学引发剂体系那样对反应速率有决定性影响，但在一定程度上也会影响水凝胶的性能。较高的温度可能会加速光引发剂的分解或副反应的发生。对于辐射引发体系，反应温度对反应速率和水凝胶性能的影响相对较小，但在极端温度条件下，如低温或高温环境下，可能会影响单体的流动性和辐射引发的反应效率。

（5）反应时间

① 对水凝胶形成过程的影响　反应时间是水凝胶制备过程中的一个重要参数。在自由基交联反应初期，单体主要进行聚合反应，随着反应时间的延长，交联反应逐渐占据主导地位。例如，在光引发的丙烯酸水凝胶制备中，光照初期丙烯酸单体快速聚合形成线型聚合物链，当光照时间达到一定程度（如 1～2h）时，交联反应开始大量发生，形成三维网络结构的水凝胶。

② 对水凝胶性能的影响　反应时间不足时，水凝胶的交联不完全，其物理性能如硬度、弹性模量等较低，在水中的溶胀性能也不稳定。反应时间过长时，可能会导致水凝胶的过度交联，使水凝胶变得脆硬，同时也可能会引发一些副反应，影响水凝胶的质量。

3.1.1.4 自由基交联制备水凝胶的实例

聚乙二醇双丙烯酸酯（PEGDA）水凝胶的制备：PEGDA 是一种常用的生物材料，因其良好的生物相容性和可调节的力学性能，在组织工程和药物释放系统中有着广泛的应用。通过自由基聚合制备 PEGDA 水凝胶是一种典型的方法，它涉及使用氧化-还原引发体系来启动聚合反应。

（1）主要原料

单体：聚乙二醇双丙烯酸酯（PEGDA）。引发剂：过硫酸铵（APS）。加速剂：四甲基乙二胺（TMEDA）。溶剂：水。

（2）实验步骤

① 配制溶液　按一定比例称取 PEGDA 单体，并将其溶解于适量的水中，配制成所需浓度的单体溶液。单体溶液的浓度会影响最终水凝胶的力学性能和溶胀行为。

② 添加引发剂和加速剂　向单体溶液中加入预定量的 APS 和 TMEDA。引发剂和加速剂的比例对凝胶化时间有显著影响。通常，APS 和 TMEDA 的用量分别为单体质量的 $0.1\% \sim 1\%$ 和 $0.01\% \sim 0.1\%$。

③ 脱氧处理　将混合溶液置于液氮中快速冷冻，以除去溶解的氧气。氧气的存在会抑制自由基聚合反应，因此脱氧步骤对于确保顺利聚合至关重要。

④ 聚合反应　将脱氧后的混合物转移到预热的模具中，在设定的温度下（通常是 37℃）进行聚合反应。反应时间一般为数小时，具体取决于配方和所需的凝胶性质。

⑤ 清洗和溶胀　聚合完成后，将得到的有机凝胶取出，切割成适当形状，然后浸入去离子水中进行溶剂交换，以洗掉未反应的单体和其他杂质，直至达到平衡状态。此过程可能需要几天时间，期间需定期更换水。

（3）性能评估

① 溶胀行为　通过测量水凝胶在不同环境下的重量变化，评估其溶胀能力。溶胀率受单体浓度、交联密度等因素影响。

② 力学性能　采用压缩试验和拉伸试验测定水凝胶的弹性模量和断裂强度。通常，较高单体浓度和交联密度会产生更强的水凝胶。

③ 微观结构　利用扫描电子显微镜（SEM）观察水凝胶的孔隙结构，了解其形态特征。

（4）结论

单体分子量越大，凝胶化时间越短，这是因为高分子量单体之间的交联更容易发生。

凝胶化时间随着单体浓度的增大、温度的升高和加速剂用量的增大而减少，这是因为这些因素都促进了自由基的生成和反应速率。

不同单体浓度对水凝胶的溶胀度和力学性能有显著影响，高单体浓度通常产生低溶胀度、高力学强度的水凝胶。

3.1.2 迈克尔加成交联

迈克尔加成反应（Michael addition reaction）是由 A. 迈克尔于 1887 年首次发现的一

类重要的有机反应，指的是在碱催化下能提供亲核负碳离子的化合物和亲电共轭体系进行的共轭加成反应，有时也称为1,4-加成、共轭加成，是有机合成中常用于构建新的碳碳键增长碳链的方法之一，特别是在合成带有多种官能团的复杂有机分子时尤为有用，因此，该反应在水凝胶合成过程中非常普遍。

3.1.2.1 迈克尔加成交联原理

迈克尔加成交联的反应物包括两类。

（1）含有活性亚甲基的单体

① 丙烯酸酯类　甲基丙烯酸酯是常用的单体之一。它具有容易合成、成本较低、可以通过在其侧链引入不同的官能团来调节水凝胶的性能等优点。例如聚甲基丙烯酸羟乙酯（PHEMA），可以通过迈克尔加成交联反应制备水凝胶，可以提高水凝胶的亲水性和生物相容性。它在生物医学领域有广泛的应用，如软性接触镜的制备。

② 马来酰亚胺类　马来酰亚胺具有较高的反应活性。它可以与多种亲核试剂发生迈克尔加成反应。在水凝胶制备中，它可以作为交联剂或者与其他单体共聚，形成具有特殊性能的水凝胶。例如，将马来酰亚胺修饰在生物大分子上，然后通过与含有硫醇基团的化合物进行迈克尔加成反应，制备生物医用的水凝胶。

（2）亲核试剂类

① 硫醇类　乙硫醇是一种简单的硫醇试剂。但由于其挥发性强、气味难闻且具有一定的毒性，在实际水凝胶制备中较少直接使用。巯基聚乙二醇（HS-PEG）是一种常用的亲核试剂。它具有良好的生物相容性和可调节的分子量。通过改变HS-PEG的分子量，可以调节水凝胶的网络结构和物理性能。例如，较长分子量的HS-PEG会使水凝胶的网络更加疏松，具有更高的含水量。

② 胺类　虽然胺类的亲核性相对硫醇较弱，但在一些特殊情况下也可以参与迈克尔加成反应。例如在碱性条件下，一些脂肪胺可以与丙烯酸酯类单体发生迈克尔加成反应。并且胺类可以在水凝胶中引入正电荷，这对于某些生物医学应用（如基因传递等）是非常有利的。

以乙酰乙酸乙酯与肉桂醛在氢化钠作用下的反应为例，碳负离子对活化烯烃进行1,4-加成（共轭加成）。加成反应的供体是具有活性亚甲基的化合物乙酰乙酸乙酯，反应的受体是活化 α,β-不饱和化合物肉桂醛。具体反应步骤如下。

（1）碳负离子的生成

反应的第一步是强碱从含有酸性 α-H 的化合物乙酰乙酸乙酯中提取质子，形成稳定的碳负离子。常用的强碱有乙醇钠、氢化钠、氨基钠和有机碱等。

$$CH_3COCH_2COOC_2H_5 + NaH \longrightarrow CH_3COCH^-COOC_2H_5 + Na^+ + H_2$$

（2）亲核加成

生成的碳负离子作为亲核试剂，对亲电性肉桂醛的 β-碳进行攻击，形成一个新的碳-碳键，并生成一个新的阴离子型不稳定的烯醇盐中间体，原来的双键转移到了 α-碳和氧之间。由于碳负离子的进攻发生在羰基的 β-碳上，因此称为1,4-加成或共轭加成。

$$CH_3COCH^-COOC_2H_5 + CH_2 \!=\!\! CHCHO \longrightarrow CH_3COCH(CH_2\!-\!CHCHO)^-COOC_2H_5$$

（3）质子化和恢复中性

反应的最后一步是通过溶剂或其他质子源（如水）提供的质子，使中间体烯醇盐阴离子质子化，恢复为中性分子，形成最终的迈克尔加成产物。这一步通常在酸性条件下进行，以确保烯醇盐的质子化。

$$CH_3COCH(CH_2\!-\!CHCHO)^-COOC_2H_5 + H_2O \longrightarrow CH_3COCH(CH_2\!-\!CH_2CHO)COOC_2H_5 + OH^-$$

3.1.2.2　迈克尔加成交联的优缺点

（1）迈克尔加成的优点

① 高效的化学反应　迈克尔加成反应是一种高效的化学反应，能够在温和的条件下进行，无需催化剂，具有高度的选择性和很少的副反应。

② 生理条件下的适用性　适合在生理条件下进行，这意味着它适用于生物医学应用，如组织工程和药物传递系统。在这些条件下，反应能够自发进行，并且不会对生物系统造成损害。

③ 快速凝胶化　通过调节反应物的浓度和比例，可以实现快速凝胶化。这对于需要即时成型的应用非常重要，比如在手术过程中作为止血剂或组织黏合剂。

④ 可调节的力学性能　通过改变反应物的比例和浓度，可以调节所得水凝胶的力学性能，如弹性模量和强度。故可以根据具体应用需求设计水凝胶，以匹配不同组织的机械特性。

⑤ 生物降解性　迈克尔加成反应形成的水凝胶通常具有良好的生物降解性，可以通过体内自然代谢途径降解。这一点对于需要在体内逐渐分解并被吸收的应用尤为重要，如药物缓释系统和临时组织支架。

⑥ 多功能化改性　反应剩余的活性基团允许进一步化学改性，例如通过二次迈克尔加成反应或光固化，实现水凝胶的多功能化，这为设计复杂结构和功能提供了灵活性。

（2）迈克尔加成的缺点

① 反应速率的限制　虽然迈克尔加成反应在温和条件下进行，但其反应速率可能不如其他类型的化学交联反应快。这在某些需要超快速凝固的应用中可能是一个限制因素。

② 机械强度不足　与一些物理交联的水凝胶相比，通过迈克尔加成反应形成的水凝胶可能表现出较低的机械强度。这限制了它们在承重或高应力环境中的应用。

③ 残余试剂的潜在毒性　如果反应不完全，可能会有未反应的试剂残留在水凝胶中，特别是亲电试剂如丙烯酸酯或乙烯基砜，这些可能具有一定的细胞毒性。这需要严格控制反应条件和后期纯化处理。

④ 溶胀行为　迈克尔加成反应形成的水凝胶可能会经历显著的溶胀，特别是在生理条件下。这可能导致其体积和力学性能的变化，从而影响其在某些应用中的表现。

⑤ 复杂的优化过程　为了获得最佳的凝胶性能，常常需要对反应条件（如反应物浓度、比例和 pH 值）进行细致的优化。这个过程可能既费时又复杂，增加了研发成本和难度。

3.1.2.3　影响迈克尔加成交联水凝胶性能的因素

（1）原料的预处理

① 单体的纯化　对于丙烯酸酯类单体，常常需要进行纯化以去除其中的杂质，如未反应的原料、阻聚剂等。常用的纯化方法包括减压蒸馏等。通过纯化，可以提高单体的纯度，从而保证迈克尔加成反应的顺利进行和水凝胶性能的一致性。马来酰亚胺类单体也需要进行类似的处理。例如，去除可能存在的氧化产物，因为这些氧化产物可能会影响其反应活性。

② 亲核试剂的处理　对于硫醇类亲核试剂，由于其容易被氧化，在使用前需要进行保护或者新鲜制备。例如，可以在氮气保护下储存硫醇试剂或者使用新鲜合成的巯基聚乙二醇。

（2）溶剂的选择

如果是在水性环境中制备水凝胶，可以直接使用水作为溶剂。水是一种理想的溶剂，因为它具有良好的生物相容性，并且许多生物活性物质可以在水溶液中稳定存在。对于一些疏水性的单体或者需要调节反应速率的情况，也可以选择混合溶剂，如将水与少量的有机溶剂（如乙醇、二甲基亚砜等）混合使用。但需要注意有机溶剂的用量，避免对生物相容性和反应选择性产生不利影响。

（3）引发剂的选择（如果需要）

在某些情况下，可能需要使用引发剂来启动反应。例如，当使用丙烯酸酯类单体进行聚合和交联反应时，可以使用光引发剂或者热引发剂。光引发剂如 Irgacure 系列，在特定波长的光照下可以产生自由基，引发丙烯酸酯类单体的聚合和交联反应。热引发剂如过硫酸铵-亚硫酸钠体系，在加热时可以引发反应。但在迈克尔加成交联反应中，很多时候不需要额外的引发剂，因为反应本身在室温下就可以自发进行。

（4）反应条件的控制

① 温度控制　迈克尔加成反应可以在室温下进行，但在实际制备过程中，根据不同的原料和所需的反应速率，可以对温度进行适当的调整。例如，当使用反应活性较低的胺类亲核试剂时，可以适当提高温度到 $30\sim40℃$ 来加快反应速度，但需要注意温度对体系稳定性和生物活性物质的影响。

② pH 值控制　调节反应体系的 pH 值可以影响反应物的活性。对于硫醇-马来酰亚胺体系，一般在中性到弱碱性的 pH 值范围内反应效果较好。例如，pH 值在 $7\sim9$ 之间时，硫醇的亲核性较强，反应速度较快且反应比较完全。

③ 反应时间的确定　反应时间的长短取决于多种因素，如反应物的浓度、反应温度、反应活性等。一般可以通过实时监测反应的进行情况来确定反应时间。例如，可以使用傅里叶变换红外（FT-IR）光谱来监测特定官能团（如马来酰亚胺双键的消失）的变化，或者使用流变学方法来监测体系的黏度变化。当体系的黏度不再增加或者特定官能团的吸收峰不再变化时，表明反应基本完成。

（5）凝胶的后处理

① 洗涤　反应结束后，水凝胶中可能会残留未反应的单体、引发剂（如果使用了）

或者其他杂质。需要对水凝胶进行洗涤。如果是在水性体系中制备的水凝胶，可以使用大量的水进行反复洗涤。对于一些含有有机溶剂的体系，需要先用有机溶剂进行洗涤，然后再用水洗涤，以彻底去除杂质。

② 干燥（如果需要）　在某些应用中，可能需要对水凝胶进行干燥处理。例如，在制备水凝胶薄膜或者进行水凝胶的结构分析时。干燥的方法有很多种，如真空干燥、冷冻干燥等。真空干燥可以在较低的温度下除去水凝胶中的水分，但可能会导致水凝胶的收缩。冷冻干燥则可以较好地保持水凝胶的结构，尤其适用于生物医用的水凝胶。

3.1.2.4　迈克尔加成交联制备水凝胶的实例

迈克尔加成法制备乙二醇壳聚糖温敏性水凝胶如下。

（1）主要原料

乙二醇壳聚糖和乙酸酐。

（2）实验步骤

通过 N-乙酰化反应，制备乙酰化乙二醇壳聚糖。控制反应时间和乙酸酐与乙二醇壳聚糖氨基的摩尔比，可以使溶胶-凝胶转变温度处于室温至体温（25～37℃）之间。

（3）性能评估

① 温敏性　乙酰化程度和溶液浓度影响溶胶-凝胶转变温度。

② 微观形貌　SEM 显示水凝胶具有适合药物缓释的微观结构。

③ 药物释放　在 37℃下表现出良好的体外药物缓释性能。

（4）结论

乙酰化乙二醇壳聚糖水凝胶呈现出"高度孔隙化且孔隙之间相互连通"的结构，孔径大小可以通过控制乙酰度和溶液浓度在 1～40μm 范围内调节。乙二醇壳聚糖温敏性水凝胶不仅保持了壳聚糖的优良特性，还具备温度敏感性和良好的药物缓释能力，适用于多种生物医药应用，如皮下注射治疗 2 型糖尿病。通过迈克尔加成反应，可以制备出具有良好温敏性和生物相容性的乙二醇壳聚糖水凝胶。这种温敏性水凝胶不仅可以用作药物释放载体，还可以作为组织工程支架材料，具有广泛的应用潜力。

3.1.3　点击化学交联

点击化学（click chemistry），又称为"链接化学""动态组合化学""速配接合组合式化学"，是由化学家巴里·夏普莱斯（K. B. Sharpless）在 2001 年引入的一个合成概念，主旨是通过小单元的拼接，来快速可靠地完成形形色色分子的化学合成。它尤其强调开辟以碳-杂原子键（C—X—C）合成为基础的组合化学新方法，并借助这些反应（点击反应）来简单高效地获得分子多样性。点击化学的代表反应为铜催化的叠氮-炔基环加成反应。点击化学交联制备水凝胶在生物医学领域展现出巨大的潜力，特别是在高效、快速和生物正交性方面具有显著优势。然而，其在力学性能、生物相容性和成本等方面的挑战也不容忽视。

3.1.3.1 点击化学交联原理

铜催化的叠氮-炔烃环加成（CuAAC）反应属于点击化学的一种重要类型。在铜离子（通常是一价铜）的催化下，叠氮化合物和末端炔烃化合物发生1,3-偶极环加成反应，生成1,4-二取代的1,2,3-三唑。生成的1,4-二取代的1,2,3-三唑提供了一个稳定且生物兼容的连接点，使得两个初始分子永久地连接在一起。反应方程式为：

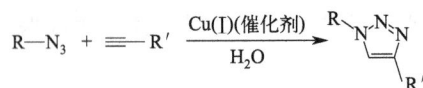

$$R—N_3 + \equiv\!\!-R' \xrightarrow[H_2O]{Cu(I)(催化剂)} \begin{smallmatrix} R \\ N \diagdown N \diagup N \\ R' \end{smallmatrix}$$

其中，R 和 R′ 为有机基团。

铜催化的叠氮-炔烃点击化学反应分为以下几步完成。

（1）铜（I）的生成

铜（I）是活性催化形式，可以通过还原剂（例如抗坏血酸钠）将铜（Ⅱ）盐（如硫酸铜）还原为铜（I），还原过程也可以通过其他方式实现，比如电化学还原、UV照射、光敏化等。常用的铜源包括硫酸铜（$CuSO_4$）、溴化亚铜（CuBr）等。

（2）铜（I）-炔配合物的形成

末端炔烃首先与铜（I）配位形成铜（I）-炔配合物。这个步骤对反应的选择性至关重要，因为内部炔烃（即被取代基包围的炔烃）与铜（I）的配位能力较弱，导致反应活性大大降低。

（3）叠氮负离子的攻击

形成的铜（I）-炔配合物随后受到叠氮负离子（叠氮化合物在碱性条件下产生）的攻击，在其中一个氮原子上发生加成反应，形成五元环中间体。

（4）重排和释放产物

中间体会经历重排过程，最终形成1,4-二取代的1,2,3-三唑，并释放出铜（I）离子重新参与催化循环。

为了使反应顺利进行，通常在反应体系中加入稳定剂如抗坏血酸钠（NaAA）防止铜（I）被进一步氧化；反应可以在多种溶剂中进行，包括水、DMF、THF等；虽然反应可在室温下进行，但在某些情况下提高温度会加速反应进程；有时添加配体（如TBTA）可以显著提高反应的立体选择性和产率。

3.1.3.2 点击化学交联的优缺点

（1）点击化学交联的优点

① 高效性和快速反应　点击化学反应以其高效的连接性和快速的反应动力学著称。这种反应可以在温和的条件下迅速完成，并且具有高度的选择性和专一性，使得反应能够在复杂的生物环境中进行而不受干扰。例如，在制备生物医用凝胶时，点击化学能够在几分钟内形成稳定的交联结构，这对于即时使用的医疗应用尤为重要。

② 温和的反应条件　点击化学反应通常在常温常压下进行，不需要特殊的催化剂或极端环境。这一点对于包含生物活性成分（如生长因子、活细胞等）的水凝胶尤为重要，

因为这些成分往往无法承受高温或强酸强碱环境。例如，铜催化的叠氮-炔环加成反应尽管需要铜（Ⅰ）催化剂，但仍能在生理条件下进行，适用于广泛的生物医学应用。

③ 小分子量的交联剂　点击化学采用的小分子交联剂不仅反应性强，而且分子量小，容易渗透到聚合物网络中形成均匀的交联结构。这有助于提高水凝胶的整体稳定性和力学性能，同时减少可能的毒副作用。例如，巯基-烯点击反应由于其生物兼容性和高效性，被广泛应用于制备可注射水凝胶。

④ 生物正交性　点击化学的一个重要特点是其生物正交性，即反应可以在生物体系中进行而不干扰正常的生物过程。这一特点使得点击化学成为制备体内适用水凝胶的理想选择，因为它不会与生物分子发生不必要的副反应，提高了安全性和可靠性。例如，无铜催化的叠氮-炔环加成反应因其生物正交性，被广泛应用于活体内的组织工程和再生医学。

⑤ 易于功能化　点击化学允许在聚合物链上轻松引入各种功能性基团，从而可以根据需要调整水凝胶的性质。例如，通过引入光敏或温敏基团，可以使水凝胶具备响应外部刺激的能力，增强其智能特性。例如，通过点击化学反应，可以在水凝胶中引入温敏性聚合物，使其在体温下发生相变，适用于控释给药系统。

（2）点击化学交联的缺点

① 交联密度和力学性能限制　虽然点击化学反应速度快、效率高，但形成的交联点可能会导致水凝胶的交联密度不足，尤其是在需要高机械强度的应用中。这是因为点击化学反应通常是双功能团之间的反应，难以形成高密度的交联网络。例如，在一些需要承受较大应力的组织工程应用中，点击化学交联的水凝胶可能不如传统交联方法制备的水凝胶坚固。

② 可能的生物相容性问题　尽管点击化学具有生物正交性，但在某些情况下，所使用的交联剂或副产物仍可能带来生物相容性问题。例如，铜催化的叠氮-炔环加成反应会产生铜（Ⅰ）副产物，需要额外步骤去除以确保生物安全性。此外，如果交联剂用量过大，也可能对细胞产生毒性作用。

③ 反应完全性依赖条件　点击化学反应的完全性很大程度上取决于反应条件，如浓度、温度和 pH 值。在实际操作中，可能需要优化这些参数以达到最佳的交联效果，这增加了实验复杂性。例如，某些点击反应需要特定的 pH 值范围才能有效进行，而在体内环境下维持这一条件可能较为困难。

④ 成本因素　一些点击化学反应所需的特殊试剂（如铜催化剂、叠氮化合物等）成本相对较高，大规模生产时可能增加制造成本。例如，无铜催化的点击反应虽然生物相容性好，但所用的有机催化剂价格昂贵，不利于低成本大规模生产。

⑤ 有限的化学多样性　点击化学尽管高效，但可用的反应类型相对有限，主要集中在几类特定的反应上（如叠氮-炔环加成、Diels-Alder 反应等）。这限制了通过点击化学制备水凝胶时的化学多样性和功能化可能性。例如，在开发新型多功能水凝胶时，可能需要更多样化的化学反应来满足不同的功能需求。

3.1.3.3　影响点击化学交联水凝胶性能的因素

（1）反应物浓度

反应物浓度对水凝胶的交联密度和形成速度有显著影响。当叠氮基团和炔烃基团的浓度较高时，反应速度会加快，形成的水凝胶交联密度也会较高。例如，在基于 CuAAC 反应制备 PEG-水凝胶时，当叠氮 PEG 和炔烃 PEG 的浓度从 1％增加到 5％时，水凝胶的形成时间从 12h 缩短到 3h，同时水凝胶的交联密度增加，表现为硬度和弹性模量的提高。

（2）反应温度

反应温度影响反应速度和水凝胶的性能。不同的点击化学反应类型有其适宜的反应温度范围。对于 CuAAC 反应，温度过高可能导致铜催化剂的失活或聚合物的降解。而对于 SPAAC 反应，虽然在较宽的温度范围内都能进行，但在生理温度（37℃）下进行有利于其在生物医学领域的应用。

（3）催化剂（对于 CuAAC 反应）

催化剂的种类和浓度不仅影响反应速度，还可能影响水凝胶的化学组成和性能。除了 CuBr 和 CuI 等常见的铜催化剂外，新型的铜催化剂也在不断被研究。例如，一些配体修饰的铜催化剂可以提高反应的选择性和活性，但需要考虑配体的生物相容性等问题。

3.1.3.4　点击化学交联制备水凝胶的实例

下面主要介绍壳聚糖水凝胶的制备。

（1）主要原料

单体：甲磺酸、丙烯酰氯。聚合物：壳聚糖（CS）。交联剂：二硫苏糖醇（DTT）。引发剂：光引发剂 I2959。光源：紫外光（UV）。

（2）实验步骤

① 接枝改性　使用丙烯酰氯在甲磺酸中对壳聚糖进行接枝改性，合成水溶性丙烯酰基壳聚糖（CS-AC）。

② 交联反应　在光引发剂和紫外光照射下，以二硫苏糖醇为交联剂制备基于巯基-烯点击化学的 CS-AC/DTT 快速交联水凝胶。

③ 优化反应条件　双键/巯基投料比和凝胶时间。

（3）性能评估

① 力学性能　拉伸试验测定拉伸强度。

② 溶胀性能　测试水凝胶在水介质中的溶胀率。

③ 生物相容性　测试水凝胶对小鼠成纤维细胞（NIH-3T3）有无明显毒性。

④ 抗菌性能　利用负载莫匹罗星药物的水凝胶测试耐甲氧西林金黄色葡萄球菌（MRSA）性能。

（4）结论

点击化学制备的壳聚糖水凝胶展示了出色的快速交联能力、优良的力学性能和高度的溶胀性，并且具有良好的生物相容性和抗菌性。这些特性使其在生物医学应用中具有巨大潜力。

3.1.4　席夫碱反应交联

席夫碱反应是指醛或酮类化合物的羰基（C＝O）与一级胺类化合物的氨基（—NH$_2$）

之间通过亲核加成反应形成含有亚胺双键（C═N）结构的席夫碱的有机反应。这一反应最早由 Hugo Schiff 在 1864 年报道，并因此得名。该类反应在有机合成中非常重要，尤其是在构建复杂分子和功能性材料方面。反应可以分为几个主要阶段：初始加成、重排和消除。席夫碱反应是制备水凝胶的一种重要交联方法，通过醛基和氨基之间的反应形成亚胺键（C═N），这种交联方式为水凝胶的制备提供了许多优势。

3.1.4.1 席夫碱反应交联原理

（1）初始加成（胺的亲核加成）

反应的第一步是胺对醛或酮的羰基碳进行亲核攻击，在氨基与羰基之间生成一个新的 C—N 键，形成半胺醛（或半胺酮）结构的中间体，通常是胺的氮原子带有孤对电子，使其成为亲核试剂，而醛或酮的羰基碳则是部分正电荷化的亲电中心。亲核加成导致具有四面体结构的中间体的形成。

$$R_1—CHO + R_2—NH_2 \longrightarrow R_1(O)CH—NH_2R_2$$

（2）重排（质子转移）

接下来会发生质子转移（重排）。在这个过程中，新形成的 C—N 键附近的氢原子转移到羟基氧原子上，形成一个更加稳定的离去基团。此步骤涉及一个内部酸催化的过程，其中氧原子接受一个质子（氢核），而氮原子释放一个质子。这个中间体通常被称为 α-羟胺（—NH—CHOH—）。

$$R_1(O)CH—NH_2R_2 \longrightarrow R_1(HO)CH—NHR_2$$

（3）消除（脱水）

最后一步是消除反应，通常是脱水过程。在此过程中，中间体失去一分子水（H_2O），形成稳定的 C═N 双键，即席夫碱。脱水过程通常需要酸催化，酸可以提供一个质子给氧原子，使其更容易离去，形成双键。最终产物是席夫碱，这是一种含有亚胺（—C═N—）官能团的化合物。

$$R_1(HO)CH—NHR_2 \longrightarrow R_1HC═NR_2 + H_2O$$

3.1.4.2 席夫碱反应交联的优缺点

（1）席夫碱反应的优点

① 合成过程简单　席夫碱反应的操作简便，通常只需要将胺和醛或酮在适当的溶剂中混合，在温和条件下反应即可。

② 低成本和原料广泛　反应所需的原料（醛、酮和胺）价格低廉且容易获取，这使得席夫碱的大规模制备成为可能。

③ 动态可逆性　席夫碱反应具有可逆性，这意味着可以通过改变反应条件（如 pH 值、温度）来调控产物的形成和分解，这一特性在某些应用场景（如自修复材料）中尤为重要。

④ 多功能性　席夫碱结构中的 C═N 双键可以进一步与其他官能团反应，拓展其应用范围，例如在催化、传感和药物化学等领域。

（2）席夫碱反应的缺点

① 水解不稳定　席夫碱中的亚胺键在酸性介质中容易水解，回到初始的胺和醛或酮，这限制了其在某些条件下的稳定性和使用寿命。

② 反应速度慢　在某些情况下，席夫碱的形成可能需要较长的时间，尤其是在缺乏有效催化剂的情况下。

③ 副反应　在高温或不当的反应条件下，可能会发生副反应，如过度缩合或多聚化，导致产物复杂性增加。

④ 受限的立体选择性　虽然可以通过选择特定的反应物来控制产物的立体结构，但仍存在挑战，特别是在合成复杂分子时。

3.1.4.3　影响席夫碱反应交联水凝胶性能的因素

（1）反应物类型

① 胺类　一级胺是席夫碱反应的必需组分，因为它们提供了一个孤对电子来进行亲核攻击。胺的结构（脂肪族、芳香族）会影响其反应活性。一般来说，脂肪族胺比芳香族胺更活泼，因为脂肪族胺的氮原子上的电子云密度更高。

② 醛酮类　醛比酮更容易发生席夫碱反应，因为醛的羰基碳比酮的羰基碳更具正电性。醛的反应活性较高是因为醛基通常位于分子末端，受空间位阻较小，而酮的空间位阻较大，使其反应活性降低。

反应物浓度直接影响席夫碱反应的速率和最终形成的交联网络的密度。较高的反应物浓度往往会导致更快的反应速率，但如果浓度过高，可能会导致局部反应过快，形成不均匀的交联网络。

（2）溶剂选择

① 极性溶剂　如乙醇、乙腈等，可以稳定反应中的过渡态和离子中间体，从而加快反应速率。极性溶剂通过降低反应物和中间体的溶剂化能，提高反应速率。例如，在合成双邻香草醛席夫碱时，选择了四氢呋喃作为溶剂，因为它对反应物有更好的溶解性，并且用量相对较少。

② 非极性溶剂　如二氯乙烷等，可能减少反应速率，因为它们不能有效地稳定过渡态和离子中间体。在某些情况下，非极性溶剂可能会导致反应物溶解度不足，从而影响反应进程。

（3）物料物质的量之比

① 适当比例　物料的物质的量之比对反应产率至关重要。例如，在合成双邻香草醛席夫碱时，邻香草醛与 4,4′-二氨基二苯醚的物质的量之比为 2∶1，此时席夫碱产率达到69.7%。适当的物质的量比确保了反应物之间的有效相互作用，从而最大化产率。

② 不平衡比例　如果物质的量比不当，可能会导致某种反应物过量，进而引发副反应或降低产物选择性。例如，过量的胺可能导致双缩合或多缩合产物的形成，降低目标产物的率。

（4）催化剂的使用

① 酸性催化剂　如固体酸催化剂（磺化的煤基固体酸）可以显著提高反应速率和产

率。例如，使用磺化的煤基固体酸催化邻苯二胺与苯甲醛反应，产率可达92.1%。酸性催化剂通过提供质子来促进胺对羰基的亲核攻击，从而加速反应。

② 其他催化剂　如三氟甲基磺酸铟也可以催化席夫碱反应，其特点是反应时间短，产率高，但价格昂贵。

(5) 酸碱度

pH值对席夫碱反应的速率和程度有着重要的影响。如果pH值过高，可能会导致副反应的发生，例如醛基或氨基的水解等。而酸性条件下反应速率较慢，并且可能不利于亚胺键的形成。通常情况选择弱酸性条件有助于提高反应速率，因为胺的质子化形式更具亲核性，同时有利于脱水步骤的进行。常用的酸有盐酸、硫酸或甲酸等。

(6) 反应温度

热力学上，席夫碱的形成是一个熵减少且焓减少的过程，总体上是一个放热反应。这意味着席夫碱在热力学上是稳定的，特别是在去除一分子水之后。

① 高温　提高温度通常会加速席夫碱反应，因为更高的温度提供了更多的能量来克服反应的活化能垒。但是，过高的温度可能会破坏聚合物的结构或者导致反应物或产物的分解。一般来说，反应温度在室温到60~80℃之间较为合适，具体温度需要根据聚合物的性质和反应体系来确定。例如，在优化合成双邻香草醛席夫碱的过程中，确定了35℃为适宜反应温度，此时席夫碱产率达到69.7%。

② 低温　低温可能导致反应速率降低，因为在较低温度下，反应物分子的能量不足以有效地克服活化能垒。低温也可能导致某些反应物或中间体的稳定性增加，从而延长反应时间。

较高的温度通常会加速反应发生，但也可能导致副反应的发生，因此需要优化控制。

(7) 反应时间

反应时间对产率的影响：

① 长时间　较长的反应时间通常会产生较高的产率，前提是没有副反应发生。例如，在邻苯二胺与苯甲醛的反应中，10min内产率达到89.7%，继续延长反应时间至20min，产率略微下降至87.8%。

② 短时间　短时间内可能无法充分完成反应，导致产率低下。如果反应时间太短，反应物可能还没有足够的时间转化为产物。

3.1.4.4　席夫碱反应交联制备水凝胶的实例

席夫碱法制备氧化葡聚糖/胺化羧甲基壳聚糖水凝胶。

(1) 主要原料

葡聚糖、β-氨基丙酸、乙二胺、三硝基苯磺酸钠、二乙二醇、盐酸羟胺、羧甲基壳聚糖、1-(3-二甲基氨基丙基)-3-乙基碳化二亚胺盐酸盐（EDC）、正癸醇。

(2) 实验步骤

① 氧化葡聚糖的制备　高碘酸钠水溶液缓慢滴入葡聚糖中反应，再滴加二乙二醇停止反应。

② 胺化羧甲基壳聚糖的制备　羧甲基壳聚糖溶于磷酸盐缓冲溶液中（pH＝5.0），依次加入乙二胺、EDC，溶液超低温冷冻。

③ 水凝胶的制备　将氧化葡聚糖溶液与胺化羧甲基壳聚糖溶液加入细胞培养板中培养成胶。

（3）性能评估

水凝胶的黏结强度测定、搭接-剪切拉伸承载强度测试、T-剥离拉伸承载强度测试、拉伸强度测试及伤口闭合强度测试。

（4）结论

氧化葡聚糖/胺化羧甲基壳聚糖水凝胶具有较高的搭接-剪切拉伸承载强度、T-剥离拉伸承载强度和拉伸强度。

3.1.5　光聚合反应交联

光聚合反应是一种利用光能引发单体分子聚合形成高分子化合物的化学反应。在光照作用下，通过光引发剂产生活性物种（如自由基或阳离子），进而引发单体或多官能团单体进行聚合反应，形成高度交联的三维网络结构的过程。这类反应广泛应用于涂料、油墨、胶黏剂、3D打印以及生物医用材料等领域。光聚合反应交联是制备水凝胶的一种重要方法，这种方法具有反应条件温和、时空可控性强等优点。

3.1.5.1　光聚合反应交联原理

光聚合反应的基本原理涉及光引发剂、光敏剂和单体分子的相互作用。一个典型的光固化体系包括以下三种主要组分（表3-1）。

表3-1　光聚合反应的组分及功能

组分	功能
低聚物（预聚物、树脂）	赋予材料基本的物理化学性能
单体（活性稀释剂）	调节体系的黏度，影响固化速率和材料性能
光引发剂	产生引发聚合反应的活性种（自由基或阳离子）

光聚合反应本质上是化合物吸收光能后，引起分子量增加的化学过程。与传统热聚合反应类似，一旦引发开始，反应便以极快的聚合速度进行下去。根据反应机理的不同，光聚合反应主要分为两大类：自由基光聚合反应和阳离子光聚合反应。

（1）自由基光聚合反应

自由基光聚合反应是指经光照后产生自由基并引发聚合的反应。自由基光引发剂根据光引发机理不同，可分为裂解型光引发剂和夺氢型光引发剂。

① 裂解型光引发剂　吸收光能后跃迁至激发单线态，再经系间窜跃到激发三线态，在其激发单线态或三线态时分子很不稳定，导致弱键发生均裂，产生初级活性自由基。这些自由基通常与固化配方中的单体或树脂结合，引发乙烯基类单体的聚合。但是光固化过程中生成的光解产物的分子量大多比原光引发剂要低，容易挥发，产生气味问题。

② 夺氢型光引发剂　在与胺助引发剂经光照发生双分子反应时也产生自由基。其吸收光能，在激发态与共引发剂（氢给体）发生双分子作用，产生活性自由基。一般来说，叔胺是常用的共引发剂。以二苯甲酮为例，其夺取氢生成二苯甲醇自由基（羰醛基自由基），羰醛基自由基并无引发活性，而真正具有引发活性的是共引发剂所产生的初级自由基（R·），能通过与固化配方中的单体或树脂反应结合到固化产品中，而羰醛基自由基活性较低，其最终去向一般为两个同样的自由基发生歧化反应生成二苯甲酮与二苯甲醇，或发生双基偶合作用生成四苯基频哪醇醚，或作为聚合终止剂与链自由基结合。虽然其在光固化后残留的光解产物的分子量比原光引发剂要高，但是其从已固化产品中迁移或被夺取的倾向仍然较高。

（2）阳离子光聚合反应

阳离子光聚合反应是指经光照后产生阳离子并引发聚合的反应。阳离子光聚合的引发活性碎片有质子酸和自由基，其中质子酸起着主要引发作用。阳离子光引发剂的基本特点是光活化到激发态，分子发生系列分解反应，最终产生超强质子酸［也称为布朗斯特酸（Brønsted acid）］。与酸中心配对的阴离子一般是 BF_4^-、PF_6^-、AsF_6^-、SbF_6^- 等离子，它们亲核性弱、相应的质子酸较强。阳离子光引发剂是一类非常重要的引发剂，包括重氮盐、二芳基碘鎓盐、三芳基硫鎓盐、烷基硫鎓盐、铁芳烃盐等。其中以二芳基碘鎓盐和三芳基硫鎓盐最具代表性，这是由于这两种引发剂具有热稳定性好、引发活性高等优点。阳离子光聚合的聚合速率较之于自由基光聚合慢，增长速率常数 k_p 和终止速率常数 k_t 均比后者要小一个数量级。在自由基光聚合中，链的终止反应主要是双基终止。

光引发剂在光固化配方中起着关键作用，虽然其含量很少，但由于配方体系中大多数单体都不能在光照作用下产生有效的引发活性种，因此，光引发剂成为光固化配方中不可缺少的组分，它关系到配方体系在光照时，低聚物及稀释剂能否迅速由液态转变成固态，发生交联固化反应。

发生光聚合反应需要满足以下条件。

① 光照条件　光聚合分子必须能够吸收光的能量，通常在可见光或紫外光区域有吸收峰。不同分子对不同波长的光有不同的吸收特性，所以选择合适的光源至关重要。

② 光敏剂　光聚合分子通常需要添加光敏剂，光敏剂可以吸收光能量并将其转化为化学反应能量，从而引发分子的聚合反应。光敏剂的选择要根据所需聚合的特定化合物来确定。

③ 温度条件　光聚合分子通常需要在适宜的温度下进行反应。温度可以影响光敏剂的活性和反应速率，同时也可以影响聚合产物的结构和性质。

④ 化学环境　光聚合反应通常需要在适当的化学环境下进行，包括溶剂选择和 pH 调节等。不同的分子具有不同的溶解性和化学稳定性，因此需要选择合适的溶剂和保护配基来保证反应的顺利进行。

⑤ 光聚合反应动力学　光聚合反应速率与光强、光照时间以及光敏剂浓度有关。在实际操作中，需要控制光照条件和光敏剂浓度，以获得期望的聚合效果。

3.1.5.2　光聚合反应交联的优缺点

（1）光聚合交联反应的优点

① 速度快　在强光照射下，可在几分之一秒内由液体变为固体，适用于快速固化的

应用场景,如保护涂层、清漆、印刷油墨和黏合剂。

② 区域可控性 聚合反应只在光照区域发生,便于实现图案化,适用于印刷制版和集成电路制造。

③ 环境友好 可在室温下进行,无需溶剂,低能耗,是一种环境友好工艺。

(2) 光聚合交联反应的缺点

① 氧抑制问题 自由基聚合过程中,氧气会抑制聚合反应,导致交联不完全,影响形状保真度,尤其是在复杂组织结构的生物打印中。

② 光引发剂的潜在毒性 某些光引发剂可能与电致变色染料相互作用,导致电致变色特性劣化,或具有细胞毒性,限制了其在生物医学领域的应用。

③ 初级自终止现象 高浓度初级自由基可能导致自终止,影响聚合速率和程度,特别是在双光子聚合物加工中。

3.1.5.3 影响光聚合反应交联水凝胶性能的因素

(1) 光照强度

① 对反应速率的影响 光照强度直接影响光引发剂产生自由基的速率。在一定范围内,随着光照强度的增加,光引发剂吸收光子的概率增大,产生自由基的速率加快,从而导致单体聚合和交联反应的速率加快。例如,在使用紫外光引发剂 Irgacure184 制备丙烯酸水凝胶时,当光照强度从 $5mW/cm^2$ 提高到 $15mW/cm^2$ 时,水凝胶的形成时间从 30min 缩短到 10min 左右。

② 对水凝胶性能的影响 过高的光照强度可能会导致水凝胶内部结构不均匀。这是因为在高强度光照下,靠近光源的区域反应过快,而远离光源的区域反应相对较慢,从而形成不均匀的网络结构。这种不均匀结构会影响水凝胶的力学性能,如降低水凝胶的拉伸强度和弹性模量。

(2) 光照时间

① 确定反应终点 光照时间是控制水凝胶制备的一个重要参数。光照时间需要足够长以确保单体充分聚合和交联,形成稳定的三维网络结构。可以通过监测水凝胶的溶胀性能、硬度等物理性质来确定反应终点。例如,当水凝胶的溶胀比达到一个稳定值时,说明反应基本完成。

② 对水凝胶结构的影响 光照时间过短会导致水凝胶交联不完全,网络结构疏松,水凝胶的力学性能和稳定性较差。而光照时间过长,可能会由于过度交联而使水凝胶变脆,降低其柔韧性和可操作性。

(3) 反应温度

① 对反应动力学的影响 反应温度会影响单体和光引发剂的活性。一般来说,在一定范围内提高温度可以加快反应速率。这是因为温度升高时,分子的热运动加剧,单体和光引发剂分子之间的碰撞频率增加,从而提高了反应的概率。例如,在制备甲基丙烯酸羟乙酯水凝胶时,将反应温度从 20℃ 提高到 30℃,反应速率提高了约 30%。

② 对水凝胶性能的影响 过高的温度可能会导致一些不良影响。例如,对于一些含

有生物活性成分的水凝胶制备体系，高温可能会破坏生物活性成分的结构和功能。同时，过高的温度还可能会引起水凝胶内部的相分离，影响水凝胶的均匀性。

（4）溶液 pH 值

① 对单体活性的影响　对于含有酸性或碱性基团的单体，溶液的 pH 值会影响单体的活性。以丙烯酸单体为例，在酸性条件下，丙烯酸的羧基主要以非电离形式存在，其亲水性相对较弱，反应活性也会受到一定影响。而在碱性条件下，羧基电离成羧酸盐离子，增强了单体的亲水性和反应活性。

② 对水凝胶性能的影响　溶液 pH 值还会影响水凝胶的溶胀性能和稳定性。不同 pH 值下，水凝胶中的离子化程度不同，导致水凝胶内部的渗透压不同，从而影响水凝胶的溶胀行为。例如，在 pH 值为 7 的中性环境下制备的丙烯酸水凝胶，其溶胀比可能与在 pH 值为 3 的酸性环境下制备的水凝胶有很大差异。

3.1.5.4　光聚合反应交联制备水凝胶的实例

应变传感的光固化 3D 打印水凝胶的制备。

（1）主要原料

单体：丙烯酰胺和丙烯酸。光引发剂：2,4,6-三甲基苯甲酰基-二苯基氧化膦（TPO）。交联剂：N,N'-亚甲基双丙烯酰胺。添加剂：植物纤维素和甘油。增稠剂：十六烷基三甲基溴化铵（CTAB）。

（2）实验步骤

① 配制预凝胶溶液　这是 3D 打印的基础墨水。预凝胶溶液包含 AM 10%（质量分数，下同）、MBA 0.5%、TPO 0.5%、植物纤维素和单体甘油 5%，水作为溶剂。

② 3D 打印设置　使用 3D 打印机将预凝胶溶液层层堆叠，形成所需的三维结构。这一步骤需要精确控制打印参数，如层厚、打印速度和喷嘴直径。

③ 3D 模型设计　使用 CAD 软件设计目标三维模型，将模型导入切片软件，并将模型切片设置为可供 3D 打印机读取的格式（如 G 代码）。

④ 打印参数　根据设备的不同，设置合适的打印参数，如层厚 50～200μm，打印速度 10～50mm/s。

⑤ 光固化　在每一层打印完成后，立即用特定波长的光（如 405nm 的 LED 光）进行照射固化，确保每一层在堆积下一层之前已经充分固化。固化时间通常为几秒到几十秒。光强在 10～100mW/cm^2 之间。

⑥ 后处理清洗　用适当的溶剂（如无水乙醇）清洗未固化的预凝胶残留。在室温或适当温度下干燥，除去多余的水分，提高结构的稳定性。

（3）性能评估

① 力学性能　如拉伸强度、弹性模量等，确保水凝胶具备足够的机械强度。

② 应变传感性能　通过施加不同的应力并监测电信号的变化，评估其灵敏度和响应时间。

（4）结论

水凝胶具有高的机械韧性，格子结构设计显著提高了压力敏感性，确保了优秀的水保持能力和广泛的检测范围，适合用作柔性可穿戴设备。

3.1.6 辐射交联

辐射交联反应是一种利用高能量辐射（如电子束、γ射线、中子束、离子束等）引发聚合物大分子链之间形成化学键或强物理结合点的技术手段。辐射交联反应通过高能射线引发高分子材料的交联，形成三维网络结构，显著提高材料的力学性能、耐热性和化学稳定性，甚至引入新性能的过程。尽管存在原材料价格高、生产工艺复杂等缺点，但其环保、高效的优点使其在众多领域中得到广泛应用，尤其是在电线电缆、医疗器械和特种工程材料等方面。

3.1.6.1 辐射交联反应原理

辐射交联反应是高分子材料在高能射线（如γ射线、电子束等）的作用下，分子链之间发生交联反应形成三维网络结构的过程。这种反应涉及多个步骤，包括自由基的生成、转移和交联键的形成。以下是辐射交联反应的基本步骤：

① 初级自由基及活性氢原子的形成　高能射线作用于高分子材料，导致分子链中C—H键的断裂，生成自由基和活性氢原子。这一过程可以通过以下化学反应式表示：

$$R-H \xrightarrow{\text{辐射}} R \cdot + H \cdot$$

式中，R—H代表高分子链上的C—H键；R·和H·分别表示生成的自由基和活性氢原子。

② 活泼氢原子继续攻击大分子片段再产生自由基　生成的活性氢原子可以进一步与高分子链上的其他部位反应，生成更多的自由基。这个过程可以表示为：

$$R \cdot + R-H \longrightarrow R-R + H \cdot$$

式中，H·与另一个C—H键反应，生成新的自由基R·和氢分子H_2。

③ 大分子链自由基之间反应形成交联键　最终生成的大分子自由基之间相互反应，形成交联键，建立三维网络结构。这一过程可以用以下反应表示：

$$R \cdot + R \cdot \longrightarrow R-R$$

式中，两个自由基R·和R·结合形成了交联键R—R。

3.1.6.2 辐射交联反应的优缺点

（1）辐射交联反应的优点

① 提高材料的力学性能　辐射交联可以显著提高材料的拉伸强度、模量、耐磨性和断裂伸长率等力学性能。交联后的材料更加坚固耐用，不易发生形变。例如，在轮胎制造中，辐射交联可以大幅提高轮胎的耐久性和抗疲劳性。

② 强化物理、化学性能　交联后的聚合物材料具有优异的机械强度、耐热性、耐化学腐蚀性等物理性能。例如，交联聚乙烯（XLPE）可以在高达125℃甚至150℃的环境下长期工作，并且具有优异的耐化学腐蚀性。

③ 无污染　辐射交联过程中无须添加化学交联剂，避免了传统化学交联可能带来的污染问题，是一种环保的加工技术。例如，辐射交联可用于生产无毒、无菌的医疗器械和植入物，确保产品的纯净性。

④ 高效率　辐射交联过程快速高效，适合大规模连续生产。例如，电子加速器可以用于大批量生产电线电缆的绝缘材料，提高生产效率和产品质量。

⑤ 改善材料的表面性质　辐射交联可以提高材料的表面亲水性或疏水性，减少对体液中蛋白质的吸附，提高材料的生物相容性。例如，通过辐射接枝技术可以将亲水性分子接枝到疏水性高分子材料表面，提高其湿润性。

⑥ 提高电性能　交联后的聚合物材料具有更好的绝缘性能和电导率。

（2）辐射交联反应的缺点

① 原材料价格昂贵　特别是对于含氟聚合物，如聚四氟乙烯（PTFE），其原材料价格高昂且主要依赖进口，导致生产成本较高。例如，PTFE 的耐辐照性能较差，在常温或有氧气存在的情况下，辐照剂量达到几个毫弧度（Mrad）时会发生裂解。

② 生产工艺复杂　辐射交联的生产工艺相比其他绝缘材料较困难，生产效率低，存在印字易脱落、损耗大等问题，增加了生产成本。例如，PTFE 的生产和加工需要特殊的设备和技术，以保证其性能。

③ 可能的链断裂和交联竞争反应　在辐射交联过程中，可能会发生链断裂和交联的竞争反应，特别是在高辐射剂量下，降解反应可能占据优势。例如，聚丙烯（PP）在辐射交联时，降解和交联同时发生，交联效率较低，需要加入交联促进剂以提高交联效率。

④ 有效交联厚度有限　由于电子射线的穿透能力有限，辐射交联的有效厚度受到限制，可能导致厚制品的交联不均匀。例如，电子束辐照交联聚丙烯时，有效交联厚度受限，使其在厚壁线缆上的应用受到限制。

⑤ 潜在的后氧化裂解问题　辐照产生的浮陷自由基可能与扩散进入的氧气发生后氧化裂解，对材料性能产生不利影响。例如，通过在惰性气体中退火可以消除这些自由基，防止后氧化裂解的发生。

3.1.6.3　影响辐射交联水凝胶性能的因素

（1）辐射剂量

① 辐射剂量对交联度的影响　随着辐射剂量的增加，产生的自由基数量增多，交联反应更加充分，水凝胶的交联度会逐渐提高。但是，当辐射剂量过高时，可能会导致聚合物链过度断裂，使水凝胶的力学性能下降。

② 不同体系下的适宜剂量　在丙烯酸类水凝胶的制备中，一般辐射剂量在 $10\sim50kGy$ 之间可以得到性能较好的水凝胶。而对于聚乙烯醇水凝胶，适宜的辐射剂量可能在 $5\sim20kGy$ 范围内。

（2）剂量率

剂量率是指单位时间内的辐射剂量。较高的剂量率会加快反应速率，因为在单位时间内产生的自由基数量更多。但是，过高的剂量率可能会导致反应不均匀，产生局部过热等问题。在实际制备过程中，需要根据具体的聚合物体系和反应条件来控制剂量率，以确保得到性能均匀、质量稳定的水凝胶。例如，对于一些对温度敏感的单体体系，需要采用较低的剂量率来避免温度过高导致的单体挥发或聚合反应失控。

（3）单体浓度

① 单体浓度对水凝胶性能的影响　单体浓度直接影响水凝胶的交联密度和网络结构。当单体浓度较低时，交联点较少，水凝胶的网络结构疏松，机械强度较低；而当单体浓度过高时，容易发生过度交联，导致水凝胶变得脆硬，吸水性也可能受到影响。

② 优化单体浓度的策略　在制备聚 N-异丙基丙烯酰胺水凝胶时，通过实验发现单体浓度在 $10\%\sim30\%$ 之间时，可以得到具有较好温度敏感性和力学性能的水凝胶。在实际操作中，可以通过预实验来确定特定体系下的最佳单体浓度。

（4）反应介质

① 不同反应介质的作用　反应介质可以影响辐射交联反应的进行。在水溶液中进行辐射交联制备水凝胶时，水既可以作为溶剂，又可以参与反应，影响自由基的产生和扩散。而在有机溶剂中进行反应时，有机溶剂的极性、沸点等性质会对反应产生影响。

② 选择合适反应介质的考虑因素　当制备生物医用的水凝胶时，需要选择生物相容性好的反应介质，如水或生理缓冲溶液。而对于一些特殊的工业应用，可能需要根据成本、安全性和反应效率等因素来选择合适的反应介质。

3.1.6.4　辐射交联制备水凝胶的实例

γ 射线辐照交联海藻酸钠/明胶超吸水水凝胶。

（1）主要原料

氯金酸、牛血清白蛋白、尿素、海藻酸钠（SA）、明胶（GL）、丙烯酰胺、过硫酸铵。

（2）实验步骤

通过 γ 射线辐照诱导 SA、GL 与聚丙烯酰胺进行交联。首先配制不同浓度的 SA 和 GL 混合液，然后加入丙烯酰胺单体，在搅拌均匀后进行 γ 射线辐照交联。辐照剂量通常在 $10\sim40kGy$ 之间变化。通过改变 SA 和 GL 的比例，研究其对水凝胶吸水性和凝胶分数的影响。

（3）性能评估

① 吸水率　测量水凝胶在不同环境下的重量变化，评估其吸水溶胀能力。

② 抗旱固氮性能　水凝胶应用于干旱胁迫下的小麦种植过程中，小麦的生长情况及小麦植株中蛋白质含量。

（4）结论

SA 和 GL 之间存在协同效应，使得水凝胶在高吸水性的同时保持较高的结构稳定性。

使用水凝胶处理的小麦在根长、茎长、鲜重和干重方面均有显著提升。水凝胶还显著提高了小麦植株中的蛋白质和碳水化合物含量，并降低了脯氨酸含量，表明其在改善作物品质和抗旱性方面的有效性。

通过 γ 射线辐照交联制备的 SA 和 GL 水凝胶在农业领域展示了巨大的潜力，特别是在解决水资源短缺和提高作物耐旱性方面。

3.2 物理交联法

3.2.1 氢键交联法

氢键是一种特殊的分子间作用力，它介于共价键和范德华力之间。当一个电负性较大的原子（如氧、氮、氟）与氢原子形成共价键时，由于电负性的差异，氢原子带有部分正电荷，这个氢原子可以与另一个电负性较大的原子之间形成一种较弱的静电吸引作用，即为氢键。在水凝胶体系中，常见的氢键供体包括含有羟基（—OH）、氨基（—NH$_2$）等官能团的聚合物链段，而氢键受体可以是同样的官能团或者其他带有孤对电子的原子。

氢键作为一种重要的非共价相互作用，在多种材料科学和生物学过程中起着至关重要的作用。它不仅可以调节分子间的识别和组装，还能够在宏观尺度上显著影响材料的力学性能和动态行为。在水凝胶的物理交联制备过程中，氢键起到了连接聚合物链段的桥梁作用。聚合物链上的氢键供体和受体基团相互作用，形成一种非共价的交联网络。这种交联网络具有一定的动态性，与化学交联相比，物理交联的水凝胶在某些条件下可以发生可逆的解离和再结合过程。例如，当温度、pH值或者离子强度等外界条件发生变化时，氢键的强度会发生改变，从而影响水凝胶的网络结构和性能。氢键作用在水凝胶的物理交联制备中起着至关重要的作用，通过氢键的形成可以构建稳定的网络结构，同时赋予水凝胶特殊的性能。

3.2.1.1 氢键交联原理

氢键是由一个供体原子（通常是氮或氧）和一个受体原子（同样是氮或氧）通过一个氢原子形成的。这种相互作用虽然较弱，但可以通过多重氢键的叠加效应显著增强材料的整体性能。氢键具有三个重要特征。方向性：氢键具有固定的角度和距离，这使得它们能够在特定的位置形成，从而导致分子间的有序排列。饱和性：一个氢原子只能形成一个氢键，这限制了氢键的数量和分布。强度：氢键的强度为 $4\sim40kJ/mol$，远弱于共价键（约 $400kJ/mol$），但强于范德华力（$1\sim4kJ/mol$）。这种适度的强度允许氢键在一定条件下断开和重组，从而实现动态交联。

一些常见的参与氢键交联的官能团包括以下几种。

① 氨基（—NH$_2$） 既可以作为氢键供体也可以作为受体。

② 羟基（—OH） 常见于多元醇类化合物，是优良的氢键供体和受体。

③ 酰胺基团（—CONH$_2$） 在聚酰胺中广泛存在，形成强的分子间氢键。

氢键的形成受多种因素的影响，包括分子极性、立体障碍和溶剂效应等。这些因素决定了氢键的强度和稳定性，进而影响整个交联网络的性质。

① 分子极性 极性越强，氢键越容易形成且更稳定。

② 立体障碍 大体积基团可能阻碍氢键的形成，降低交联密度。

③ 溶剂效应 极性溶剂可能会竞争氢键，减少分子间的氢键数量，而非极性溶剂则有助于氢键的形成。

在聚合物中，氢键可以通过多种方式形成交联点，例如通过氨基、羟基、酰胺基团等。这些官能团在聚合物链上充当氢键供体和受体，形成多层次的氢键网络。

① 交联点　氢键交联点是由多个氢键共同作用形成的，增强了单个氢键的贡献，提高了整体网络的稳定性。

② 网络结构　通过合理设计聚合物的结构和官能团的分布，可以控制交联密度和网络形态，从而调节材料的力学性能和动态行为。氢键通过不同的网络拓扑结构（包括单一、双重和三重交联网络）在动态聚合物材料（DPMs）中实现高效的交联。

氢键网络的动态行为主要包括如下几个方面。

（1）可逆性和动态性

氢键的可逆性和动态性是单一氢键交联网络的重要特征，使材料能够在外界刺激下进行自我修复和适应性改变。升高温度通常会增加分子的热运动，导致氢键的断裂。然而，一旦温度降低，这些氢键又可以重新形成，恢复材料的结构和性能。外加机械力可以破坏局部的氢键网络，但在去除应力后，氢键会迅速重建，展现出自愈合的能力。

（2）时间尺度

氢键的动态交换过程可以在较短的时间尺度内发生，从几毫秒到几分钟不等，具体取决于条件如温度和交联密度等。这种快速响应使材料能够在短时间内恢复其性能。

（3）力学性能

单一氢键交联网络显著提升了材料的力学性能，使其具有更好的拉伸性和韧性。氢键网络允许分子链在受到外力时进行有序的滑移和重排，从而提高材料的拉伸性。通过氢键的不断断裂和重组，材料能够吸收更多的能量，表现出更高的韧性。

（4）自愈合能力

由于氢键的可逆性，氢键交联材料在受损后能够自发地进行愈合。当材料表面紧密接触时，未配对的氢键会尝试重新配对，从而实现自愈合。在室温下，这种愈合过程可以高效地进行，甚至在低温条件下也能观察到一定程度的自愈效果。例如，基于氢键交联的聚合物 H_2PDMS 展示了出色的自愈合能力，即使在 $-25℃$ 的低温环境下，也能在 10min 内恢复大部分的力学性能。

（5）热性能

氢键交联网络还赋予材料良好的热稳定性。玻璃化转变温度（T_g）：氢键的存在可以提高材料的 T_g，这是因为氢键限制了分子链的自由运动。例如，H_2PDMS 的 T_g 低至 $-120℃$，这使得即使在低温条件下，材料仍保持较高的弹性，有利于氢键的动态形成和自愈合。

（1）单一氢键交联网络

① 自补多重氢键结构　单一氢键网络通常依赖于多重氢键来提高材料的整体性能。例如，2-脲基-4[$1H$]-嘧啶酮（UPy）是一种常用的氢键基元，它可以形成四重氢键结构（图3-6）。这种结构的优势在于其易于形成二聚体，且容易合成，能够顺利地引入聚合物链结构中。这不仅增强了氢键的总体强度，还提高了材料的稳定性和有序性。然而，仅靠单一氢键网络，材料的力学性能和动态性能的提升空间有限，因为氢键本身的键能较低，无法像共价键那样承受大的外力。单一氢键交联网络通常依赖多重氢键来提高材料的综合性能。

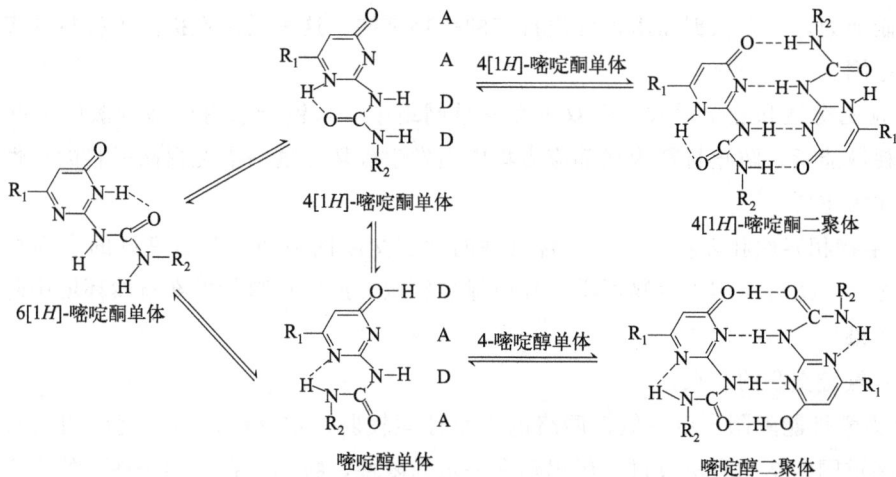

图 3-6　2-脲基-4[1*H*]-嘧啶酮（UPy）的二聚体形成示意图

② 动态性能和机械强度的平衡　通过合理的网络结构设计，含氢键的动态聚合物材料能够在动态性能和机械强度之间取得有效的平衡。例如，低键能的超分子氢键可以作为能量耗散网络，提供高韧性，而高键能的动态共价键则确保材料的强度、弹性和稳定性。这使得材料在外界刺激下既具有响应性又保持足够的机械强度。

（2）复杂的网络结构

① 含氢键的双重、多重交联网络　为了进一步提升材料性能，开发了双重和三重交联网络结构。这些网络结构通过结合不同的动态键（如氢键、共价键、离子键和金属配位键）协同作用，使材料具备多功能性。例如，低键能的超分子氢键可以作为能量耗散网络，提供高韧性，而高键能的动态共价键则保证材料的强度、弹性和稳定性。含离子相互作用和氢键的双重非共价网络可以制备高动态性、高力学性能和导电性的聚合物材料，适用于柔性电子器件基底。氢键和离子键可通过同一基团同时引入，扩展了设计的可能性。利用氢键-金属配位键协同交联网络，可以获得兼具优异力学性能和良好动态性的聚合物材料，通过灵活选择金属-配体组合，还可以赋予材料低温自修复、荧光可调等多种功能。

② 动态共价键与氢键结合　双重网络的一个典型例子是由氢键和金属配位键协同交联形成的网络。这种网络不仅发挥了动态特性，还可作为牺牲键用于网络的增韧和增强。引入三重交联网络可以使材料具备多功能性。通过合理的设计策略，三重交联网络结构能够协同发挥每种动态键的功能。在实际应用中，三重交联网络结构对材料合成工艺提出了更高要求，尤其是在实现多功能集成、提高环境友好性和生物相容性等方面表现突出。

3.2.1.2　氢键交联的优缺点

（1）氢键交联的优点

① 可逆性和动态性　氢键的可逆性允许材料在外界刺激下进行网络结构调整，实现自愈合、形状记忆等功能。这种动态性使得材料能够适应不同的环境条件，延长使用寿命。

② 高度取向性和设计灵活性　氢键的高度取向性使其在网络结构设计中具备精确的方向控制能力，可以根据需求设计出特定的拓扑结构。这种灵活性提高了材料的多功能性和适用范围。

③ 应力分散和能量耗散　在双重和三重网络中，氢键能够有效地分散应力并通过可逆断裂耗散能量，防止材料因局部应力集中而发生破坏。这一点在提高材料的韧性和耐久性方面尤为重要。

④ 生物相容性和环境友好性　含氢键的动态交联网络通常具备良好的生物相容性和环境友好性，适合应用于生物医学和环境保护领域。这些材料能够在自然环境中降解，减少环境污染。

（2）氢键交联的缺点

① 力学性能限制　单一氢键网络的力学性能较弱，难以满足高强度应用的需求。尽管通过多重网络结构有所改进，但仍存在一定局限性，特别是在极端条件下的力学表现。

② 温度敏感性　氢键对温度较为敏感，高温环境下可能导致交联网络解离，影响材料的稳定性。这限制了其在高温环境中的应用，需要通过其他措施来增强热稳定性。

③ 设计和合成复杂性　高度复杂的网络结构带来了设计和合成上的挑战，特别是三重交联网络需要更精细的分子设计和合成技术。这对研究人员的技术水平和实验条件提出了较高要求。

④ 湿敏性　氢键对湿度敏感，高湿度环境可能削弱氢键作用，降低材料的性能。这需要在实际应用中考虑防潮措施，尤其是在户外和高湿度环境中的长期使用。

3.2.1.3　影响氢键交联水凝胶性能的因素

氢键交联水凝胶是一种通过氢键作用形成的三维网络结构材料，其性能受到多种因素的影响。这些因素可以从分子层面、网络结构以及外部环境等方面进行详细解析。

（1）分子层面的因素

① 氢键强度　氢键强度是指氢键结合的牢固程度。较强的氢键可以使水凝胶网络更加稳定，提高其机械强度和自愈合能力。例如，在水凝胶中，通过调节 pH 值来改变氢键的强度，从而实现了水凝胶透明度和形态的可逆变化。在某些水凝胶系统中，通过引入具有较强氢键作用的基团（如酰胺基团和羧基），可以显著提升水凝胶的力学性能和自愈合速度。

② 功能基团的密度　功能基团（如羟基、氨基和羧基）的密度直接影响氢键的数量和水凝胶的交联密度。较高的功能基团密度会形成更多的氢键，从而提高水凝胶的机械强度和稳定性。例如，CMC 与 PAM 形成的双网络水凝胶中，CMC 的含量增加使得氢键数量增多，进而增强了水凝胶的力学性能。在另一些研究中，通过增加功能基团的密度，水凝胶的抗压强度和弹性都有显著提升，并且在生物相容性方面也有更好的表现。

（2）网络结构的因素

① 交联密度　交联密度指的是单位体积内交联点的数量。较高的交联密度会使水凝胶网络更紧密，减少溶胀度，提高机械强度。例如，通过调节交联剂的浓度，可以控制水凝胶的交联密度，从而优化其力学性能和溶胀行为。增加交联密度，水凝胶的弹性模量和

断裂强度都有显著提高，同时自愈合时间缩短。

② 网络拓扑结构　网络拓扑结构（如单一网络、双重网络和三重网络）对水凝胶的力学性能和自愈合能力有很大影响。复杂的网络结构（如双重网络和三重网络）可以通过协同增强策略大幅提高水凝胶的综合性能。例如，通过结合氢键和其他动态相互作用（如离子键和疏水作用）的双交联网络，可以显著提高水凝胶的机械强度和自愈合效率。在一些研究中，采用双网络结构的水凝胶显示出卓越的机械强度和自愈合能力，甚至在极端条件下也能保持较好的性能。

（3）外部环境的因素

① pH 值　pH 值会影响水凝胶中功能基团的解离程度，从而影响氢键的形成和破坏。例如，在一定的 pH 范围内，水凝胶可以通过氢键的动态变化实现可逆的溶胶-凝胶转变。通过调节 pH 值，可以控制水凝胶的透明度、形态和溶胀行为。例如，在某些水凝胶系统中，通过改变 pH 值，实现了水凝胶透明度和形态的可逆变化，展示了其在智能材料领域的应用潜力。

② 温度　温度的变化会影响氢键的形成和破坏。较高温度可能会破坏氢键，使水凝胶网络松弛，溶胀度增加。例如，通过调节温度，可以控制水凝胶的机械强度和溶胀行为。通过升高温度，水凝胶的体积收缩，机械强度增加，展示了温度响应性在实际应用中的重要性。

③ 溶剂类型　溶剂类型会影响氢键的形成和水凝胶的溶胀行为。极性溶剂（如水）容易与水凝胶中的功能基团形成氢键，促进溶胀；而非极性溶剂则相反。例如，通过改变溶剂类型，可以调节水凝胶的溶胀度和力学性能。在一些研究中，通过使用不同类型的溶剂，实现了对水凝胶溶胀行为的有效控制，展示了其在药物释放和组织工程中的应用潜力。

3.2.1.4　氢键交联制备水凝胶的实例

下面列举聚乙烯醇-聚丙烯酸（PVA-PAA）水凝胶的制备过程。

（1）制备原理

PVA 分子链上的羟基与 PAA 分子链上的羧基之间可以形成氢键。此外，PAA 分子链自身在一定条件下也可以通过羧基之间产生氢键相互作用。通过调节 PVA 和 PAA 的浓度、溶液的 pH 值和温度等因素，可以控制氢键的形成，从而制备出物理交联的水凝胶。

（2）制备方法

首先，分别配制 PVA 和 PAA 溶液。PVA 溶液可以通过加热溶解在水中，PAA 溶液可以直接用去离子水配制。然后，将 PVA 溶液和 PAA 溶液按照一定的比例混合，调节混合溶液的 pH 值，一般在 4～6 之间，在这个 pH 值范围内，羟基和羧基之间的氢键作用较强。最后，将混合溶液在低温下（如 0～5℃）静置一段时间，即可得到 PVA-PAA 水凝胶。

（3）结论

在药物递送方面，这种水凝胶可以作为药物载体。药物分子可以通过与水凝胶网络中的氢键相互作用而被负载在水凝胶中。由于 PVA-PAA 水凝胶对 pH 值有一定的响应性，在不同的 pH 值环境下，水凝胶的网络结构会发生变化，从而实现药物在特定部位（如胃肠道的酸性或碱性环境）的释放。

3.2.2 静电交联法

静电交联是指通过分子间的静电相互作用，将高分子链或其他分子结构连接在一起，形成三维网状结构的过程。这种交联方式通常发生在带有相反电荷的分子或分子片段之间，通过静电吸引形成稳定的交联点。静电作用物理交联是制备水凝胶的一种重要方法，这种方法不需要使用化学交联剂，避免了化学交联剂可能带来的细胞毒性等问题，在生物相关领域具有独特的优势。

3.2.2.1 静电交联原理

静电交联基于分子间的静电相互作用，即库仑力。当分子带有相反电荷时，它们之间会产生吸引力，这种吸引力足以克服分子热运动的能量，使分子在局部区域内形成稳定的交联结构。在一些生物聚合物中，如壳聚糖，静电交联可以通过分子中的氨基和其他带负电的分子或离子（如十二烷基硫酸钠，SDS）之间的相互作用来实现。

在分子水平上，静电作用是基于电荷之间的相互吸引或排斥的。对于水凝胶的物理交联而言，通常是带有相反电荷的聚合物链段之间的相互吸引。例如，带正电荷的氨基基团（—NH$_3^+$）和带负电荷的羧基基团（—COO$^-$）之间会产生静电引力。

当聚合物溶液中存在这样的带相反电荷的链段时，它们会在一定条件下聚集在一起，形成物理交联点。这些交联点的形成限制了聚合物链的运动，从而构建起水凝胶的三维网络结构。

静电交联是一种物理交联方式，主要依赖于分子间的静电相互作用来形成三维网络结构。这种交联方式通常发生在带相反电荷的聚合物或聚合物与带电粒子之间。以下是一些具体的例子。

（1）聚乙烯亚胺（PEI）与戊二醛（GA）的交联

在制备超薄复合膜时，带正电荷的 PEI 与带负电荷的 GA 通过静电相互作用交联。这种交联方式能够在室温下快速进行，并且不需要额外的催化剂或高温条件。

（2）壳聚糖与羧甲基壳聚糖的交联

带正电荷的壳聚糖与带负电荷的羧甲基壳聚糖通过静电相互作用形成交联网络。这种交联方式不仅增强了材料的机械强度，还改善了其吸水性能。

（3）聚丙烯酸与层状双氢氧化物（水滑石）纳米片的交联

带负电荷的聚丙烯酸与带正电荷的水滑石纳米片通过静电作用交联，形成温敏性纳米复合水凝胶。这种交联方式能够实现对水凝胶吸水、失水以及水分传输速度的连续控制。

3.2.2.2 静电交联的优缺点

（1）静电交联的优点

① 条件温和　静电交联通常在室温下进行，不需要高温或高压条件，这对于一些对

温度敏感的材料或生物材料尤为重要。

② 操作简单　静电交联的过程相对简单，不需要复杂的化学反应或特殊的设备，这使得其在大规模生产中具有优势。

③ 反应速度快　静电交联可以在短时间内完成，这对于提高生产效率非常有利。

④ 交联度可控　通过调整聚合物的浓度或交联剂的用量，可以有效地控制交联度，从而调节材料的物理化学性质。

⑤ 生物相容性好　静电交联常用于制备生物医用材料，因为其避免了使用有毒的化学交联剂，从而提高了材料的生物相容性。

（2）静电交联的缺点

① 交联稳定性有限　静电交联依赖于分子间的静电相互作用，这种作用力相对较弱，可能导致交联网络在某些条件下不稳定。

② 对环境条件敏感　静电交联的效果可能会受到环境条件（如 pH 值、离子强度等）的影响，这可能限制了其在某些特定环境中的应用。

③ 力学性能有限　与化学交联相比，静电交联形成的材料可能在机械强度和稳定性方面存在一定的局限性。

④ 适用范围有限　静电交联通常适用于带相反电荷的聚合物或聚合物与带电粒子之间，这限制了其在某些不带电或同性电荷体系中的应用。

3.2.2.3　影响静电交联水凝胶性能的因素

（1）交联剂浓度

交联剂的浓度直接影响交联的程度和速度。例如，在制备壳聚糖羧甲基壳聚糖医用交联海绵时，通过调整氯化钙的浓度，可以控制交联的程度，从而影响海绵的机械强度和吸水性能。

（2）pH 值

pH 值可以影响分子的电荷状态，从而影响静电交联的效果。例如，在制备聚甲基丙烯酸羟乙酯（PHEMA）水凝胶时，改变周围环境的 pH 值可以调节其溶胀、力学性能。

（3）温度

温度可以影响分子的运动速度和交联反应的速率。例如，在制备温敏性纳米复合水凝胶时，温度的变化可以实现对水凝胶吸水、失水以及水分传输速度的连续控制。

（4）交联时间

交联时间的长短会影响交联的程度。例如，在提高生物组织交联度的方法中，处理时间的长短会影响交联剂与生物组织的反应程度，从而影响交联效果。

（5）分子结构和组成

分子的结构和组成会影响其电荷分布和静电相互作用的强度。例如，在制备静电交联高强度 MXene 有序宏观纤维时，MXene 纳米片的富氧阴离子表面官能团赋予其负电荷，与带正电的质子化絮凝剂发生强静电相互作用，从而增强纤维内部纳米片之间的界面相互作用，提高了纤维的力学性能和导电性。

（6）交联方式的组合

有时会采用多种交联方式的组合来达到更好的控制效果。例如，在制备壳聚糖羧甲基壳聚糖医用交联海绵时，先通过壳聚糖（CS）与羧甲基壳聚糖（CMC）的静电交联，再用氯化钙中钙离子对羧基进行封端，可使 CS 与 CMC 聚合物链混合，进而使交联更均匀，几乎无团聚现象出现。

（7）外部条件

如电场、磁场等外部条件也可能对静电交联效果产生影响。例如，在静电雾化处理生物组织时，交联剂雾滴带有相同的电荷，在空间运动中相互排斥，不发生凝聚，对生物组织覆盖均匀，且带电交联剂雾滴的感应使得生物组织的外部产生异性电荷，在电场力的作用下，雾滴快速吸附到生物组织的表面和内部，提高了交联剂雾滴的交联效率和均匀性。

3.2.2.4 静电交联制备水凝胶的实例

（1）静电作用物理交联制备水凝胶的方法

① 聚合物混合法

a. 选择合适的聚合物　首先要选择具有相反电荷的聚合物。例如，壳聚糖（带正电）和海藻酸钠（带负电）是一对常用的组合。壳聚糖分子中含有氨基，在酸性条件下氨基质子化带正电；海藻酸钠分子中含有羧基，在溶液中可电离带负电。

b. 溶液制备　分别将选定的带正电和带负电的聚合物溶解在适当的溶剂中。对于壳聚糖，通常使用稀醋酸溶液作为溶剂，因为壳聚糖在酸性环境下溶解性较好，而海藻酸钠则可溶解于水。

c. 混合交联　将两种聚合物溶液缓慢混合，在混合过程中，由于静电作用，聚合物链段开始相互吸引形成交联点。混合的速度和方式会影响水凝胶的结构均匀性。例如，可以采用逐滴加入的方式，并伴随搅拌，以确保均匀混合。

② 层层自组装法（LBL）

a. 基片处理　首先需要准备一个合适的基片，如玻璃片或硅片。对基片进行清洗和表面处理，使其表面带有电荷或者具有亲水性，便于聚合物的吸附。

b. 交替吸附　将带正电的聚合物溶液与基片接触，聚合物会吸附在基片表面形成一层带正电的层。然后用缓冲液冲洗基片，去除未吸附的聚合物。接着将带负电的聚合物溶液与基片接触，由于静电吸引，带负电的聚合物会吸附在带正电的层上，如此交替进行多次。每一层的厚度都可以通过控制聚合物溶液的浓度、吸附时间等因素来调节。随着层数的增加，会形成多层结构，最终形成水凝胶膜。

c. 后处理　在层层自组装完成后，可能需要进行一些后处理，如干燥或者在特定环境下进一步交联，以提高水凝胶的稳定性。

（2）采用聚合物混合法制备壳聚糖-海藻酸钠水凝胶

① 主要原料　壳聚糖、海藻酸钠、醋酸等。

② 制备过程　壳聚糖溶解于稀醋酸溶液中，配制成一定浓度（如1%～5%）的溶液；海藻酸钠溶解于水中，配制成浓度为 1%～3% 的溶液。将海藻酸钠溶液逐滴加入壳聚糖

溶液中，同时不断搅拌。随着海藻酸钠的加入，溶液逐渐变稠，最终形成水凝胶。

③ 性能与应用　这种水凝胶具有良好的生物相容性，可用于药物递送。例如，将抗生素药物包裹在水凝胶中，可以实现药物的缓慢释放。其释放机制与水凝胶的网络结构和药物与聚合物之间的相互作用有关。在组织工程领域，壳聚糖-海藻酸钠水凝胶可以作为细胞支架，为细胞的生长和增殖提供三维环境。有研究表明，将成纤维细胞接种在这种水凝胶上，细胞能够很好地黏附、生长和分化。

3.2.3　配位交联法

配位交联是指通过配位键将线型高分子交联成立体网络结构的过程。配位键是一种特殊的共价键，其中一个原子（中心原子，通常为金属离子）提供空轨道，另一个原子或离子（配体）提供孤对电子，两者形成化学键。在水凝胶制备中，常见的金属离子有 Fe^{3+}、Zn^{2+}、Ca^{2+} 等，配体可以是含有羧基、氨基、羟基等能提供孤对电子的有机官能团的聚合物。配位键的主要特点是一定的方向性和饱和性，其键能介于共价键和离子键之间，这使得基于配位键的交联网络具有一定的稳定性，但又有一定的动态可调节性。

在配位交联中，金属离子作为交联点，与多个配体分子相连，从而将不同的聚合物链连接在一起。这种交联网络决定了水凝胶的物理化学性质，如凝胶的强度、弹性、溶胀性等。例如，交联密度较高时，水凝胶的强度较大，但溶胀性可能相对较低；而交联密度较低时，水凝胶较为柔软，溶胀性较好。

3.2.3.1　配位交联原理

配位交联涉及配位键的形成和解离过程。在适当的条件下，聚合物中的特定官能团（如腈基、羧基）可以通过与金属离子的配位作用形成稳定的交联点。这些交联点在外部刺激（如温度、pH 值）下可以发生可逆的解离和重新形成，从而调整材料的结构和性能。

（1）聚合物与配体的相互作用

① 聚合物的选择　用于配位交联法制备水凝胶的聚合物需要含有合适的配体官能团。例如，PAA 含有大量的羧基官能团，这些羧基可以与金属离子发生配位作用。当选择 PAA 作为基础聚合物时，羧基中的氧原子具有孤对电子，能够与金属离子的空轨道相互作用。对于一些生物可降解的聚合物，如聚乳酸-羟基乙酸共聚物（PLGA），如果要采用配位交联法制备水凝胶，可以对其进行化学修饰，引入如氨基等配体官能团，以实现与金属离子的配位交联。

② 配体与聚合物的结合方式　配体与聚合物的结合方式主要有两种。一种是通过共价键将配体连接到聚合物链上，这种方式可以精确控制配体在聚合物链上的分布和数量。例如，通过酰胺化反应将含有氨基的配体连接到含有羧基的聚合物链上。另一种是直接利用聚合物本身所含有的官能团作为配体，如上述 PAA 中的羧基直接与金属离子配位。

（2）金属离子的引入与配位反应

① 金属离子的引入　金属离子的引入方式有两种。一种方式是通过溶液法引入。将含有配体的聚合物溶解在适当的溶剂中，然后向溶液中加入金属离子的盐溶液。例如，要

制备 Zn^{2+} 配位交联的水凝胶，可以将含有配体官能团的聚合物溶解在水中，然后逐滴加入 $ZnCl_2$ 溶液。另一种方式是通过原位生成金属离子。例如，利用化学反应在聚合物溶液中原位生成金属离子，如利用金属有机框架（MOF）前体的分解反应，在聚合物体系中原位释放出金属离子，然后这些金属离子立即与聚合物链上的配体发生配位反应。

② 配位反应过程　当金属离子与配体接近时，配体的孤对电子进入金属离子的空轨道，形成配位键。以 Fe^{3+} 与含有羧基的聚合物为例，Fe^{3+} 的外层空轨道接受羧基氧原子的孤对电子，形成 Fe—O 配位键。在这个过程中，金属离子的配位数是一个重要的参数。不同的金属离子具有不同的配位数，例如 Zn^{2+} 的常见配位数为 4 或 6。配位数决定了一个金属离子能够与多少个配体发生配位作用，从而影响交联网络的结构。如果金属离子的配位数为 4，那么一个 Zn^{2+} 最多可以与 4 个含有合适配体官能团的聚合物链发生配位交联。

（3）凝胶化过程与网络形成

① 凝胶化的触发　随着金属离子与配体之间配位反应的进行，当达到一定的交联程度时，体系会发生凝胶化。凝胶化的触发可以是由于金属离子浓度的增加，当金属离子浓度达到临界值时，足够多的配位键形成，使得聚合物链之间相互连接形成三维网络结构，体系的黏度急剧增加，流动性消失，从而形成凝胶；也可以是通过改变环境条件来触发凝胶化，例如，调节溶液的 pH 值，在一定的 pH 值范围内，配体的电离程度合适，有利于配位键的形成。当 pH 值偏离这个范围时，可能会导致配位键的断裂或难以形成，从而影响凝胶化过程。

② 网络结构的形成　一旦凝胶化开始，交联网络就会迅速形成并扩展。金属离子作为交联点，将不同的聚合物链连接起来，形成一个连续的三维网络结构。这个网络结构中包含着大量的水，水填充在网络的孔隙中。网络结构的均匀性对于水凝胶的性能有着重要影响。如果金属离子在体系中的分布不均匀，可能会导致局部交联密度过高或过低，从而使水凝胶的性能不均匀。为了获得均匀的网络结构，可以采用缓慢搅拌、控制金属离子加入速度等方法，确保金属离子与配体在体系中均匀混合和反应。

3.2.3.2　配位交联的优缺点

（1）配位交联的优点

① 力学性能　由于配位键的存在，配位交联法制备的水凝胶具有一定的强度和弹性。其强度可以通过调节金属离子的种类、配体的性质、交联密度等因素来控制。例如，增加金属离子的浓度可以提高水凝胶的交联密度，从而增强其强度。与传统的化学交联（如共价交联）制备的水凝胶相比，配位交联水凝胶的力学性能具有一定的可调节性。在一些情况下，配位键可以在一定的条件下（如改变 pH 值、加入特定的竞争配体等）发生断裂和重新形成，这使得水凝胶的力学性能可以动态调整。

② 溶胀性能　水凝胶的溶胀性能取决于其交联网络的结构和性质。配位交联水凝胶的溶胀性能可以通过改变金属离子与配体的配位情况来调节。例如，通过选择不同配位数的金属离子，可以改变交联网络的疏密程度，从而影响水凝胶的溶胀比。在不同的环境条件下，如不同的 pH 值和离子浓度下，配位交联水凝胶的溶胀性能也会发生变化。这是因

为环境条件会影响配位键的稳定性，进而影响水凝胶的交联网络结构。

③ 生物相容性和生物降解性　对于使用天然高分子（如壳聚糖、海藻酸钠）作为基础聚合物的配位交联水凝胶，它们不仅具有良好的生物相容性，还可在体内逐渐降解，无需二次手术取出。这一点在生物医药应用中尤为重要。

④ 多功能性　通过改变金属离子的类型和浓度，或者调整聚合物链上的配体密度，可以方便地调节水凝胶的物理化学性质，以满足不同的应用场景需求。例如，用于药物缓释系统的水凝胶可以通过调节其溶胀性能来控制药物释放速率。

（2）配位交联的缺点

① 环境敏感性　配位交联水凝胶的结构和性能容易受到外部环境因素的影响，如 pH 值、温度和离子强度等。这些因素可能导致配位键的不稳定，进而影响水凝胶的整体性能。例如，在某些情况下，pH 值的变化可能会导致配位键的断裂，减少水凝胶的交联密度。

② 长期稳定性不足　尽管动态可逆性带来了自我修复的优势，但也意味着在持续的机械负荷或长时间使用过程中，水凝胶可能无法维持始终如一的高性能。配位键的反复断裂和重组可能会导致疲劳累积，影响材料的长期耐用性。

③ 复杂的制备工艺　虽然还原胺化等技术提供了一条有效的合成路径，但在实际操作中仍需要精确控制反应条件，如温度、时间和原料配比等，以确保获得理想的凝胶结构和性能。此外，纯化步骤也不可或缺，以去除未反应的原料和副产物。

3.2.3.3 影响配位交联水凝胶性能的因素

（1）金属离子种类

不同的金属离子具有不同的电荷、半径和电子结构，这些因素会影响金属离子与配体之间的配位能力。例如，Fe^{3+} 的电荷较高，与配体之间的配位键较强，因此用 Fe^{3+} 配位交联制备的水凝胶可能具有较高的强度。金属离子的生物相容性也不同。在生物医学应用中，Ca^{2+} 是一种具有良好生物相容性的金属离子，用 Ca^{2+} 配位交联的水凝胶可用于组织工程等生物相关领域，因为 Ca^{2+} 在生物体内具有重要的生理功能。

（2）配体的性质

配体的种类和结构会影响其与金属离子的配位能力。例如，含有多个羧基的配体可能比只含有一个羧基的配体与金属离子的配位能力更强，因为多个羧基可以提供更多的孤对电子与金属离子配位。配体的空间位阻也会影响配位反应。如果配体的空间位阻较大，可能会阻碍金属离子与配体的接近，从而降低配位反应的速率和程度。

（3）聚合物的结构与分子量

聚合物的结构，如线型、支化或交联结构，会影响配位交联的过程。线型聚合物更容易与金属离子进行配位交联，因为其链段具有更好的流动性，便于金属离子与配体的接触。聚合物的分子量也会影响水凝胶的性能。一般来说，分子量较高的聚合物制备的水凝胶可能具有较高的强度，但溶胀性可能会受到一定影响，因为高分子量的聚合物链之间的缠结较多，限制了水凝胶的溶胀能力。

（4）共价交联的影响

共价交联与配位交联协同作用，对水凝胶的综合性能起到决定性作用。

① 协同效应　共价交联提供永久性的网络结构，而配位交联提供动态可逆的交联点。这种组合不仅提高了水凝胶的机械强度，还赋予其自愈合和形状记忆的能力。

② 稳定性　共价交联增强了水凝胶的整体稳定性，使其在不同的环境条件下仍能保持一定的结构完整性，这对于实际应用尤为重要。

（5）外部条件

外部条件如 pH 值、温度和离子强度等也会显著影响配位交联水凝胶的行为。

① pH 值　某些金属离子在特定的 pH 值范围内才能与配体形成稳定的配位键。例如，碱性条件有助于锌离子与配体形成稳定的配位结构，从而增强水凝胶的力学性能。

② 温度　温度的变化会影响配位键的形成和断裂，从而影响水凝胶的力学性能和溶胀行为。高温可能会削弱配位键，导致水凝胶的机械强度下降。

③ 离子强度　高离子强度的环境可能会屏蔽部分配位作用，降低水凝胶的交联密度，从而影响其力学性能。

3.2.3.4　配位交联制备水凝胶的实例

（1）水凝胶利用配位作用物理交联的制备方法

① 原料选择

a. 聚合物选择　选择含有配位基团的聚合物是制备配位物理交联水凝胶的关键。例如，聚丙烯酸（PAA）是一种常用的聚合物，其分子链上含有大量的羧基，可以与多种金属离子发生配位作用。壳聚糖也是一种理想的聚合物原料，它含有氨基和羟基，能够与金属离子如 Fe^{3+}、Cu^{2+} 等形成配位键。此外，一些天然高分子如海藻酸钠，其分子链上的羧基可以与 Ca^{2+} 等金属离子进行配位交联。

b. 金属离子选择　不同的金属离子具有不同的配位能力和化学性质。例如，Ca^{2+} 是一种常用的二价金属离子，它在生物体内广泛存在，具有良好的生物相容性。Fe^{3+} 具有较强的配位能力，它可以与多种含有氨基、羧基的聚合物形成稳定的配位键。在选择金属离子时，还需要考虑其对水凝胶性能的影响，如对水凝胶的力学性能、溶胀性能和生物活性的影响等。

② 制备过程

a. 溶液混合法　将含有配位基团的聚合物溶解在适当的溶剂（通常为水）中，形成聚合物溶液。然后将金属离子的溶液缓慢加入聚合物溶液中，在搅拌的条件下，金属离子与聚合物链上的配位基团发生配位作用，逐渐形成水凝胶。

例如，将聚丙烯酸溶液与 Zn^{2+} 溶液混合，在一定的 pH 值和温度条件下，Zn^{2+} 与 PAA 上的羧基发生配位交联，随着反应的进行，溶液的黏度逐渐增加，最终形成水凝胶。

b. 原位生成法　这种方法是先将聚合物和金属离子的前驱体混合在一起，然后通过某种反应在原位生成金属离子，从而引发配位交联。

以 Fe^{3+} 和壳聚糖为例，可以先将壳聚糖与 $FeCl_3$ 的前驱体（如 $FeCl_2$ 和氧化剂）混合，在反应过程中，Fe^{2+} 被氧化为 Fe^{3+}，Fe^{3+} 与壳聚糖上的氨基和羟基发生配位交联，形成水凝胶。

（2）Ca²⁺-海藻酸钠水凝胶的制备

① 制备过程　首先将海藻酸钠溶解在去离子水中，配制成一定浓度（如1%～5%）的海藻酸钠溶液。然后将 $CaCl_2$ 溶液缓慢滴加到海藻酸钠溶液中，Ca^{2+} 与海藻酸钠分子链上的羧基迅速发生配位交联反应。反应过程中可以观察到溶液逐渐变成凝胶状物质。

② 应用　在组织工程中，可以作为细胞载体。将细胞与海藻酸钠溶液混合后，再通过 Ca^{2+} 交联形成水凝胶，细胞被包埋在水凝胶的三维网络结构中。由于 Ca^{2+} 和海藻酸钠具有良好的生物相容性，故这种水凝胶可以为细胞提供一个适宜的生长环境，促进细胞的增殖和分化。

在药物控释方面，将药物包裹在 Ca^{2+}-海藻酸钠水凝胶中。当水凝胶植入体内后，由于体内环境（如离子强度、pH 值等）的变化，水凝胶的网络结构会逐渐发生变化，从而实现药物的缓慢释放。

3.3　生物发酵法

传统水凝胶的制备通常依赖于化学合成方法，这些方法往往涉及有毒试剂和复杂的工艺步骤。相比之下，生物发酵技术利用微生物的自然代谢途径，在温和条件下生产所需的高分子材料，从而降低了环境影响和生产成本。生物发酵制备水凝胶是一种结合生物学技术和材料科学的方法，通过微生物的代谢活动生产高分子化合物，并进一步加工形成具有三维网络结构的水凝胶材料。这种方法不仅利用了微生物的生产能力，还结合了现代材料科学的先进技术，使得生产的水凝胶具备独特的物理和化学性质。酶催化交联作为一种温和、高效且生物相容性良好的制备方法，在水凝胶的制备中受到了越来越多的关注。

3.3.1　生物发酵法原理

生物发酵法包括微生物代谢和交联两部分。

（1）微生物代谢

在生物发酵过程中，微生物通过消耗营养物质进行生长繁殖，并在此过程中产生多种代谢产物。酶是一种生物催化剂，具有高度的特异性。在水凝胶的酶催化交联过程中，特定的酶能够识别并作用于底物分子上的特定官能团。例如，转谷氨酰胺酶（TGase）能够催化谷氨酰胺残基和赖氨酸残基之间形成共价键。酶通过降低反应的活化能来加速反应的进行。它与底物分子形成酶-底物复合物，在活性位点上进行化学反应，然后释放产物，自身保持不变，可以继续参与下一轮的催化反应。

用于生物发酵制备水凝胶的微生物主要包括细菌和真菌，特别是那些能够产生胞外多糖的菌株，如黄单胞菌属（*Xanthomonas*）、醋酸杆菌属（*Acetobacter*）和念珠菌属（*Candida*）。这些微生物产生的多糖可以通过后续处理形成稳定的水凝胶结构。

① 转谷氨酰胺酶（transglutaminase，TG 酶）

催化反应：TG 酶催化蛋白质中谷氨酰胺残基的 γ-羧胺基与伯胺化合物（如赖氨酸 ε-氨基）之间发生酰基转移反应，形成异肽键[ε-(γ-谷氨酰)-赖氨酰键]。这一过程可以发生在蛋白质分子内或分子间，从而导致蛋白质的共价交联。

脱氨反应：如果没有适合的氨基底物，TG 酶还可以催化谷氨酰胺残基的脱氨反应，生成谷氨酸和氨。

② 氧化酶（oxidases）

a. 酪氨酸酶（tyrosinase）

催化反应：酪氨酸酶催化一元酚（如酪氨酸）氧化成邻二酚（儿茶酚），再进一步氧化成邻苯醌。在这个过程中，氧气作为电子受体被还原成水。

交联机制：生成的醌类化合物可以与蛋白质中的赖氨酸、酪氨酸和半胱氨酸残基反应，形成共价交联。

最佳反应条件：酪氨酸酶在微酸性环境下活性最高，通常在高于 70℃ 的温度下失活。

b. 漆酶（laccase）

催化反应：漆酶催化酚类和芳胺类化合物氧化生成相应的醌类化合物，同时将分子氧还原成水。

交联机制：通过自由基的形成和进一步反应，漆酶促使蛋白质之间形成共价交联。

最佳反应条件：漆酶在酸性环境中较为稳定，最适反应温度通常为 30～60℃。

c. 过氧化物酶（peroxidase）

催化反应：过氧化物酶利用过氧化氢作为电子受体，氧化酚类化合物（如酪氨酸残基）生成二酪氨酸和寡酪氨酸交联。

最佳反应条件：过氧化物酶广泛存在于植物和微生物中，在酸性和中性环境中均有活性。

③ 巯基氧化酶（sulfhydryl oxidase）

催化反应：巯基氧化酶特异性地将蛋白质中的半胱氨酸巯基（—SH）氧化为二硫键（—S—S—），同时产生过氧化氢。

交联机制：通过形成二硫键，巯基氧化酶促进蛋白质分子间的交联，增强结构稳定性。

④ 脂氧合酶（lipoxygenase）

催化反应：脂氧合酶催化多不饱和脂肪酸（如亚油酸和亚麻酸）的加氧反应，生成氢过氧化物。

交联机制：生成的脂肪酸氢过氧化物与蛋白质的巯基反应，形成分子间二硫键，从而增强蛋白质网络结构。

（2）交联机制

通过化学或物理交联，这些多糖分子可以进一步形成三维网络结构。交联机制包括共价键、氢键、离子键和疏水相互作用等，这些相互作用提高了水凝胶的稳定性和机械强度。交联反应类型包括以下 2 类。

① 物理交联

a. 氢键和静电作用　物理交联依靠高分子之间的弱相互作用，如氢键、静电作用和疏水相互作用。例如，CMC 与葡萄糖、葡萄糖氧化酶（GOx）和过氧化氢酶（POD）之间的自交联就是通过这些弱相互作用实现的。在这个过程中，CMC 中的阳离子（—NH$_3^+$）基团和阴离子（—COO$^-$）基团通过静电吸引形成网络结构，而 GOx 催化葡萄糖生成葡萄糖酸，调节 pH，进一步加强这种相互作用。

b. 链缠结　物理交联还包括高分子链之间的缠结，尤其是在高浓度下，长链分子容易互相缠绕形成稳定的网络结构。这种机制常见于多糖类水凝胶，如纤维素衍生物水凝胶。

② 化学交联

a. 酶促交联　化学交联涉及共价键的形成，通常通过交联剂实现。例如，GOx 催化葡萄糖氧化生成过氧化氢（H$_2$O$_2$），后者可在 POD 的作用下进一步参与交联反应，形成共价键。这种机制不仅提高了水凝胶的稳定性，还能在不添加外部化学交联剂的情况下实现自交联。

b. 醛基与氨基反应　在另一种化学交联机制中，如聚肽和海藻酸钠自交联成水凝胶，醛基（—CHO）与氨基（—NH$_2$）反应形成亚胺键（—CH—N—）。这种反应是可逆的，使得水凝胶具备 pH 响应性。在酸性条件下，亚胺键断裂，水凝胶解体；而在中性条件下，亚胺键重新形成，水凝胶再次交联。

c. 多价离子交联　多价离子（如 Ca^{2+}）也可作为交联剂，与多糖链上的羧基（—COO$^-$）通过配位作用形成交联点。例如，海藻酸钠与 Ca^{2+} 反应形成稳定的水凝胶结构，常用于细胞封装和药物缓释系统。

3.3.2　生物发酵法的优缺点

（1）生物发酵制备水凝胶的优点

① 生物相容性和可降解性　生物发酵生产的水凝胶材料通常具有良好的生物相容性和可降解性，这意味着它们可以在生物体内安全使用并在完成任务后自然降解，减少了长期的生态和健康风险。

② 低成本和高效率　一旦建立了稳定的发酵工艺，大规模生产水凝胶的成本相对较低，而且生产周期短，效率高。微生物的快速繁殖和代谢能力使得这种生产方式在经济上非常有吸引力。

③ 环境友好　生物发酵过程使用的原材料通常是可再生资源，如葡萄糖和氮源等，生产过程中的副产品也可以通过生物处理进行回收利用，大大降低了对环境的影响。

（2）生物发酵制备水凝胶的缺点

① 力学性能限制　尽管生物发酵水凝胶在许多方面表现优秀，但其力学性能（如拉伸强度和弹性模量）可能不如化学合成的水凝胶。这限制了它们在某些高强度需求应用中的使用。

② 批次间差异　由于生物系统的复杂性和环境因素的敏感性，不同批次生产的水凝胶可能存在一定的性能差异，这对产品质量控制提出了更高的要求。

③ 污染风险　在生物发酵过程中，如果无菌条件控制不当，可能会引入杂菌污染，

影响目标产物的质量和产量。因此，严格的无菌操作和监控措施是必不可少的。

3.3.3　影响生物发酵法交联水凝胶性能的因素

（1）原料选择

① 聚合物选择

a. 天然聚合物　胶原蛋白是一种常用的天然聚合物，它富含谷氨酰胺和赖氨酸残基，非常适合用于 TGase 催化的交联反应制备水凝胶。胶原蛋白水凝胶具有良好的生物相容性和可降解性，可用于组织工程中的细胞培养支架。壳聚糖也是一种常见的天然聚合物，它含有氨基，可以通过与含有醛基或羧基的化合物在酶的催化下进行交联反应。例如，利用辣根过氧化物酶（HRP）和过氧化氢体系，可以使壳聚糖与酚类化合物交联形成水凝胶。

b. 合成聚合物　聚乙二醇（PEG）是一种生物相容性良好的合成聚合物。可以对 PEG 进行修饰，引入可被酶识别的官能团，如在 PEG 末端接上谷氨酰胺或赖氨酸残基，然后利用 TGase 进行交联制备水凝胶。

② 酶的选择　根据所需的交联反应类型选择合适的酶。如前面提到的 TGase 用于酰胺键形成，漆酶用于酚醛缩合反应。此外，HRP 也是一种常用的酶，它在过氧化氢存在的条件下可以催化多种氧化反应，用于水凝胶的交联。

（2）反应条件控制

① 温度　不同的酶有其适宜的反应温度范围。例如，TGase 的最适反应温度一般为 30～40℃。如果温度过高，酶可能会失活，导致交联反应无法正常进行；如果温度过低，反应速率会减慢。

② pH 值　酶的活性对 pH 值也很敏感。TGase 在 pH 值 6～8 的范围内具有较高的活性，而漆酶在 pH 值 4～5 时活性较好。在制备水凝胶时，需要根据所选用的酶来调节反应体系的 pH 值。

③ 底物浓度　合适的底物浓度对于水凝胶的形成也很重要。如果底物浓度过低，交联反应不完全，可能无法形成稳定的水凝胶结构；如果底物浓度过高，可能会导致反应过快，形成不均匀的水凝胶。

3.3.4　生物发酵法交联制备水凝胶的实例

酵母菌发酵制备多功能水凝胶如下。

（1）主要原料

酵母菌：酿酒酵母（saccharomyces cerevisiae）。

聚合物：明胶（GEL）、平板计数琼脂（PCA）、还原氧化石墨烯（PRGO）。

糖类：葡萄糖，作为酵母菌的碳源。

（2）实验步骤

① 溶液配制　将 PCA 溶解于去离子水中，煮沸形成均匀溶液，冷却至适当温度后依

次加入明胶和葡萄糖，搅拌溶解形成混合溶液。

② 配制酵母菌液　按一定比例与上述混合溶液混合均匀。

③ 发酵与固化　将混合溶液倒入模具，置于30℃水浴中发酵30min，然后转移至4℃下固化10min，形成水凝胶。

④ 性能优化　将形成的水凝胶在−80℃冷冻后切片或裁剪成所需形状，浸泡于特定浓度的盐溶液和甘油混合液中，以提升其力学性能和导电性。

（3）结论

酵母菌发酵制备多功能水凝胶涉及将酵母菌与特定的聚合物（如明胶、平板计数琼脂）混合，在适当的条件下进行发酵，形成具有透气性、保水性和导电性的水凝胶。通过发酵过程，酵母菌不仅提供多孔结构，还参与形成稳定的凝胶网络。

利用水凝胶的导电性和柔韧性制备的生物传感器，作为检测心电和肌电信号的生物传感器材料。而利用水凝胶制备的伤口敷料是凭借其透气性和保水性，作为抗菌伤口敷料，加速伤口愈合。

参考文献

［1］ Wang Z，Wei H，Huang Y，et al. Naturally sourced hydrogels：emerging fundamental materials for next-generation healthcare sensing ［J］. Chem Soc Rev，2023，52（9）：2992-3034.

［2］ Tans S，Wang C，Yang B，et al. Unbreakable hydrogels with self-recoverable 10200% stretchability ［J］. Adv Mater，2022，34（40）：2206904.

［3］ Yu X，Zhang H，Wang Y，et al. Highly stretchable，ultra-soft，and fast self-healable conductive hydrogels based on polyaniline nanoparticles for sensitive flexible sensors ［J］. Adv Funct Mater，2022，32（33）：2204366.

［4］ Xue W，Shi W，Kuss M，et al. A dual-network nerve adhesive with enhanced adhesion strength promotes transected peripheral nerve repair ［J］. Adv Funct Mater，2022，33（2）：2209971.

［5］ Xia X，Liang Q，Sun X，et al. Intrinsically electron conductive，antibacterial，and anti-swelling hydrogels as implantable sensors for bioelectronics ［J］. Adv Funct Mater，2022，32（48）：2208024.

［6］ Zhang C，Zhou Y，Han H，et al. Dopamine-triggered hydrogels with high transparency，selfadhesion，and thermoresponse as skinlike sensors ［J］. ACS Nano，2021，15（1）：1785-1794.

［7］ Yan L，Zhou T，Han L，et al. Conductive cellulose bio-nanosheets assembled biostable hydrogel for reliable bioelectronics ［J］. Adv Funct Mater，2021，31（17）：2010465.

［8］ Lin X，Mao Y，Li P，et al. Ultra-conformable ionic skin with multi-modal sensing，broad-spectrum antimicrobial and regenerative capabilities for smart and expedited wound care ［J］. Adv Sci，2021，8（9）：2004627.

［9］ Ying B，Chen R Z，Zuo R，et al. An anti-freezing，ambient-stable and highly stretchable ionic skin with strong surface adhesion for wearable sensing and soft robotics ［J］. Adv Funct Mater，2021，31（42）：2104665.

［10］ Huang Y，Xiao L，Zhou J，et al. Strong tough polyampholyte hydrogels via the synergistic effect of ionic and metal-ligand bonds ［J］. Adv Funct Mater，2021，31（37）：2103917.

［11］ Guo H，Bai M，Zhu Y，et al. Pro-healing zwitterionic skin sensor enables multi-indicator distinction and continuous real-time monitoring [J]. Adv Funct Mater, 2021, 31 (50): 2106406.

[12] Liu X, Ren Z, Liu F, et al. Multifunctional self-healing dual network hydrogels constructed via host-guest interaction and dynamic covalent bond as wearable strain sensors for monitoring human and organ motions [J]. ACS Appl Mater Interfaces, 2021, 13 (12): 14612-14622.

[13] Guan Y, Bian J, Peng F, et al. High strength of hemicelluloses based hydrogels by freeze/thaw technique [J]. Carbohydr Polym, 2014, 101: 272-280.

[14] Zhang Z, Chen G, Xue Y, et al. Fatigue-resistant conducting polymer hydrogels as strain sensor for underwater robotics [J]. Adv Funct Mater, 2023, 33: 2305705.

[15] Dai X, Wu Y, Liang Q, et al. Soft robotic-adapted multimodal sensors derived from entirely intrinsic self-healing and stretchable cross-linked networks [J]. Adv Funct Mater, 2023, 33: 2304415.

[16] Qin T, Li X, Yang A, et al. Nanomaterials-enhanced, stretchable, self-healing, temperature tolerant and adhesive tough organohydrogels with long-term durability as flexible sensors for intelligent motion-speech recognition [J]. Chem Eng J, 2023, 461: 141905.

[17] Tian G, Yang D, Liang C, et al. A nonswelling hydrogel with regenerable high wet tissue adhesion for bioelectronics [J]. Adv Mater, 2023, 35 (18): 2212302.

第**4**章

水凝胶的测试方法

水凝胶的组成和结构测试不仅为其基本特性的理解提供了基础，也为拓展其在生物医学、组织工程、光学器件等领域的应用奠定了重要基础。通过这些详细的测试和表征，可以优化水凝胶的设计，提升其性能，以满足不同应用场景的需求。傅里叶红外光谱（FT-IR）、核磁共振波谱（NMR）、紫外可见光谱（UV-VIS）常用于表征干态凝胶的结构，也可表征共混体系或 IPN 结构是否形成新的化学键。通过一些基团特征峰值的漂移以及吸收峰的强弱变化，可以确定 IPN 结构中两种高分子链间是否有氢键形成。NMR、UV-VIS 皆可用于表征水凝胶高分子链的结构。电子显微技术可以表征水凝胶的内部形态结构及表面形貌。激光光散射法也可以用来表征水凝胶的微观结构。差示扫描量热法（DSC）常用来表征水凝胶的结晶行为及分析计算水凝胶中水的状态和含量。力学拉伸试验可测试水凝胶的力学性能如拉伸强度、断裂伸长率和弹性模量。动态力学分析可以测试水凝胶的贮能模量 G' 和损耗模量 G''。溶胀度的测试是水凝胶性能中最为常用的手段，水凝胶的溶胀性能、保水性能、温度及 pH 响应性质都是根据测试水凝胶溶胀度的改变来进行研究的。

4.1　化学结构表征方法

水凝胶是一类具有三维网络结构且能在水中溶胀并保持大量水分的高分子材料。对水凝胶化学结构的精确表征对于理解其物理化学性质、生物相容性以及在众多领域（如生物医学、环境工程、食品科学等）的应用潜力至关重要。

4.1.1 核磁共振（NMR）波谱法

4.1.1.1 基本原理

核磁共振（nuclear magnetic resonance，NMR）波谱法是一种基于核磁共振现象的分析技术，主要用于测定分子结构和化学成分。通过核磁共振谱上的共振信号位置，可以反映样品分子的局部结构，如官能团等。常用的有核磁共振 H 谱、C 谱、B 谱与 Si 谱等，通过相应谱图能够得到样品分子中 H、C、B、Si 等的种类、杂化类型等。其基本原理如下。

① 原子核的自旋　某些原子核具有自旋性质，当置于外加磁场中时，这些自旋核会与磁场相互作用，产生能级分裂，形成不同的量子化能级。

② 共振吸收　当外界提供的射频辐射频率恰好等于能级间的能量差时，原子核会吸收射频能量，从低能级跃迁到高能级，这种现象称为核磁共振。

③ 弛豫过程　激发态的原子核通过弛豫过程回到基态，弛豫过程分为纵向弛豫（T1）和横向弛豫（T2），它们分别描述了原子核与周围环境和同类原子核之间的能量交换过程。

④ 化学位移　由于原子核周围电子云的屏蔽效应，不同化学环境中的原子核会在不同的频率下发生共振，这种现象称为化学位移，它提供了关于分子结构的重要信息。

⑤ 耦合常数　相邻原子核之间的相互作用会导致共振峰的分裂，这种分裂的间距称为耦合常数，它提供了关于原子核之间连接关系的信息。

4.1.1.2 在水凝胶中的应用范围

（1）水凝胶的结构表征

NMR 可以提供水凝胶中聚合物网络的结构信息，包括交联密度、聚合物链的构象和分子间相互作用等。例如，通过测量水凝胶中水分子的弛豫时间（T1 和 T2），可以了解水分子在凝胶网络中的运动状态，从而推断凝胶的交联程度和网络结构的紧密度。

（2）水凝胶的动力学研究

NMR 技术可以用于研究水凝胶的动力学过程，如凝胶化过程、溶胀和收缩过程等。例如，变温核磁共振技术可以跟踪水凝胶体系在不同温度下的凝胶化过程，通过观察化学位移的变化来揭示凝胶化的机理。

（3）水凝胶中的分子扩散研究

脉冲场梯度（PFG）NMR 技术可以测量水凝胶中水分子的自扩散系数，从而了解水分子在凝胶中的迁移率和分布情况。这对于研究水凝胶的渗透性、药物释放动力学等具有重要意义。

（4）水凝胶的成分分析

NMR 可以用于分析水凝胶中的化学成分，包括聚合物的组成、添加剂的存在和含量等。例如，通过 ^{1}H-NMR 和 ^{13}C-NMR 谱图，可以确定水凝胶中聚合物的化学结构和组成比例。

（5）水凝胶的相互作用研究

NMR 技术可以研究水凝胶与其他物质（如药物分子、生物分子等）之间的相互作用。例如，通过饱和传递差（STD）NMR 实验，可以研究药物分子与水凝胶基质之间的相互作用，这对于设计药物递送系统具有重要价值。

（6）水凝胶的微观结构研究

高分辨率魔角旋转（HR-MAS）NMR 技术可以提供水凝胶微观结构的信息，包括聚合物纤维的结构和成分等。

4.1.2 傅里叶变换红外（FT-IR）光谱

4.1.2.1 基本原理

傅里叶变换红外（Fourier transform infrared，FT-IR）光谱法是基于分子中成键原子的振动和转动能级跃迁时吸收特定波长的红外光而产生的吸收光谱。主要用于结构分析、定性鉴别及定量分析，被广泛应用于化学、材料科学、生物医学等领域的分析。

FT-IR 的基本原理是基于分子振动光谱学，当分子围绕其原子核振动时，会在红外光谱的不同频率区域吸收一定量的能量。由于不同的化学键（如 $C=O$、$O-H$、$N-H$ 等）在特定的波数范围内有特定的振动频率，因此可以通过 FT-IR 来识别分子中存在的化学键及其组合方式。对于水凝胶来说，通过 FT-IR 可以确定聚合物链中的官能团，从而推断其化学组成。

FT-IR 光谱仪光源发出的红外光经过分束器后分为两束，形成一定的光程差后再复合产生干涉光。干涉光通过样品后被探测器接收并转换为电信号，这些信号再经过计算机的傅里叶变换处理，通过检测透过样品的红外辐射强度，可以获得样品的红外吸收光谱，进而确定样品中存在的官能团及其相互作用。FT-IR 光谱可以通过多种模式进行测量，包括透射、漫反射和衰减全反射（attenuated total reflection，ATR）。ATR 模式特别适用于水凝胶，因为它不需要复杂的样品制备过程，可以直接测量固体或液体样品。

（1）解析 FT-IR 谱图确定化合物结构

在解析红外光谱时，需要关注吸收峰的位置、强度、形状和宽度、数量等。吸收峰的位置是红外吸收最重要的特点，但在鉴定化合物分子结构时，应将吸收峰的位置辅以吸收峰强度、峰形和数量综合分析。每种有机化合物均显示若干吸收峰，对大量红外图谱中各吸收峰强度相互比较，归纳出各种官能团红外吸收强度的变化范围。对于任何有机化合物的红外光谱，均存在红外吸收的伸缩振动和多种弯曲振动。因此，每一个化合物的官能团的红外光谱图在不同区域显示一组相关吸收峰。只有当几处相关吸收峰得到确认时，才能确定该官能团的存在。

① 峰的位置（波数）　吸收峰出现的位置（以波数表示，即单位厘米的周期数，cm^{-1}）可以指示不同类型的化学键或官能团，即不同类型的化学键和官能团在特定的波数区域有特征吸收。

② 峰的强度　吸收峰的强度与被分析分子中特定化学键的数量成正比。强度较高的

吸收峰通常表示样品中含有较多的该化学键。例如，在羰基化合物中，C≕O 键的吸收峰强度大，表明羰基的浓度较高。

③ 峰的形状和宽度　尖锐的峰通常表示样品中存在纯度较高的化合物，因为单一化合物的特定化学键吸收峰通常比较尖锐且明确。宽峰可能表示样品中含有的化合物较为复杂或是混合物，因为多种化合物的重叠吸收会导致峰值变宽。例如，氢键存在会使 O—H 伸缩振动峰变宽。

④ 峰的数量　峰的数量可以反映出样品的复杂性。多个峰可能表示样品中含有多种化学键或官能团。例如，在含有多个官能团的有机化合物中，FT-IR 谱图会显示出多个特征吸收峰。

（2）影响峰位置和强度的因素

① 诱导效应　吸电子基团的诱导效应，使吸收峰向高波数方向移动。

② 共轭效应　不饱和基团的共轭效应，使吸收峰向低波数方向移动。

③ 氢键　氢键的形成使键力常数 K 减小，吸收峰向低波数偏移。分子内氢键不受浓度影响，分子间氢键受浓度影响。

④ 溶剂效应　极性基团的伸缩振动频率通常随溶剂极性的增加而降低。溶液红外光谱通常需要在非极性溶剂中测量。

⑤ 物质状态　通常，物质由固态向气态变化，其波数将增加。如丙酮：液态 C≕O 吸收峰为 $1718cm^{-1}$；气态 C≕O 吸收峰为 $1742cm^{-1}$。

表 4-1 是水凝胶中常见的化学键或官能团对应的红外吸收峰。

表 4-1　常见的化学键或官能团对应的红外吸收峰

有机物	化学键/官能团	吸收峰位置/cm^{-1}	意义
烷烃	C—H	3000～2850	伸缩振动
		1465～1340	弯曲振动
烯烃	C—H	3100～3010	伸缩振动
		1000～675	面外弯曲振动
	C≕C	1675～1640	伸缩振动
炔烃	C—H	3300 附近	伸缩振动
	C≡C	2250～2100	伸缩振动
芳烃	芳环上 C—H	3100～3000	伸缩振动
	骨架 C≕C	1600～1450	伸缩振动
	C—H	880～680	面外弯曲振动
芳香化合物		1600、1580、1500、1450	强度不等的 4 个峰
醇和酚	O—H	3650～3600	伸缩振动，尖锐峰
		3500～3200	氢键伸缩振动，宽峰
	C—O	769～659	面外弯曲振动
		1300～1000	伸缩振动
醚	C—O	1300～1000	伸缩振动（特征峰）
		1150～1060	脂肪醚，强峰
	Ar—O	1270～1230	伸缩振动
	R—O	1050～1000	伸缩振动，芳香醚

有机物	化学键/官能团	吸收峰位置/cm^{-1}	意义
醛和酮	C＝O	1750～1700	醛基伸缩振动
	C—H	2820,2720	醛基伸缩振动
	C＝O	1715	酮基伸缩振动
羧酸	O—H	3300～2500	伸缩振动,宽且强
	C＝O	1720～1706	伸缩振动
	C—O	1320～1210	伸缩振动
	O—H	920	羧酸二聚体成键的O—H面外弯曲振动
酯	C＝O	1750～1735	饱和脂肪族酯(除甲酸酯外)
	C—C(＝O)—O	1210～1163	强吸收峰
胺	N—H	3500～3100	伸缩振动
	C—N	1350～1000	伸缩振动
酰胺	N—H	3500～3100	伸缩振动
	C＝O	1680～1630	伸缩振动
	N—H	1655～1590	弯曲振动
	C—N	1420～1400	伸缩振动

4.1.2.2　在水凝胶研究中的应用范围

（1）化学组成分析

FT-IR可以用于确定水凝胶中的化学成分，例如聚合物的种类、交联剂的存在以及可能的添加剂。通过分析特定的吸收峰，可以识别出水凝胶中的各种官能团，如羟基、羧基、酰胺基团等。

（2）结构研究

FT-IR能够提供关于水凝胶分子结构的信息，包括聚合物链的构象、交联程度以及分子间相互作用的类型。例如，通过分析吸收峰的位置和强度，可以推断出水凝胶中氢键的形成情况。

（3）药物释放研究

在药物递送系统中，水凝胶常被用作载体。FT-IR可以用来研究药物与水凝胶之间的相互作用，以及药物在水凝胶中的分布情况。这对于优化药物递送系统的设计具有重要意义。

（4）环境响应性研究

某些水凝胶具有环境响应性，能够根据环境条件（如温度、pH值等）改变其物理化学性质。FT-IR可以用于研究水凝胶在不同环境条件下的结构变化，从而深入理解其响应机制。

（5）生物相容性研究

在生物医学应用中，水凝胶的生物相容性是一个关键问题。FT-IR可以用于评估水凝胶与生物分子（如蛋白质、细胞等）之间的相互作用，从而预测其生物相容性。

（6）微观动力学研究

FT-IR结合其他技术（如动态流变测试）可以用于研究水凝胶在不同条件下的微观动

力学行为，例如在加热过程中分子链的运动和水凝胶网络的破坏过程。

4.1.3 拉曼光谱

4.1.3.1 基本原理

拉曼光谱（Raman spectroscopy）是基于印度科学家 C. V. 拉曼发现的拉曼散射效应，对与入射光频率不同的散射光谱进行分析以获得分子振动、转动等方面的信息，并应用于分子结构研究。

（1）物理机制

① 非弹性散射　拉曼光谱是一种散射光谱技术，其核心原理在于非弹性散射。当单色光（通常是激光）照射到样品上时，大部分光会按照光的直线传播定律发生透射或反射，而一小部分光则会发生散射。这些散射光可以分为两类。

a. 瑞利散射　这是一种弹性散射，散射光的频率与入射光相同，只是方向可能有所改变。这是因为光子与分子之间没有能量交换，光子的能量保持不变。

b. 拉曼散射　这是一种非弹性散射，散射光的频率与入射光不同。这是因为光子与分子之间发生了能量交换，改变了光子的能量。而拉曼散射又可分为斯托克斯过程和反斯托克斯过程。

② 虚拟能级　在解释拉曼散射时，常常引入虚拟能级的概念。虚拟能级并不是真实存在的能级，而是为了方便理解非弹性散射过程而假设的一个中间状态。具体过程如下。

a. 初始状态　分子处于基态（最低能量状态）。

b. 激发到虚态　入射光子与分子相互作用，分子吸收光子能量，瞬时激发到一个不稳定的高能态，这个高能态被称为虚态。虚态不是一个真实的物理能级，而是一个理论上的概念，用来描述分子在短时间内吸收了多余能量的状态。

c. 返回到新的能态　分子从虚态迅速衰减，回到一个较低的新能态，并在此过程中发射一个新的光子。新光子的能量与初态和终态的能量差有关，因此其频率不同于入射光子的频率。

分子返回到新的能态的过程有两种：斯托克斯过程和反斯托克斯过程。斯托克斯过程是光子在散射过程中将一部分能量转移给了分子，使分子从虚态跃迁到一个更高能量的振动态，散射光的频率低于入射光频率，散射光子的能量降低，频率减少。反斯托克斯过程是光子在散射过程中从分子获得了能量，使分子从虚态跃迁到一个更低能量的振动态，散射光的频率高于入射光频率，散射光子的能量增加，频率升高。

在常温下，由于反斯托克斯散射的强度远弱于斯托克斯散射，因此通常所说的拉曼光谱主要指的是斯托克斯散射光谱。

（2）拉曼散射的数学描述

拉曼光谱的频率变化（即拉曼位移）与入射光的频率无关，而只与其自身的分子结构相关，即与物质分子的振动能级差有关，因此，不同物质分子具有独特的拉曼光谱特征，就像人类的指纹一样，可以用来进行物质的定性和定量分析。此外，拉曼光谱还具有谱带清晰、分辨率高、测量范围广等优点，使得其在多个领域得到了广泛应用。拉曼位移（$\Delta\nu$）是指入射光频率 ν 和散射光频率 ν_0 之差，通常用波数（cm^{-1}）进行表示。例如，入射光波长为 λ，散射光波长为 λ_0，则拉曼位移计算如下：

$$\Delta\nu = \nu - \nu_0 = \frac{1}{\lambda} - \frac{1}{\lambda_0} \tag{4-1}$$

式中　$\Delta\nu$——拉曼位移，cm^{-1}；

　　　ν——入射光频率，Hz；

　　　ν_0——散射光频率，Hz；

　　　λ——入射光波长，cm；

　　　λ_0——散射光波长，cm。

拉曼位移的范围可以从 $100cm^{-1}$ 到 $4000cm^{-1}$。拉曼位移与入射光频率无关，仅依赖于散射过程中分子的振动或转动模式。

（3）振动和转动模式

在拉曼散射过程中，分子的振动模式涉及分子内部原子之间的相对运动。这些振动模式可以分为两大类：伸缩振动和弯曲振动。

① 伸缩振动　伸缩振动指的是化学键两端原子沿着键轴方向的相互靠近或远离。这类振动又可分为对称伸缩振动和不对称伸缩振动。

a. 对称伸缩振动　分子中原子以相同相位沿键轴方向振动，使得分子的总偶极矩没有发生变化。例如，在 CO_2 分子中，两个碳氧键同时以相同频率伸长或缩短。

b. 不对称伸缩振动　分子中原子以不同相位沿键轴方向振动，导致分子的总偶极矩发生变化。例如，在 NO 分子中，氮原子和氧原子以不同的幅度和相位振动。

② 弯曲振动　弯曲振动涉及分子中键角的变化，即原子围绕化学键的垂直轴进行的运动。常见的弯曲振动类型包括剪式振动、扭曲振动和平面外弯曲振动。

a. 剪式振动　类似于剪刀开合的运动，两个原子围绕第三个原子在同一平面内做相对运动。例如，在水分子中，两个氢原子相对于氧原子在同一平面内的角度变化。

b. 扭曲振动　原子围绕化学键轴旋转，导致分子的空间构型发生改变。例如，在 C_2H_6 分子中，两个甲基（—CH_3）基团围绕中间的碳碳键轴旋转。

c. 平面外弯曲振动　原子在垂直于分子主轴的方向上振动，导致分子的平面结构发生变形。例如，在 NH_3 分子中，氮原子在氢原子形成的平面上下方振动。

拉曼散射中分子的转动模式与其整体在空间中的定向有关，通常分为三种基本类型的转动：绕主轴的转动、绕次轴的转动以及绕其他对称轴的转动。

① 绕主轴的转动　分子绕其最长轴（主轴）的转动是最常见的一种转动模式。这种转动会导致分子的角动量发生变化，并在拉曼光谱中体现为不同转动级别的跃迁。例如，对于线型分子如 CO_2，绕其主轴的转动不会引起拉曼活性，但在非线型分子如水中，这种转动会产生可观的拉曼信号。

② 绕次轴的转动　分子绕其较短的次轴的转动也会引起拉曼散射信号的变化。这种转动通常涉及分子内部较小部分的相对运动，常见的是侧链绕主链的转动。例如，在乙醇（C_2H_5OH）分子中，羟基（—OH）绕着与主链相连的碳原子的转动。

③ 绕其他对称轴的转动　对于具有多个对称轴的分子，绕这些对称轴的转动也是可能的。这种转动模式在高度对称的分子中尤为重要，例如在 C_6H_6 分子中，碳原子和氢原子组成的平面可以绕各种对称轴进行转动。

在拉曼散射中，分子的振动和转动模式并不是完全独立的，而是相互关联、相互影响的。这种相互作用体现在以下几个方面。

① 振动-转动耦合　在一些情况下，分子的振动会伴随着转动，形成振动-转动能级。这在拉曼光谱中表现为复杂的谱线结构，例如在振动过程中伴随的转动跃迁会导致谱线分裂或展宽。

② 选择定则　拉曼散射的选择定则不仅适用于单纯的振动或转动跃迁，还包括振动-转动联合跃迁。例如，$\Delta J = \pm 2$ 的转动跃迁常常伴随着振动跃迁一起发生，形成所谓的 S 支、Q 支和 O 支谱线。

③ 拉曼位移　振动模式的拉曼位移受到转动的影响，反之亦然。例如，不同转动级别的同一振动模式可能会表现出略微不同的拉曼位移，这是因为转动增加了分子的总能量，进而影响了振动能量的分布。

分子能级的跃迁仅涉及转动能级，发射的是小拉曼光谱；涉及振动-转动能级，发射的是大拉曼光谱。拉曼光谱的强度通常只有瑞利散射线的 10^{-3}，而瑞利散射线的强度也只有入射光强度的 10^{-3}。与分子红外光谱不同，极性分子和非极性分子都能产生拉曼光谱。拉曼光谱的特征峰位置与分子内部的原子质量和化学键常数密切相关。通过对这些峰的分析，可以获得分子内部详细的振动和转动模式信息。例如，在有机分子中常见的 C—C、C—H、O—H 键会在特定的拉曼位移处产生特征峰，从而帮助识别分子结构。

4.1.3.2　在水凝胶研究中的应用范围

（1）成分分析

拉曼光谱可以提供水凝胶中各种化学成分的信息，包括聚合物的种类、交联剂的类型以及可能存在的杂质等。通过分析拉曼光谱中的特征峰，可以确定水凝胶的化学组成，这对于研究水凝胶的性质和应用具有重要意义。

（2）结构研究

拉曼光谱可以揭示水凝胶的分子结构，包括聚合物链的构象、交联网络的密度和均匀性等。这些信息对于理解水凝胶的物理和化学性质，如溶胀性、机械强度和生物相容性等至关重要。

（3）药物释放研究

在药物输送应用中，水凝胶作为载体需要具备合适的药物释放性能。拉曼光谱可以用来研究药物在水凝胶中的分布和释放机制，通过监测药物分子的特征拉曼峰，可以了解药物在水凝胶中的存在状态和释放速率，这对于优化药物输送系统具有重要价值。

（4）生物相容性研究

水凝胶在生物医学领域的应用方面需要具备良好的生物相容性。拉曼光谱可以用来研究水凝胶与生物分子或细胞的相互作用，通过分析生物分子在水凝胶表面或内部的拉曼信号，可以评估水凝胶的生物相容性，这对于开发安全有效的生物医学应用至关重要。

（5）环境响应性研究

一些水凝胶具有环境响应性，能够根据外界环境的变化（如温度、pH值等）改变其物理或化学性质。拉曼光谱可以用来研究水凝胶在不同环境条件下的结构变化，通过分析拉曼光谱的变化，可以了解水凝胶的环境响应机制，这对于开发智能水凝胶材料具有重要意义。

（6）组织工程应用

在组织工程中，水凝胶被用作细胞生长的支架。拉曼光谱可以用来研究细胞在水凝胶支架上的生长和分化情况，通过分析细胞相关分子的拉曼信号，可以评估水凝胶支架对细胞行为的影响，这对于组织工程的发展具有重要价值。

（7）伤口愈合研究

水凝胶在伤口愈合方面有广泛的应用。拉曼光谱可以用来研究水凝胶在伤口愈合过程中的作用，通过分析伤口组织和水凝胶的拉曼信号，可以了解水凝胶对伤口愈合的影响，这对于开发高效的伤口愈合材料具有重要意义。

（8）药物筛选和评价

在药物研发过程中，拉曼光谱可以用来筛选和评价药物的效果。通过分析药物与水凝胶相互作用的拉曼信号，可以评估药物的活性和安全性，这对于药物的筛选和评价具有重要价值。

（9）生物传感器开发

水凝胶可以用于开发生物传感器。拉曼光谱可以用来研究生物传感器的性能，通过分析生物分子与水凝胶相互作用的拉曼信号，可以优化生物传感器的设计，这对于开发高灵敏度和高选择性的生物传感器具有重要意义。

（10）纳米技术应用

随着纳米技术的发展，纳米材料复合水凝胶系统由于其独特的性能，如生物相容性和可调的力学性能，已成为一类有前途的材料，可用于各种生物医学应用。拉曼光谱可以用来研究纳米材料在水凝胶中的分布和作用，通过分析纳米材料的拉曼信号，可以评估纳米材料复合水凝胶系统的性能，这对于开发新型生物医学材料具有重要意义。

4.1.4 质谱（MS）

4.1.4.1 基本原理

质谱（mass spectrometry，MS）是一种测量离子质荷比（质量-电荷比，m/z）的分析方法。试样中各组分在离子源中发生电离，生成不同荷质比的带电荷的离子，经加速电场的作用，形成离子束，进入质量分析器，利用电场和磁场使发生相反的速度色散，将它们分别聚焦而得到质谱图，从而确定其质量。其基本原理涉及样品的离子化、离子的加速和分离，以及最终的检测和数据分析。

样品离子化是指样品分子在离子源中被转化为气态带电离子。这个过程可以通过多种方式实现，如电子轰击（EI）、化学电离（CI）、电喷雾电离（ESI）和基质辅助激光解吸电离（MALDI）等。

离子加速和聚焦是指生成的离子通过加速电场的作用，形成离子束，并通过聚焦装置使其汇聚。

离子分离是指加速后的离子束进入质量分析器，常见的质量分析器有单聚焦、双聚集、四级杆、飞行时间（TOF）、离子阱等。质量分析器利用电磁场（包括磁场、磁场和电场的组合、高频电场、高频脉冲电场等）的作用将不同质荷比（m/z）的离子束按空间位置、时间先后或运动轨道稳定与否等形式进行分离。例如，在单聚焦质谱仪中，离子在磁场中做弧形运动，此时离子所受到的向心力（$F_{向心力}=Bzv$）和运动离心力（$F_{离心力}=\dfrac{mv^2}{R}$）相等，即 $Bzv=\dfrac{mv^2}{R}$，由此可得离子束质荷比（m/z）与运动轨道曲线半径 R 的关系：$\dfrac{m}{z}=\dfrac{B^2R^2}{2U}$。若加速电压（$U$）和磁场强度（$B$）保持不变，则不同质荷比（$m/z$）的离子，由于运动的曲线半径不同，在质量分析器中彼此分开。

离子检测是指分离后的离子依次进入离子检测器，采集放大离子信号，并将检测到的信号转换为数字数据，最终形成质谱图。质谱图通常以质荷比（m/z）为横轴，离子强度（或丰度）为纵轴。常见的检测器包括电子倍增管、离子计数器、感应电荷检测器和法拉第收集器等。

质谱分析是指通过分析谱图上的 m/z 值和信号强度，鉴定分子的质量以及计算其相对丰度，从而识别未知化合物或测定样品中已知化合物的浓度。利用专门的软件和数据库，识别质子峰或分子离子峰，或对化学离子源进行碎片分析，推测化合物的结构，进行物质的定性分析。还可以利用标准曲线或内外标法进行目标化合物的定量分析。质谱分析数据的解释是理解样品组成和结构的关键步骤，主要包括以下方面。

① 质谱图解读　质谱图是以离子的质荷比（m/z）为横坐标，离子的相对丰度为纵坐标的图像。通过质谱图，可以直观地展示样品中离子的分布。

② 质量数　质量数是质谱中的关键数据，表示离子的质量与电荷比值。通过质量数，可以判断离子的组成和结构。

③ 相对丰度　相对丰度是离子在质谱图中的峰高，表示该离子在样品中的相对含量。相对丰度可以用来比较不同离子的相对量。

④ 分子离子峰　分子离子峰是质谱图中代表分子离子（未发生碎裂的分子）的峰。分子离子峰的质量数等于目标分子的分子量，通常用于确定分子的分子量。

⑤ 碎片离子峰　碎片离子峰是质谱图中代表样品分子发生碎裂后产生的各种离子的峰。通过碎片离子峰的质量数及其相对丰度，可以推断分子的结构和组成。

⑥ 同位素峰　由于元素同位素的存在，质谱图中通常会观察到相近质量数的同位素峰。同位素峰的分布有助于确认目标离子的组成。

⑦ 质谱仪参数　质谱仪的工作参数，如离子源类型、加速电压、碰撞能量、质量分辨率等，对质谱数据的准确性和可靠性具有重要影响。

⑧ 质谱数据库　质谱数据库是质谱数据的重要资源，包括已知化合物的质谱图、质

量数、碎片离子信息等。通过与质谱数据库进行比对，可以辅助识别未知样品的组成和结构。

4.1.4.2 在水凝胶研究中的应用范围

（1）成分分析

在水凝胶的制备过程中，质谱可用于分析其组成成分的确切质量和化学结构。例如，通过 MALDI-TOF 质谱可以确定肽段或聚合物的分子量及其分布情况，确保水凝胶的组成符合预期设计。

（2）交联程度和结构表征

质谱技术可以帮助了解水凝胶内部的交联程度和结构细节。通过分析交联前后聚合物的变化，可以获得关于交联机制的重要信息，进而优化水凝胶的制备工艺。

（3）药物负载和释放动力学

在药物传输应用中，质谱可以用来监测水凝胶中药物的负载效率和释放动力学。通过对不同时间点释放的介质中药物含量的测定，建立药物释放曲线，评估水凝胶作为药物载体的效果。

（4）环境影响下的稳定性

质谱也可用于研究外界环境（如 pH 值、温度）变化对水凝胶稳定性的影响。通过观察环境变化下水凝胶成分的质谱变化，判断其在特定条件下的稳定性和可靠性。

4.1.5　X 射线衍射（XRD）

X 射线衍射（X-ray diffraction，XRD）是一种利用 X 射线在物质内部的衍射现象来分析物质结构的技术。这种技术基于 X 射线与物质中原子相互作用产生的衍射图案，可以揭示物质内部原子的排布方式，对水凝胶设计中前驱体聚合物的晶体结构或负载的纳米粒子等进行晶体结构的分析。

4.1.5.1 基本原理

X 射线衍射的基本原理涉及布拉格方程、运动学衍射理论、动力学衍射理论等。

（1）X 射线的性质

X 射线是一种波长很短（为 $0.06\sim20\text{Å}$，$1\text{Å}=10^{-10}\text{m}$）的电磁波，具有很高的能量和穿透力，能穿透一定厚度的物质，并能使荧光物质发光，照相乳胶感光，气体电离。X 射线是由高速运动的电子流或其他高能辐射流（γ 射线、中子流等）与其他物质发生碰撞时骤然减速，且与该物质中的内层原子相互作用而产生的。在高能电子束轰击金属"靶"材时会产生 X 射线，不同的靶材，因为其原子序数不同，外层的电子排布也不一样，所以产生的特征 X 射线波长不同。X 射线的波动特性和晶体材料的周期性结构之间的相互作用构成了 X 射线衍射的基础。

（2）X射线衍射实质

当一束单色X射线（即波长单一的X射线）入射到样品上时，样品中的原子会在X射线的作用下被迫做周期性的运动，从而会以原子球为单位对外发射次生波，该波的频率与入射X射线一致，这个过程被称为X射线的散射。原子在空间上呈周期性的规律排布，这些散射球面波之间存在着固定的位向关系，会在空间产生干涉，结果导致在某些散射方向的球面波相互加强，而在某些方向上相互抵消，从而出现衍射现象。因此，X射线衍射实质就是大量原子散射波在空间上相互干涉的结果。

对于晶体材料，其原子排布在三维空间上长程有序，晶体由原子规则排列成的晶胞组成，这些原子间距离与入射X射线波长有相同数量级（几十到几百皮米）。当一束单色X射线入射到晶体时，不同原子散射的X射线相互干涉，在某些特殊方向上产生强X射线衍射，形成晶体特有的衍射花样。一个衍射花样包括衍射线在空间的分布规律和衍射线强度两个部分。衍射线在空间的分布规律由晶胞的大小、形状和位向决定；衍射线束的强度则取决于原子的种类和它们在晶胞中的位置。衍射线在空间分布的方位和强度，与晶体结构密切相关，每种晶体所产生的衍射花样都反映出该晶体内部的原子分布规律。

对于非晶体材料，其结构不存在晶体结构中原子排列的长程有序，只是在几个原子范围内存在着短程有序，故非晶体材料的XRD图谱为一些漫散射馒头峰。

（3）布拉格方程

布拉格方程是描述X射线衍射现象的核心公式，是X射线衍射分析的根本依据，数学表达式如下：

$$2d\sin\theta = n\lambda \tag{4-2}$$

式中　d——晶面间距（晶格平面之间的距离），nm；

θ——布拉格角（入射X射线与晶面之间的夹角），（°）；

n——衍射级次（自然数1、2、3等）；

λ——X射线的波长，nm。

布拉格方程描述了X射线在晶体中发生衍射的条件，照射到晶体上的X射线只有满足该公式的特定角度才产生衍射峰，X射线在晶体中的衍射行为是由晶面间距和波长共同决定的。这些峰的位置和强度与晶体的内部结构密切相关。布拉格方程提供了计算这些衍射峰角度的方法，从而揭示了晶体中原子的排布情况。

① 测定晶面间距　通过调整入射X射线的角度θ并检测衍射峰的位置，利用布拉格方程确定晶面间距d。具体步骤如下。

a. 选择合适波长的X射线源　根据待测晶体的大致晶面间距选择合适的X射线波长λ。常用的X射线源有Cu-K$_\alpha$（波长为1.54Å）和Mo-K$_\alpha$（波长为0.71Å）等。

b. 测量衍射角　使用X射线衍射仪（XRD）测量不同衍射峰对应的衍射角2θ。衍射仪通常配备有步进电机和角度编码器，可以精确控制和读取角度。

c. 计算晶面间距　根据测得的衍射角和已知的X射线波长，代入布拉格方程计算晶面间距d。例如，对于一级衍射（$n=1$），晶面间距d计算公式为：

$$d = \frac{n\lambda}{2\sin\theta} \tag{4-3}$$

② 衍射峰的标定　在 X 射线衍射图谱中，不同的晶面对应着不同的衍射峰。通过对衍射峰的标定，可以确定晶面指数 (hkl)。具体做法如下。

a. 测量衍射峰位置　记录衍射图谱中各衍射峰的位置，即对应的衍射角 2θ。

b. 计算晶面间距　利用布拉格方程计算各衍射峰对应的晶面间距 d_{hkl}。

c. 确定晶面指数　结合晶系和晶胞参数，通过比较计算的晶面间距与标准数据，确定各衍射峰对应的晶面指数 (hkl)。例如，在立方晶系中，晶面间距 d_{hkl} 与晶胞参数 a 的关系为：

$$d_{hkl} = \frac{a}{\sqrt{h^2 + k^2 + l^2}} \tag{4-4}$$

③ 晶体结构分析　通过布拉格方程，不仅可以测定晶面间距，还可以进一步分析晶体的结构。

a. 确定晶胞参数　通过测量一系列衍射峰的晶面间距，结合晶面指数 (hkl)，可以解出晶胞参数（a、b、c、α、β、γ）。

b. 识别晶系　根据晶面间距和晶面指数的对应关系，判断晶体所属的晶系（如立方、六方、四方等）。

c. 定量物相分析　通过比较不同物相的标准 PDF 卡片数据与实验数据，确定样品中各物相的含量。

④ 材料表征　布拉格方程在材料科学中也有广泛应用。

a. 应力测量　通过测量衍射峰的位移，可以计算材料内部的残余应力。

b. 织构分析　通过分析衍射峰的强度分布，可以获得材料的择优取向信息。

c. 纳米材料表征　利用谢乐公式（Scherrer equation）估算晶粒大小，进一步了解纳米材料的微观结构。

（4）衍射强度 I

X 射线衍射的衍射强度是指 X 射线照射到晶体后，散射波在特定方向上的强度。通过分析衍射图案中峰的位置和强度，可以获得关于晶体结构的详细信息，这些是分析晶体结构的关键参数。影响 X 射线衍射强度的主要因素如下。

① 原子种类和位置　衍射强度与晶胞中原子的种类、数量和位置有关。不同种类的原子对 X 射线的散射能力不同，原子在晶胞中的位置也会影响衍射强度。

② 晶胞参数　晶胞的大小和形状（由晶胞参数 a、b、c、α、β、γ 规定）会影响衍射峰的位置和强度。布拉格方程描述了晶面间距 d、入射角 θ、衍射级数 n 和 X 射线波长 λ 之间的关系，晶胞参数的变化会导致衍射峰位置的移动。

a. 温度因子　反映了原子热振动对衍射强度的影响。随着温度升高，原子热振动加剧，衍射强度会降低。

b. 吸收因子　考虑了 X 射线在样品中的吸收情况。样品对 X 射线的吸收会导致衍射强度的衰减，吸收因子与样品的厚度、密度和 X 射线的波长有关。

c. 洛伦兹偏振因子　是对由几何排列和偏振效应引起的衍射强度变化的一种校正因子。它与衍射角 θ、样品的转速 ω 等因素有关。

d. 结构因子　描述了晶胞中各个原子对衍射的贡献，取决于原子的位置和种类。结构因子越大，衍射强度越高。

e. 择优取向　在多晶样品中，如果晶粒存在择优取向，即某些晶面方向与样品表面平行的概率较大，那么这些晶面的衍射强度会增强，而其他晶面的衍射强度则相对较弱。

f. 样品的结晶度　样品的结晶度越高，衍射峰越尖锐，强度也越高。反之，结晶度越低，衍射峰越宽，强度越低。

g. 仪器参数　X射线衍射仪的参数设置，如X射线的波长、强度、狭缝宽度等，也会影响衍射强度的测量结果。

在实际应用中，通过测量不同角度下的衍射强度，可以确定晶体的晶格常数、原子间距等信息，进而解析晶体的结构。衍射强度的分析在材料科学、化学、生物学等领域有着广泛的应用，例如确定化合物的晶体结构、验证合成产物的纯度、研究固体物理性质（如相变、超导等）以及解析生物大分子（如蛋白质、DNA）的三维结构等。

4.1.5.2　在水凝胶研究中的应用范围

（1）结晶度和结构表征

XRD图谱能够提供详细的晶体结构信息，帮助了解水凝胶内部的有序程度和晶相结构。通过分析衍射峰的位置和强度，可以判断水凝胶聚合物链的结晶度和晶畴尺寸，这对于理解水凝胶的物理和化学性质至关重要。

（2）组分和纯度分析

XRD图谱可用于确认水凝胶中各组分的存在形式和纯度。通过比较样品的衍射图谱与标准物质的图谱，可以识别掺杂剂或副产物的存在。

（3）形貌和织构分析

水凝胶的形貌对其功能至关重要。广角X射线散射（WAXS）可以提供关于水凝胶内部结构的信息，如聚合物链的取向和有序程度。例如，通过对高强韧离子导电水凝胶进行WAXS测试，发现随着拉伸比的增大，聚合物链的取向度提高，导致水凝胶的力学性能显著增强。

（4）环境条件的影响

XRD图谱可用于研究外界条件（如温度、湿度）对水凝胶结构的影响。例如，温度变化可能导致水凝胶的晶型转变或溶胀行为改变，这些都可以通过XRD监测。

（5）药物释放和缓释机制

XRD可以帮助理解药物在水凝胶中的分布和释放机制，通过分析药物与水凝胶基质的相互作用来优化药物缓释系统的设计。

（6）温敏和可逆水凝胶

XRD可以用来研究温敏水凝胶在不同温度下的晶型变化，帮助理解其可逆机制。

（7）导电水凝胶

对于导电水凝胶，XRD可以揭示导电填料（如纳米银、石墨烯）在水凝胶基质中的分散和结晶情况，这对理解其导电机理非常重要。

4.1.6 凝胶渗透色谱（GPC）

凝胶渗透色谱（gel permeation chromatography，GPC）是一种高效的分离技术，主要用于分离和分析高分子化合物。GPC不仅可以用于小分子物质的分离和鉴定，还可以用于分析化学性质相同但分子体积不同的高分子同系物（聚合物）。

4.1.6.1 基本原理

GPC的分离原理基于体积排除机制。利用高度多孔性的、非离子型的凝胶小球将溶液中分散的聚合物逐级分开，配合分子量检测器使用即可得到分子量分布，最终实现对水凝胶设计中前驱体聚合物分子量及其分布或聚合物的支化度、共聚物及共混物的组成等进行分析。

凝胶作为一种化学惰性物质，不具备吸附、分配和离子交换作用。在GPC中，被分析的高聚物溶液会通过一根内装不同孔径的色谱柱，柱中可供分子通行的路径有粒子间的间隙（较大）和粒子内的通孔（较小）。当聚合物溶液流经色谱柱（凝胶颗粒）时，大分子（体积大于凝胶孔隙）被排除在粒子的小孔之外，只能从粒子间的间隙通过，速率较快；小分子可以进入粒子中的小孔，通过的速率要慢得多；中等体积的分子可以渗入较大的孔隙，但受到较小孔隙的排阻，介于上述两种情况之间。经过一定长度的色谱柱，分子根据分子量被分开，分子量大的在前面（即淋洗时间短），分子量小的在后面（即淋洗时间长）。自试样进柱直到被淋洗出来，所接受到的淋出液总体积称为该试样的淋出体积。当仪器和实验条件确定后，溶质的淋出体积与其分子量有关，分子量越大，其淋出体积越小。

（1）体积排除

体积排除是最主要的分离机制。大分子由于无法进入凝胶孔隙，只能在颗粒间隙中流动，因此最先被洗脱出来。小分子可以进入凝胶孔隙，经历更多的路径，因此被滞留的时间更长，最后被洗脱出来。

（2）限制性扩散

限制性扩散是指分子在凝胶孔内的扩散行为。由于孔径有限，分子在孔内的扩散会受到限制，这也导致了不同程度的分子滞留。

（3）流动分离

流动分离是指由于孔隙内外的流动速度不同而导致的分子分离。大分子在孔外流动速度快，小分子在孔内流动速度慢，这进一步加剧了分子的分离。

（4）校正原理

为了准确测定分子量，需要建立一条校正曲线。该校正曲线通过使用已知分子量的单分散标准聚合物预先做出一条淋洗体积或淋洗时间和分子量的关系曲线。在相同的测试条件下，做一系列的GPC标准谱图，对应不同分子量样品的保留时间，以$\lg M$对t作图，所得曲线即校正曲线。通过校正曲线，可以计算各种所需的分子量与分子量分布的信息。

普适校正原理：由于 GPC 对聚合物的分离是基于分子流体力学体积，对于相同的分子流体力学体积，在同一个保留时间流出，即流体力学体积相同。普适校正原理允许使用不同标准样对未知样进行分子量估算，只要它们的流体力学体积相同即可。

4.1.6.2　在水凝胶研究中的应用范围

（1）分子量测定

GPC 可以精确测定水凝胶前驱物的分子量及其分布，这对于优化水凝胶的物理和化学性质至关重要。例如，在制备温敏性水凝胶时，GPC 可以确保其具备理想的生物降解性和功能性。

（2）纯度分析

GPC 能够有效分离和鉴定水凝胶中的不同成分，提高产物的纯度和均一性。例如，通过 GPC 可以获得均匀的醋酸溶木质素组分，这对于提高水凝胶的性能至关重要。

（3）生物相容性评估

GPC 在评估水凝胶的生物相容性和药物释放性能方面也有广泛应用。例如，pH 敏感性的 CMC 水凝胶珠的制备和表征研究表明，通过 GPC 优化分子量和结构，可以获得良好的载药和释药性能。

（4）结构表征

GPC 可以提供关于水凝胶分子结构的详细信息，这对于理解水凝胶的性能和应用潜力至关重要。例如，通过 GPC 可以确定水凝胶的交联密度和分子间相互作用，这对于设计具有特定性能的水凝胶至关重要。

（5）质量控制

在水凝胶的大规模生产中，GPC 可以作为一种有效的质量控制手段，确保产品的一致性和稳定性。例如，通过 GPC 可以监测水凝胶生产过程中的分子量变化，及时调整生产参数，确保产品质量。

（6）药物释放

GPC 可以用于研究水凝胶在不同环境下的药物释放行为，这对于开发新型药物递送系统至关重要。例如，通过 GPC 可以模拟体内条件，研究水凝胶的药物释放动力学，为药物递送系统的设计提供数据支持。

（7）流变学特性分析

GPC 可以与流变学测试相结合，研究水凝胶的流变学特性。例如，通过 GPC 可以研究水凝胶在不同剪切速率下的分子量变化，这对于理解水凝胶的流变学行为至关重要。

（8）微观结构分析

GPC 可以与其他微观结构表征手段（如 SEM、TEM 等）相结合，研究水凝胶的微观结构。例如，通过 GPC 可以确定水凝胶的孔径分布和孔隙率，这对于理解水凝胶的微观结构和性能至关重要。

4.1.7　微观形貌

电子显微镜利用电磁透镜使电子束聚焦成像，具有极高的放大倍数和分辨率，可以表征水凝胶的微观结构和表面形态。电子显微镜的放大倍数可高达几十万倍，能够观察尺寸为 $1\mu m$ 甚至更小的颗粒，是直接观察高分子微观结构的主要手段。对于普通电镜来说，由于制样及高真空的观察条件的限制，一般水凝胶需要冷冻干燥才能较好地保持原来的形貌。环境扫描电镜（ESEM）可以直接检测非导电性的试样，而且试样室允许一定的压力存在，能有效地避免因处理试样而带来的试样形貌失真，因此可应用于含水水凝胶、活性生物体试样等的形貌测试。

4.1.7.1　基本原理

扫描电子显微镜（scanning electron microscope，SEM）是一种利用细聚焦的电子束扫描样品表面，通过电子与物质的相互作用产生各种物理信号，如二次电子、背散射电子和 X 射线等，来表征材料的微观形貌和成分的大型精密仪器。扫描电子显微镜的工作原理如下。

（1）电子束的产生和聚焦

电子枪发射的电子经过加速和电磁透镜的聚焦，形成一个能量集中、直径极小的电子束。

（2）样品扫描

通过扫描线圈的作用，电子束在样品表面按照一定的时序进行光栅式扫描。

（3）信号的产生

电子束与样品相互作用，产生二次电子、背散射电子和特征 X 射线等多种信号。二次电子是主要的成像信号来源，它们携带样品表面的形貌信息；背散射电子的产额与样品的原子序数有关，可用于成分衬度成像；特征 X 射线则提供了样品的元素成分信息。

（4）信号的检测和成像

检测器收集这些信号并转化为电信号，经过放大和处理，在显示器上形成图像。图像的灰度反映了样品表面的形貌和成分特性。

4.1.7.2　在水凝胶研究中的应用范围

（1）微观结构表征

水凝胶的微观结构与其宏观性能密切相关。扫描电子显微镜可以详细地观察水凝胶的内部和表面形貌，帮助理解其结构与性能的关系。例如，通过 SEM 可以观察到水凝胶的孔隙结构、孔径大小和分布情况，这对于优化水凝胶的制备条件至关重要。

（2）成分分析

通过配备能谱仪（EDS）的扫描电子显微镜，不仅可以观察水凝胶的形貌，还能进行成分分析。这对于含有功能性填料（如纳米粒子、药物分子等）的复合水凝胶尤为重要。EDS可以检测水凝胶中元素的种类和含量，帮助评估填料的分散均匀性和稳定性。

（3）制备工艺优化

扫描电子显微镜在水凝胶制备中的另一个重要作用是优化制备工艺。通过对不同条件下制备的水凝胶进行SEM观察，可以找到最佳的制备条件，如交联剂浓度、反应温度和时间等。

（4）特殊样品制备技术

由于水凝胶含有大量的水分，直接进行SEM观察往往需要特殊的样品制备技术，如冷冻干燥和临界点干燥等，以防止样品结构的塌陷和变形。

（5）新型水凝胶的研发

在新型水凝胶材料的研发过程中，扫描电子显微镜同样发挥着至关重要的作用。通过观察新型水凝胶的微观结构和性能，可以为其未来的应用提供科学依据。

4.2 理化性能测试方法

4.2.1 吸水性和溶胀性

（1）水凝胶的吸水性测试方法

① 动态蒸汽吸附测量法　动态蒸汽吸附测量法需要使用高度密封的真空腔室，配备两个数据记录天平，用于同时监测两个水凝胶样品的重量变化。腔室连接至真空泵以降低蒸气压，并连接至锅炉以向系统添加更多蒸气。腔室内配备加热器以维持恒定温度（例如30℃）。压力和温度传感器用于控制腔室内的环境条件。

实验步骤如下。

a. 准备样品　选取两个水凝胶样品，记录它们的初始质量和状态。

b. 设置环境　将腔室内的相对蒸气压降至最低（约为10Pa），使水凝胶开始脱水。

c. 记录数据　持续记录样品的质量变化，直到达到稳定状态。

d. 增加蒸气压　将相对蒸气压提升至设定值（例如70%），并继续记录样品的质量变化。

e. 数据分析　利用模型计算有效的扩散系数，验证实验结果。

② 茶袋法　需要使用天平、装有水凝胶的茶袋和浸没水凝胶的溶液（如去离子水）。

实验步骤如下。

a. 准备样品　称取水凝胶材料，装入预称重的茶袋中，每个样品重复3次。

b. 浸泡　将茶袋放入去离子水中，在室温下浸泡一段时间（如5min、10min、30min、60min、120min、240min、480min、720min、1440min）。

c. 取出和称重　在指定时间点取出茶袋，用滤纸吸去外部悬挂的水分，然后立即称重。

d. 计算溶胀率　使用公式计算水凝胶在不同时间的溶胀率 Q：

$$Q = \frac{W - W_0}{W_0} \times 100\%$$ (4-5)

式中　W——溶胀样品的质量，g；

W_0——干燥样品的质量，g。

③ 筛滤法　筛滤法需要使用特定的过滤装置，包括 50mL 锥底离心管、300 目 10cm× 10cm 316 不锈钢编织丝网、1000mL 布氏烧瓶、75mm 直径玻璃漏斗、布氏漏斗橡胶塞、滤头适配器等。

实验步骤如下。

a. 准备样品　确定所需水凝胶粉末的量（如聚丙烯酸钾盐 0.01～0.03g、聚丙烯酸钠 盐 0.005～0.01g）。

b. 浸泡　将水凝胶粉末放入去离子水中，使其充分溶胀。

c. 过滤　使用过滤装置快速彻底地去除多余液体，确保水凝胶粉末与水或水溶液充 分接触。

d. 重复测量　此过程允许重复和再现地测量水凝胶的溶胀率，适合各种类型水凝胶 和水溶液，仅需少量样品（0.005～0.03g）。

（2）水凝胶的溶胀性测试方法

① 引力法　需要使用天平、干燥器、恒温水浴箱等。

实验步骤如下。

a. 准备样品　准确称量干燥的水凝胶样品。

b. 浸泡　将样品转移到 25℃±0.1℃ 的水浴中。

c. 定期取出和称重　每隔一段时间取出样品，用滤纸轻轻擦干表面水分，重新称重。

d. 计算溶胀率　使用公式计算溶胀率 S：

$$S = \frac{m_t - m_0}{m_0} \times 100\%$$ (4-6)

式中　m_t——时间 t 时溶胀凝胶的质量，g；

m_0——时间 0 时溶胀凝胶的质量，g。

② 动态溶胀法　需要使用天平、恒温水浴箱等。

实验步骤如下。

a. 准备样品　准确称量干燥的水凝胶样品。

b. 浸泡　将样品转移到 25℃±0.1℃ 的水浴中。

c. 定期取出和称重　每隔一段时间取出样品，用滤纸轻轻擦干表面水分，重新称重。

d. 计算溶胀率　使用公式计算溶胀率，并绘制溶胀等温线，研究溶剂组成对溶胀性 能的影响。

这些详细的测试方法提供了全面理解水凝胶吸水性和溶胀性的途径，有助于优化水凝 胶的设计和应用。

4.2.2 接触角

接触角（contact angle）是指在气、液、固三相交点处所做的气-液界面的切线与固-液交界线之间的夹角 θ，即为液滴在固体表面上的平衡角度，是润湿程度的量度。接触角测量是评估水凝胶表面亲水性的有效方法，可以通过测量液滴在固体表面的润湿性来得到。将一滴液体（通常是水）放置在水凝胶表面，测量液体与水凝胶表面形成的接触角 θ。当 $\theta < 90°$ 时，表明水凝胶表面是亲水的；当 $\theta > 90°$ 时，表面是疏水的。接触角越小，水凝胶表面的亲水性越强。这一参数提供了关于固体表面特性的重要信息，如表面能、粗糙度和亲水性或疏水性等。其测量的基本原理是杨氏方程：

$$\gamma_{lg} = \gamma_{sg} + \gamma_{ls}\cos\theta \tag{4-7}$$

式中 γ_{lg} ——液气界面张力，Pa；

γ_{sg} ——固气界面张力，Pa；

γ_{ls} ——液固界面张力，Pa；

θ ——接触角，（°）。

水凝胶的表面粗糙度会影响接触角的测量结果。粗糙的表面可能会使接触角减小，即使其内在的亲水性没有改变。这是因为粗糙表面增加了液体与固体表面的实际接触面积，从而使表面看起来更亲水。

水凝胶的接触角通常是在湿润状态下进行测量的。这是因为水凝胶是一种高度吸水的材料，其表面的性质在潮湿或完全湿润的情况下会发生显著变化。在湿润状态下测量接触角可以更准确地反映水凝胶与水之间的相互作用。

（1）水凝胶接触角测量的操作步骤

① 前期准备

a. 仪器检查与准备 检查接触角测量仪的电源、传感器、镜头、加热系统（如有）是否正常工作。确保测量平台洁净，无灰尘和油渍，表面平整且无其他污染物。调整好测量平台的温度（如需要进行热接触角测量）。

b. 样品准备 使用无污染的工具（如镊子）轻轻取出水凝胶样品，确保样品表面平整，无气泡或污点。若需要，修剪样品到合适的尺寸。

② 测量过程 将测试样品放置在测量平台上，调整样品位置，使其处于合适的测量区域。

使用微量注射器或其他合适的工具，在样品表面滴加一定体积的测试液体（通常为蒸馏水）。

通过接触角测量仪的相机记录液滴在样品表面的图像。

在分析软件中，对液滴的轮廓进行拟合，分析得出液滴在固体表面的接触角。

（2）水凝胶接触角测量的注意事项

① 样品的湿润状态 由于水凝胶的吸水性，确保样品在测量前处于所需的湿润状态，避免因水分蒸发或吸收导致的测量误差。

② 表面平整度 水凝胶样品表面应尽可能平整，避免因表面不平整导致的接触角测

量偏差。

③ 测试环境的稳定性　保持测试环境的温度、湿度等条件的稳定，避免环境因素对测量结果的影响。

4.2.3　降解性

水凝胶降解性实验主要用于评估水凝胶在特定条件下的降解速率和程度，这对于生物医学应用尤为重要。以下是进行水凝胶降解性实验的一般步骤、所需材料以及数据分析方法。

（1）实验步骤

① 准备试样　将水凝胶样品制备成所需的形状和尺寸，通常为圆盘或圆柱状，以便于后续的实验操作和数据分析。

② 选择容器　将适量的试样置于洁净、化学惰性的容器中，如化学级玻璃容器、聚四氟乙烯或聚丙烯容器。

③ 添加实验溶液　用模拟生理环境的实验溶液覆盖试样，如磷酸盐缓冲液（PBS），以保持适宜的 pH 值和离子浓度。

④ 密封容器　密封容器以防止溶液蒸发和外界污染，同时确保容器内有足够的空气以维持试样的有氧降解环境。

⑤ 设定温度　将容器置于恒温水浴或培养箱中，保持适宜的温度，通常为 37℃，以模拟人体生理温度。

⑥ 定期取样　在实验的不同周期，从实验溶液中取出供试样品，用于对材料降解性能的评价。取样时间间隔可以根据实验需求设定，如每天、每周或每月。

⑦ 分析样品　对取出的样品进行称重、形态观察、力学性能测试等，以评估水凝胶的降解程度。

（2）数据分析

① 质量损失率　通过定期称重样品，计算质量损失率，以评估水凝胶的降解程度。质量损失率可以通过以下公式计算：

$$质量损失率 = \frac{W_0 - W_t}{W_0} \times 100\% \tag{4-8}$$

式中　W_0——初始样品质量，g；

　　　W_t——在时间 t 时的样品质量，g。

② 溶胀率　通过测量水凝胶在不同时间点的溶胀程度，可以间接反映其降解情况。溶胀率可以通过以下公式计算：

$$溶胀率 = \frac{W_s - W_d}{W_d} \times 100\% \tag{4-9}$$

式中　W_s——凝胶达到溶胀平衡时的质量，g；

　　　W_d——干燥凝胶的质量，g。

③ 力学性能变化　通过对降解前后水凝胶的力学性能测试，如拉伸强度、压缩模量

等，可以评估降解对其力学性能的影响。

④ 微观形貌分析　利用 SEM 等技术观察水凝胶降解前后的微观结构变化，可以了解降解过程中的物理变化。

⑤ 化学结构分析　通过 FT-IR 等光谱分析方法，研究降解过程中化学官能团的变化，以评估化学稳定性。

在进行数据分析时，应结合测试的目的和水凝胶的具体应用场景，选择合适的分析方法和指标。同时，为了确保数据的准确性和可靠性，建议进行多次重复实验，并使用统计分析方法对数据进行处理和解释。

4.2.4　力学性能

包括强度、延展性、模量、韧性、耗散能、抗疲劳性、滞后性和载荷循环性等多个方面。可以通过拉伸试验、压缩试验和动态力学分析等方法来评估。例如，材料在弹性形变过程中，应力与应变之间的比例关系就是弹性模量，弹性模量越大，材料越不易发生形变。目前测量水凝胶弹性模量的方法主要有拉伸法与压缩法，可根据实际情况选择合适的试验方法。

水凝胶力学性能的测试对于理解其在特定应用场景中的表现至关重要。下面将详细介绍几种主要的力学性能测试方法，包括压缩测试、拉伸测试、断裂测试及循环加载-卸载测试。

（1）压缩测试

压缩试验是为了评估其在外部压力下的力学行为，包括弹性、塑性变形以及恢复能力。压缩试验主要是通过在试样上施加垂直的压力，从而获得材料在压缩条件下的应力-应变关系。对于水凝胶而言，这一过程不仅反映了材料本身的弹性及塑性行为，还涉及内部液体的挤出情况及其对材料整体力学响应的影响。

在压缩试验中，应力（σ）定义为施加在试样上的力（F）与其横截面积（A）之比：

$$\sigma = \frac{F}{A} \tag{4-10}$$

式中　σ——应力，Pa；

F——施加在试样上的力，N；

A——样品的横截面积，m^2。

应变（ε）则是样品高度变化（ΔL）与其原始高度（L_0）之比：

$$\varepsilon = \frac{\Delta L}{L_0} \tag{4-11}$$

式中　ε——应变；

ΔL——样品高度变化量，cm；

L_0——样品原始高度，cm。

通过绘制应力-应变关系曲线，可以获得有关材料弹性模量、屈服强度及压缩强度等关键参数的信息。

压缩-卸载循环测试通常用于表征材料的抗疲劳性能。当材料为弹性体时，加载和卸载遵循相同的应力-应变曲线，并且不耗散能量。然而，当材料为非弹性体时，加载和卸载遵循不同的应力-应变曲线，两条曲线围成的面积为材料单位体积的耗散能量。由于网络和交联的不均匀分布，大多数常规水凝胶容易出现轻微的裂缝和缺陷，并表现出脆性破坏。这种能量耗散机制可以提高水凝胶的强度、韧性、抗疲劳性和对缺口的不敏感性。

① 试验样品准备　形状和尺寸：试样通常加工成标准的圆柱体或立方体，以确保在压缩过程中受力均匀。以直径 10～20mm、高度 10～30mm 的圆柱形试样较为常见，尺寸需根据试验机的要求进行调整。表面处理：试样的上下表面要求平整光滑，以保证与压板的良好接触，防止偏载引起的应力集中。制备好的试样应存放在密封容器中，避免与空气长时间接触导致失水。

② 试验仪器　万能试验机是一种多功能的力学测试设备，可以通过更换不同的夹具来进行拉伸、压缩、弯曲等多种力学试验，配备适合的小吨位负荷传感器（如 100N、500N）。在压缩试验中，它能够精确控制加载速度并实时记录载荷和位移数据。

③ 试验步骤　以恒定的加载速度（如 1mm/min）进行压缩，直到试样达到预定的应变（如 50%应变，对应行程 4.5mm）。然后使试样恢复到初始位置，完成一次循环。通常重复多个循环以观察试样的疲劳特性和恢复能力。

④ 监测和记录数据　在试验过程中，实时监测并记录载荷-位移数据，这些数据将用于绘制应力-应变曲线。

⑤ 数据分析　绘制应力-应变曲线，可以从曲线上提取多个关键力学参数。

a. 弹性模量　曲线初始线性段的斜率，反映材料的刚度。线性区域：在应力-应变曲线上找到线性区域，其斜率即为杨氏模量（E），反映材料的刚性。非线性区域：一些水凝胶在大应变下会表现出非线性行为，此时可采用割线模量或切线模量来描述。

b. 屈服强度和最大压缩强度　曲线开始偏离线性段的点，表示材料开始进入塑性变形阶段。曲线上应力的最大值，表示材料所能承受的最大压力。

c. 能量耗散　通过计算加载和卸载曲线之间的面积，可以得到单位体积材料在循环加载中耗散的能量。

（2）拉伸测试

拉伸测试用于测定材料在轴向拉伸载荷下的特性，特别是用于评估水凝胶的拉伸强度、弹性和韧性。通过应力-应变曲线可以得到拉伸强度、拉伸断裂应力以及拉伸弹性模量。对于大多数水凝胶，通常只直接发生脆性断裂，无屈服过程，应力-应变曲线提供了材料在逐渐增加的拉伸载荷下的响应情况，反映了材料的弹性、塑性和断裂特性。

拉伸-卸载循环测试类似于压缩-卸载循环测试，主要用于表征材料的耐疲劳特性。通过反复加载和卸载，观察材料的行为，可以揭示其能量耗散机制。对于水凝胶来说，这种测试显示出明显的迟滞现象，表明材料内部存在大量的非共价相互作用，这些相互作用可以在拉伸后重新结合，消耗能量。

① 试验样品准备　试样通过模具浇注成型，模具通常设计为哑铃形，长度 30mm，宽度 10mm，厚度 2mm，以便在拉伸过程中应力更加均匀地分布在试样上。模具的设计需满足特定的尺寸要求，以确保试验的一致性和准确性。

② 试验仪器　万能试验机是进行拉伸试验的主要设备，它可以提供恒定的加载速度并记录载荷和位移数据。试验机配备不同的夹具，如楔形自锁式夹具、对夹式夹具和销钉式夹具，可以根据试样的特性和试验要求选择合适的夹具类型。

其他附件。气动拉伸夹具：用于固定试样，确保在整个试验过程中试样不会滑动。载荷传感器：用于测量施加在试样上的力，精度等级通常为 0.5 级。位移传感器：用于测量试样的变形量，确保数据的准确性和一致性。

③ 试验步骤　以 1mm/min 的加载速度开始试验，将试样拉伸到 50% 应变，即行程 4.5mm。然后使试样回到初始位置，完成一次循环。重复进行 30 个循环。

④ 监测和记录数据　在试验过程中，实时监测并记录载荷-位移数据，这些数据将用于绘制应力-应变曲线。

⑤ 数据分析　绘制应力-应变曲线：通过载荷和变形数据绘制应力-应变曲线，计算弹性模量、拉伸强度和断裂伸长率等参数。

a. 拉伸强度　曲线中的最大应力值，表示材料在断裂前所能承受的最大应力。

b. 拉伸断裂应力　材料断裂时的应力值。

c. 拉伸弹性模量　曲线初始线性部分的斜率，反映材料的刚度。

d. 能量耗散　在循环拉伸试验中，通过计算加载和卸载曲线包围的面积，分析循环加载中材料的能量吸收和释放特性，评估其耐久性和可靠性。

（3）断裂测试

水凝胶本质上是易碎的，因为它们的含水量大会导致聚合物链的面密度降低。断裂韧性（Γ_c，单位 J/m^2）是指裂纹扩展单位面积所需的临界能量，典型值估计约为 $10 J/m^2$（例如藻酸盐凝胶），比天然橡胶（$-10^4 J/m^2$）低几个数量级。为了提高水凝胶的韧性，可以通过引入能量耗散机制实现，比如设计特殊的网络结构，使得在裂纹扩展时可以通过牺牲网络的局部破坏来吸收能量，从而提高整体的断裂韧性。常用测试方法有纯剪切试验、剥离试验、单边缺口试验和撕裂试验。

这些测试可以轻松计算裂纹扩展过程中的能量释放率 G，然后将其作为断裂韧性 Γ_c 的测量值。以下是水凝胶断裂试验中常用的 4 种实验方法。

① 纯剪切试验　纯剪切测试是一种特定类型的力学测试，用于评估材料在剪切载荷下的性能。在纯剪切条件下，材料受到的剪应力与其主轴平行，而不引起体积变化。对于水凝胶这类材料，纯剪切测试提供了有关其剪切模量、断裂韧性和能量耗散机制的重要信息。

a. 样品准备　样品通常设计成长条形，具有特定的高度、宽度和厚度。例如，一个典型的样品可能有宽度 L，高度 $2H$ 并且 $L \gg 2H$，厚度 b 较小。为了引发剪切断裂，样品中部可能会预先设置一条裂纹，长度为 c，且 $c \gg 2H$。

b. 加载方式　样品两端被夹持在加载装置上，通过垂直于顶面移动的刀片或线切割工具施加剪切载荷。通常以恒定的速度进行加载，例如 0.2 mm/s。

c. 数据采集　力和位移：记录加载过程中施加的力 F 和相应的位移，从而得到应力-应变曲线。能量释放率（G）：计算能量释放率，这是评估材料断裂韧性的重要参数。

能量释放率（G）使用公式(4-12)计算。

$$G = HW(\lambda_c) \tag{4-12}$$

式中　H——样品的初始高度，cm；

$W(\lambda_c)$——临界拉伸 λ_c 下的应变能密度；

λ_c——临界拉伸，这是从应力-应变曲线上得到的，表示材料在断裂前所能达到的最大拉伸比。

d. 数据分析　纯剪切测试的数据分析旨在提取材料的关键力学性能指标，如断裂韧性、能量耗散密度等，并理解其背后的物理机制。

应变能密度函数（W）：对于纯剪切测试，可以通过拟合实验数据得到应变能密度函数。例如，使用 Neo-Hookean 模型描述水凝胶的超弹性行为：

$$W = \frac{\mu}{2}(\lambda^2 + \lambda^{-2} - 2) \tag{4-13}$$

式中　μ——剪切模量；

λ——拉伸比。

疲劳阈值：通过分析裂纹扩展速度与能量释放率的关系，确定材料的疲劳阈值。例如，线性关系：

$$\frac{\mathrm{d}a}{\mathrm{d}N} = 1.99 \times 10^{-8} \times (G - 7.03) \tag{4-14}$$

式中　a——裂纹长度，cm；

N——加载循环次数；

7.03——疲劳阈值，低于此值裂纹不会扩展，$\mathrm{J/m^2}$。

e. 结果解释　断裂韧性：高断裂韧性意味着材料能够吸收更多的能量而不断裂，这对于实际应用中的耐用性和可靠性非常重要。

能量耗散机制：通过分析加载-卸载循环中的能量耗散，可以揭示材料内部的非共价相互作用及其对整体力学性能的影响。

疲劳阈值：疲劳阈值提供了材料在重复载荷下不发生破坏的最大能量释放率，这对长期使用的可靠性评估非常关键。

② 剥离试验　与纯剪切实验测试类似，此处未变形的样品几何形状由长度 L、高度 $2H$ 和厚度 b 定义。不同的是，此处试样在裂纹端的两个臂被夹紧并剥离。能量释放率（G）可写为：

$$G = \frac{2F}{b\omega_0} \tag{4-15}$$

式中　F——施加到两臂的力，N；

b——试样的宽度或厚度等几何尺寸参数，m；

ω_0——弹性应变能密度。

忽略两个臂的弹性变形，即（臂的拉伸比 $\lambda_a = 1$，$W = 0$），因此简化为：

$$\Gamma = \frac{2F}{b} \tag{4-16}$$

③ 单边缺口试验　采用单边裂纹试验来确定断裂能，当裂纹短（$c \ll L$）时，断裂能量释放率近似为：

$$G_c \approx \frac{\lambda_b^2 W(\lambda_b)}{2(1+\nu)(1-c/L)} \tag{4-17}$$

式中　$W(\lambda_b)$——经受单轴拉伸 λ_b 的未开裂样品的应变能密度；

　　　　L——样品的宽度，假定远小于样品高度 $2H$，cm。

此公式的两个限制条件是：它仅适用于小裂纹长度和小到中等应变，尚未对大变形进行验证。服从 Mooney-Rivlin 模型。

④ 撕裂试验　也称为裤子试验，用于表征橡胶、弹性体和韧性水凝胶的断裂程度。与上述三种结构不同，裂缝主要在开放模式下变形，在撕裂测试中，裂缝是由平面外剪切载荷作用引起的。通过分析力-位移曲线的不同特征，可以获得如下参数。

a. 最大撕裂力　对应于曲线的最大值，表示材料抵抗裂纹扩展的最大能力。

b. 裂纹扩展起始点　曲线开始快速上升的位置，标志着裂纹的起始。

c. 能量耗散　曲线下的面积代表在整个裂纹扩展过程中材料所吸收的能量，反映了材料的韧性。

对于撕裂试验，撕裂能（G）是衡量材料抵抗裂纹扩展能力的重要指标：

$$G = \frac{Fc}{b} \tag{4-18}$$

式中　F——最大撕裂力，N；

　　　　b——试样厚度，cm；

　　　　c——裂纹长度，cm。

（4）循环加载-卸载测试

类似于拉伸和压缩测试中的循环加载-卸载，撕裂测试中的循环加载也可揭示材料的耗能机制。加载和卸载曲线间的迟滞回线面积代表了不可逆变形过程中耗散的能量，这对于理解材料的损伤机制非常重要。

4.2.5　流变学特性

水凝胶因其独特的三维网状结构和高含水量，在众多领域展现出广泛的应用前景，特别是在生物医学和组织工程中。为了全面理解水凝胶的特性和行为，流变学测试成为不可或缺的工具。流变学主要研究材料在外界作用下的流动和变形特性，这对于揭示水凝胶的黏弹性和其他流变学参数尤为关键。水凝胶的流变学特性主要包括这几个方面。

① 储能模量（G'）　是指使样品发生扭曲所需要施加的能量，也称为弹性模量。它反映了材料的弹性行为，即材料在去除外力后的恢复能力。

② 损耗模量（G''）　是指材料在变形后恢复其原有形状时所损失的能量，也称为黏性模量。它反映了材料的黏性行为，即材料在外力作用下流动的特性。

③ 介电损耗角正切（$\tan\delta$）　是指损耗模量与储能模量的比值，用于测量水凝胶的阻尼能力。它综合反映了材料的黏性和弹性特征。

④ 剪切稀化行为　是指材料在高剪切速率下黏度下降的现象。这种行为对于水凝胶的加工和应用（如注射或 3D 打印）非常重要。

⑤ 屈服应力　是衡量水凝胶在受到外部剪切力时是否发生永久形变的指标。对于可注射的水凝胶材料，屈服应力尤为重要，因为它决定了水凝胶在注射部位的保留程度。水凝胶流变学特性的测试方法主要有流变仪测试法、压痕法和光学检测法。

4.2.5.1　流变仪测试法

流变仪是测量水凝胶流变学特性的主要工具，通过它可以得到关于材料在不同条件下的黏弹性和其他流变学参数的信息。使用流变仪一般测试的参数除了储能模量（G'）以外，还有损耗模量（G''）。弹性模量表征材料的类固体行为，黏性模量是指当施加力移除后形变停止时，材料因形变而产生的热量耗散，表征的是材料的类液体行为。通过比较 G' 和 G'' 的大小可以判断材料体系的固液状态（当 $G' < G''$ 时，体系近似于黏性液体；当 $G' > G''$ 时，体系近似于类固体胶体）。由此可以得到 G' 和 G'' 随剪切应力、时间、频率等的变化规律，通过这一变化规律，可以得到水凝胶的状态等信息。

水凝胶的流变特性可以通过多种测试方法进行评估，这些方法提供了关于材料在不同条件下的流动和变形行为的重要信息。以下是几种常用的水凝胶流变仪测试方法。

（1）动态振荡测试

动态振荡测试是通过向样品施加一个小幅度的正弦波应力或应变，观察系统的响应，从而获取存储模量（G'）和损耗模量（G''）的信息。存储模量表示材料储存能量的能力，反映其弹性特性；损耗模量则表示材料在变形过程中耗散能量的能力，体现其黏性特性。测试方法有两种。

① 频率扫描　在固定的应变或应力下，改变测试频率，观察 G' 和 G'' 随频率的变化。这有助于理解材料在不同时间尺度上的响应特性。通常，类固体会在低频区域显示高的 G'，而高频时 G'' 上升。相反，类液体在低频时 G'' 占优，高频时 G' 上升。

② 应变扫描　在固定频率下，逐步增加应变幅度，确定材料的线性黏弹区域（LVR）。超出 LVR，材料的响应进入非线性区域，此时 G' 和 G'' 会发生显著变化。通过应变扫描可以找到材料的最大线性响应范围，确保后续测试都在此范围内进行，以保护样品结构。

（2）流变应力测试

流变应力测试是通过施加稳态剪切应力，监测材料的流变响应，主要用于研究材料的流动行为和剪切稀化特性。测试方法有两种。

① 稳态剪切测试　在不同剪切速率下测量黏度，可以获得材料的流动曲线。这种测试有助于理解材料在实际加工和使用条件下的流动行为，例如注射或挤出过程中的表现。

② 应力松弛测试　对样品施加固定的应变，然后观察应力随时间的衰减情况。这可以提供关于材料内部结构恢复能力和黏弹性的信息。

（3）凝胶化过程监测

凝胶化过程监测通过动态振荡测试，实时监测材料从液态到固态的转变过程，记录

G' 和 G'' 的变化。测试方法为时间扫描，在固定频率和应变条件下，连续监测 G' 和 G'' 随时间的变化。当 G' 超过 G'' 时，表明材料开始形成凝胶结构。这种测试常用于研究温敏型或化学交联型水凝胶的形成过程。

（4）屈服应力测试

屈服应力是指使材料从静止状态开始流动所需的最小应力。这对理解材料的流动阈值非常重要，尤其是在涉及注射或涂抹应用时。

测试方法为应力爬升测试，逐步增加应力，直到材料开始流动，记录此时的应力值即为屈服应力。也可以通过流变仪的振荡模式，观察 G' 和 G'' 在高应力下的变化来估算屈服应力。

（5）温度扫描测试

温度扫描测试是通过改变测试温度，研究材料的流变特性随温度的变化，特别适合温敏型水凝胶。

测试方法为加热/冷却扫描，在设定的温度变化速率下，进行动态振荡测试，监测 G' 和 G'' 的变化。这有助于确定材料的相转变温度和热稳定性。

（6）湿度控制测试

在不同湿度环境下，研究水凝胶的流变特性变化，以模拟实际应用条件。

测试方法为使用配备湿度控制单元的流变仪，设置不同的相对湿度条件，进行振荡测试，观察 G' 和 G'' 的变化。这有助于理解材料在不同湿度环境下的稳定性和力学性能。

4.2.5.2　压痕法

压痕法是由压缩法发展而来的，主要用于测量水凝胶的弹性模量。与传统压缩法相比，压痕法只需要使样品发生非常微小的压痕形变，不会破坏样品的含水量，因此被认为是最准确的测量方法之一。使用原子力显微镜（AFM）或专门的压痕仪，将压头轻轻接触到水凝胶表面，逐步增加压力同时记录压痕位移。利用赫兹接触理论公式（4-19）计算弹性模量 G'，分析水凝胶的力学性能。

$$G' = \frac{3(1-\upsilon^2)}{4R^{\frac{1}{2}}l^{\frac{3}{2}}}f \tag{4-19}$$

式中　l——压痕位移，cm；

　　　f——压力，N；

　　　υ——泊松比；

　　　R——压头半径，cm。

这种方法能够探测到样品的微小形变，微小的压痕形变不会破坏样品的含水量，从而减小了测量误差，被认为是目前测量水凝胶力学性能最准确的方法之一。然而，这类测量对操作和硬件的要求很高，对于一般的水凝胶表征来说成本过于高昂。

4.2.5.3　光学检测法

光学检测法如干涉测量和光谱技术可以用来监测水凝胶的流变学特性变化。干涉测量：利用光在不同介质中的干涉现象，通过分析干涉条纹的变化来确定水凝胶的厚度和折射率变化，进而推导出其流变学特性。拉曼光谱：通过测量分子的振动和转动模式的变化，提供关于材料化学组成和结构的信息。结合原位流变测试，可以同步获取水凝胶在变形过程中的化学和物理变化。傅里叶变换红外（FT-IR）光谱：通过检测材料在红外区的吸收情况，提供分子键的振动模式信息，从而反映出材料的化学结构变化。

4.3 生物特性测试方法

选择合适的实验方法来评估水凝胶的细胞相容性需要综合考虑多个因素，包括实验目的、水凝胶的类型及其预期用途。下面详细介绍如何选择适合的实验方法。

（1）明确实验目的

在选择评估方法之前，首先要明确实验目的。例如，是为了评估水凝胶在体外对细胞的影响，还是为了评估在体内的生物相容性。不同的实验目的可能会导向不同的评估方法。

（2）体外试验方法

体外试验主要用于初步筛选和评估水凝胶对细胞的直接影响。常用的体外试验方法如下。

① 细胞毒性试验　MTT 法和 CCK-8 法这两种方法是最常用的细胞毒性评估方法，通过检测细胞代谢活性来评估细胞存活率，被广泛用于检测细胞存活率和增殖能力。这些方法简单、快速且经济，适用于大规模筛选。

MTT 法是将不同浓度的水凝胶提取物与细胞共同孵育一定时间，随后加入 MTT[3-(4,5-二甲基噻唑-2)-2,5-二苯基四氮唑溴盐]溶液，活细胞的线粒体脱氢酶能够将黄色的 MTT 转化为蓝色的甲瓒结晶，而死亡细胞缺乏这种能力。继续孵育几小时后去除上清液，加入溶解液溶解甲瓒晶体，通过酶标仪在特定波长下检测吸光度值，间接测定甲瓒的量即可判断细胞的存活状况。根据吸光度值绘制细胞存活率曲线，评估水凝胶的细胞毒性等级。CCK-8 法是 CCK-8（cell counting kit-8）试剂中含有 WST-8，它可以被细胞线粒体中的脱氢酶还原生成橙黄色的甲瓒染料。与 MTT 类似，通过颜色深浅判断细胞活力，使用 CCK-8 试剂代替 MTT，孵育时间相对较短，对细胞的毒性也较小。

② 细胞黏附与增殖试验　将细胞接种在水凝胶表面，经过一段时间的培养，使用荧光染色（如 Calcein-AM 染色）标记活细胞，观察细胞在不同时间点的附着和增殖情况，并通过荧光显微镜观察和计数，计算细胞黏附率和增殖率，评价水凝胶对细胞生长的支持作用。

③ 溶解度试验　将水凝胶样品置于恒定 pH 值和离子强度的溶液中，定期取样检测水凝胶质量变化。通过溶解度变化判断水凝胶的稳定性和生物相容性，评估水凝胶在特定条件下的溶解性，了解其对周围环境的潜在影响。

（3）体内试验方法

体内试验用于评估水凝胶在实际生物环境中的生物相容性，包括以下几点。

① 刺激性试验　将水凝胶植入动物体内，定期取材，通过 HE 染色等方法观察局部组织的炎症反应程度，评估水凝胶的生物相容性。

② 注射试验　将水凝胶注入动物的静脉或腹腔，观察动物的行为变化和生存状况，定期采集血液检测生化指标。通过血液生化指标和组织病理学检查，评估水凝胶的体内安全性。

③ 植入试验　将水凝胶植入动物的特定部位（如肌肉或骨骼），定期取材进行组织学和影像学检查。通过组织学检查和影像学分析，评估水凝胶的长期生物相容性和组织整合情况。

（4）标准化测试

参照国际标准化组织（ISO）和国家标准（如 GB/T 16886），选择相应的测试方法。例如，ISO 10993 系列标准提供了详细的生物相容性评估方法，包括细胞毒性、血液相容性、遗传毒性和植入反应等。

（5）数据分析方法

无论选择哪种实验方法，都需要合理地进行数据分析。常用的统计学分析方法包括单因素方差分析（ANOVA）和 Student's t-test，用于评估实验组间是否存在显著性差异。图像分析软件用于处理荧光显微镜图像，量化活细胞和死细胞的比例。

4.4　其他表征方法

黏附性能、防污性能、导电性能、传感性能以及作为创面敷料的性能需要采用相应的表征方法，以满足不同科研需求。

参考文献

[1]　刘晓华，王晓工，刘德山 . 快速响应的温敏性聚（N-异丙基丙烯酰胺）水凝胶 [J] . 高分子学报，2002，3：354-357.

[2]　Zhang J T，Cheng S X，Zhuo R X. Preparation of macroporous poly（N-isopropylacrylamide）hydrogel with improved temperature sensitivity [J] . Polym Sci A：Polym Chem，2003，41：2390-2392.

[3]　Yoshida R，Uehida K，Kaneko Y. Comb- type grafted hydrogels with rapid deswelling response to temperature changes [J] . Nature，1995，374：240-242.

[4]　Kaneko Y，Kiyotaka S. Rapid deswelling response of poly（N-isopropylacrylamide）hydrogels by the formation of water release channels using poly（ethylene oxide）graft chains [J] . Macromolecules，1998，31：6099-6105.

[5]　Kaneko Y，Nakamura S，Kikuchi A，Okano T. Influence of freely mobile grafted chain length on

dynamic properties of comb-type grafted poly (*N*-isopropylacrylamide) hydrogels [J]. Macromole-
cules，1995，28：7717-7723.

[6]　Zhang X Z，Yang Y Y，Chung T S. The influence of cold treatment on properties of temperature-
sensitive poly (*N*-isopropylacrylamide) hydrogels [J] . Colloid Inter Sci，2002，246：105-111.

[7]　张俐娜，薛奇，莫志深，等 . 高分子物理近代研究方法 [M] . 武汉：武汉大学出版社，2003.

[8]　莫志深，张宏放 . 晶态聚合物结构和 X 射线衍射 [M] . 北京：科学出版社，2003.

[9]　Zhang Z，Zhuo R X. Dynamic properties of temperature-sensitive poly (*N*-isopropylacrylamide) gel
cross-linked through siloxane linkage [J] . Langmuir，2001，17：12.

[10]　Zhang X Z，Yang Y Y，Chung T S. Effect of mixed solvents on characteristics of poly (*N*-isoprop-
ylacrylamide) gels [J] . Langmuir，2002，18：2538-2542.

[11]　张先正，卓仁禧 . 快速温度敏感聚(*N*-异丙基丙烯酰胺-*co*-丙烯酰胺）水凝胶的制备及性能研究
[J] . 高等学校化学学报，2000，21（8）：1309-1301.

第5章

水凝胶的应用

水凝胶作为一种特殊的材料，在多个领域展现出独特的优势。水凝胶中含有大量的亲水基团（如—OH、—CONH—、—CONH$_2$ 和—SO$_3$H）以及独特的三维网络结构，使其能够吸收和保留大量的水分。例如，在干旱地区的农业灌溉中，水凝胶可以作为保水剂，减少水分的蒸发和流失，提高土壤的保水能力。

水凝胶的性质接近活体组织，类似于细胞外基质，吸水后对周围组织的摩擦和机械作用减小，具有良好的生物相容性。同时，部分水凝胶材料可在生物体内自然降解，避免二次污染，这使其在生物医学领域（如药物递送、组织工程、伤口敷料等）有广泛的应用。

许多水凝胶材料可以在特定的物理、化学或生物刺激下改变其体积、形状或性质。例如，pH 敏感性水凝胶的溶胀或消溶胀可以随 pH 值的变化而变化，这种特性可用于保护药物在人体消化道不同部位（如胃、小肠、大肠或结肠）的定位给药。

一些水凝胶具有自愈合能力，能够在受损后自动恢复其结构和功能。例如，在可穿戴或植入式生物电子设备中，自愈合水凝胶可以延长设备的使用寿命，提高其可靠性。同时，水凝胶对生物组织的黏附性较好，能够增强信号传输的稳定性和保真度，在神经接口等应用中有重要意义。

水凝胶具有较高的柔韧性和可拉伸性，能够适应不同的形状和变形需求。例如，在柔性传感领域，导电水凝胶基传感器可以随着人体的运动而变形，同时保持良好的导电性能，在生物医学、可穿戴电子设备、健康监测等方面表现出巨大的应用潜力。

水凝胶具有高比表面积的多孔三维多级网络结构，这使其在催化反应中具有优势，可广泛用于各类重要的催化反应，包括氧还原反应（ORR）、析氧反应（OER）、析氢反应（HER）和二氧化碳还原反应（CO$_2$RR）等。

水凝胶可以对环境因素（如温度、湿度、光照等）做出响应，这在环境保护和监测方面有潜在的应用价值。例如，用于检测和吸附重金属离子的水凝胶，以及用于环境修复的智能响应材料。

水凝胶的应用基础涉及多个方面，包括其形成原理、分类、性质以及在不同领域的应用。水凝胶的应用领域广泛，涵盖了工业、农业、医疗等多个领域。

5.1 生物医学

5.1.1 伤口愈合医用敷料

皮肤作为身体的第一道防线，覆盖在身体表面，可以防止体内水分的流失、保护身体免受外部损伤和阻止微生物的入侵。同时，作为最大的组织器官，皮肤因长期暴露在外部环境中，所以很容易受到烧伤、烫伤、摔伤、割裂以及事故等的影响，进而导致其完整性受到破坏，形成伤口。伤口愈合是一个复杂又重叠的生物学过程，会受到许多因素的影响。因此，伤口一旦形成，必须对其进行合理的干预与治疗，伤口敷料是伤口管理过程中必需的医用材料。传统伤口敷料（如纱布、绷带等）主要用于止血并保护伤口免受二次损害，因此在临床上被广泛应用。虽然此类敷料为伤口愈合提供了必要的环境，但同时也有一些明显的缺陷，如容易黏附伤口、创面干燥、伤口愈合缓慢、更换时容易造成伤口的二次损伤，并且具有一定的感染风险。

日常生活中，对伤口的治疗不仅需要及时止血，还应该更多地关注伤口处皮肤组织的再生与功能的恢复情况。此外，细菌的感染可以极大地影响伤口的愈合过程，严重者还会形成慢性伤口，甚至威胁患者的生命；另一方面，伤口的愈合时间一旦变长，就很容易形成持久性疤痕，这无疑会增加患者的心理负担。因此，如何在保证伤口愈合所需环境的同时，实现组织的快速再生和皮肤功能的快速恢复是未来伤口敷料的发展趋势，受到了国内外学者的广泛关注。

皮肤是人体最大、最有活力的器官，也是人体最重要、最灵活的组织之一。皮肤的结构相对比较复杂，主要包括表皮层、真皮层、皮下组织以及各种皮肤附属器（毛囊、汗腺、皮脂腺等）。同时，皮肤作为人体的第一道防线，覆盖在身体表面，与外界环境直接接触。皮肤具有许多生理功能，在保护机体免受外界机械损伤、物理化学干扰和微生物侵袭的同时，还执行排汗、感知温度、吸收、抗压和免疫等多种任务，从而使人体保持最佳的生理状态。正常情况下，细胞不停地进行新老更替，促使表皮层、真皮层、皮下组织和皮肤附属器不断更新。皮肤结构的不断更新，促使皮肤不停地进行新陈代谢，从而维持皮肤的正常生理功能。

由创伤、手术、烧伤、割伤、摔伤和其他浅表损伤引起的皮肤完整性的破坏，已成为临床上最严重的医疗保健问题之一。伤口愈合的目的是修复受损的皮肤，基本原理是让新生皮肤覆盖破损的部位和创面，来抑制炎症反应，从而促进肉芽组织生长和伤口愈合的过程。伤口一旦形成便会在体内进行自我愈合，这是机体的自我保护机制。伤口愈合的过程就是我们身体修复的过程，该过程是一个复杂而又协调的动态生物学过程。伤口愈合过程主要包括四个阶段：止血、炎症、增殖和重塑。止血期持续时间较短，一般在伤口形成之后的数秒至数分钟内完成，是对皮肤损伤做出的一种及时反应。受伤处的血管收缩，并且释放出血管活性物质，从而阻止血管扩张和降低血压，防止进一步出血。炎症期，体内的白细胞开始聚集，发挥抗感染、免疫作用，同时还会释放炎性因子等介质，引导愈合进入下一阶段。增殖阶段的主要功能是促进伤口修复、加速组织生长和再生。伤口的结痂脱落之后，便可以看到创面的新生皮肤，开始自我修复和保护。重塑阶段一般持续时间较长，该阶段创面基本干燥、平整、疤痕逐渐消除。

皮肤受到外界损伤时，会引起体液流失和免疫力下降，并且容易造成感染。伤口治疗在临床上很常见，常采用的措施是把伤口敷料覆盖在伤口表面进行止血，并促进伤口愈合。伤口敷料是指覆盖在伤口表面、保护伤口免受外界干扰、为伤口愈合提供特定环境的生物医用材料。针对不同伤口选择合适的伤口敷料，不仅可以有效控制伤口部位的出血、吸收伤口渗出液、控制伤口免受外部微生物细菌等的感染，还可以保护伤口免受二次损伤、为伤口愈合提供合适的环境，从而大量缩短伤口愈合所需的时间。伤口敷料在伤口管理过程中起着非常重要的作用，伤口一旦护理不当，就可能会形成慢性伤口，严重时还会威胁到人们（如糖尿病患者）的生命，这给患者和医疗系统带来了巨大的经济负担。在美国，每年都要在治疗慢性伤口上花费 200 亿美元，这主要归因于伤口感染问题。因此，如何有效控制伤口处细菌等微生物的感染，实现皮肤伤口的快速愈合，是伤口敷料开发研究的重点。

（1）医用敷料的要求

① 提供物理屏障　医用敷料需要防止外界微生物、污染物等对伤口的感染，同时也要避免伤口渗出物对周围环境的污染。

② 维持湿润环境　伤口在湿润的环境下愈合速度更快，理想的医用敷料应该能够保持伤口适当的湿润度，防止伤口干燥和结痂。

③ 促进伤口愈合　敷料应具有促进细胞增殖、迁移，调节炎症反应等功能，以加速伤口愈合过程。

④ 生物相容性　敷料与伤口组织具有良好的生物相容性，不会引起过敏、炎症等不良反应。

传统医用敷料的局限性如下。

① 纱布等传统敷料的纱布虽然具有一定的吸收性，但容易与伤口粘连，在更换敷料时会对新生的组织造成二次损伤。

② 它们不能有效地维持伤口的湿润环境，容易使伤口干燥，从而延缓伤口愈合。

③ 油膏类敷料虽然能够提供一定的湿润环境，但它们的透气性较差，容易滋生细菌，并且在清洁伤口时比较困难。

（2）水凝胶用于医用敷料的优势

① 良好的伤口贴合性　水凝胶柔软且具有一定的弹性，可以很好地贴合伤口的形状，无论是不规则形状的伤口还是关节等活动部位的伤口都能适用。例如，在烧伤患者的治疗中，水凝胶敷料可以紧密贴合烧伤创面，减少创面与外界的摩擦。

② 优异的保湿性能　水凝胶的高含水量能够长时间维持伤口的湿润环境。研究表明，与传统纱布敷料相比，水凝胶敷料可以使伤口的湿度保持在一个有利于愈合的水平，减少伤口结痂的形成，从而促进伤口的上皮化过程。

③ 减轻疼痛和炎症　水凝胶的柔软质地可以减少对伤口的刺激，减轻患者的疼痛。同时，一些水凝胶敷料还具有抗炎的特性。例如，含有壳聚糖的水凝胶，壳聚糖本身具有一定的抗菌和抗炎作用，可以减少伤口周围的炎症反应。

④ 促进细胞增殖和迁移　水凝胶可以为细胞的生长提供一个类似于细胞外基质的微环境。一些功能性水凝胶中添加了生长因子等生物活性物质，能够促进成纤维细胞、角质形成细胞等的增殖和迁移，加速伤口愈合。例如，在糖尿病足溃疡的治疗中，添加了血管内皮生长因子（VEGF）的水凝胶敷料可以促进溃疡部位新生血管的形成，提高伤口的愈合速度。

⑤ 可负载药物和生物活性物质　水凝胶可以作为药物和生物活性物质的载体。通过将抗生素、止痛剂、生长因子等负载到水凝胶中，可以实现对伤口的局部治疗。例如，将庆大霉素负载到水凝胶中，可以有效地预防和治疗伤口感染，并且由于是局部给药，减少了全身用药可能带来的副作用。

（3）水凝胶医用敷料存在的问题

① 力学性能不足　尽管可以调节水凝胶的力学性能，但在一些情况下，水凝胶的强度和韧性仍然无法满足复杂的临床需求。例如，在关节部位等需要频繁活动的伤口，水凝胶敷料可能容易破裂。

② 抗菌性能有限　虽然部分水凝胶具有抗菌性能，但对于一些严重感染的伤口，单纯依靠水凝胶的抗菌能力可能不够。需要进一步提高水凝胶的抗菌性能，或者更好地与其他抗菌药物结合使用。

③ 成本较高　水凝胶的制备过程相对复杂，尤其是一些新型的复合水凝胶，其原料成本和制备成本都比较高。这限制了水凝胶医用敷料的大规模推广和应用。

5.1.1.1　水凝胶用于医用敷料的类型

（1）天然高分子水凝胶

① 琼脂糖水凝胶　琼脂糖是从海藻中提取的一种天然多糖。琼脂糖水凝胶具有良好的生物相容性和低毒性。它可以形成稳定的凝胶结构，在医用敷料中可以起到保持伤口湿润、防止感染的作用。而且琼脂糖的凝胶化温度较低，便于在温和的条件下制备敷料。

② 壳聚糖水凝胶　壳聚糖是由甲壳素脱乙酰化得到的天然高分子。壳聚糖水凝胶具有抗菌性能，这是因为壳聚糖分子中的氨基可以与细菌表面的负电荷相互作用，破坏细菌的细胞膜。此外，壳聚糖水凝胶还能促进伤口愈合过程中的细胞增殖和组织再生，是一种很有潜力的医用敷料材料。

（2）合成高分子水凝胶

① PEG 水凝胶　PEG 水凝胶具有良好的亲水性、低毒性和生物相容性。PEG 可以通过化学交联的方法形成水凝胶，其网络结构可以通过改变 PEG 的分子量和交联密度来调节。PEG 水凝胶在医用敷料中的应用主要包括伤口覆盖、药物缓释等方面。

② PAA 水凝胶　PAA 水凝胶具有较强的吸水性和保水性。它可以吸收伤口渗出物并保持伤口的湿润环境。同时，PAA 水凝胶还可以通过共聚等方法引入其他功能基团，

如抗菌基团，以提高其在医用敷料方面的性能。

（3）复合水凝胶

为了综合天然高分子水凝胶和合成高分子水凝胶的优点，复合水凝胶被广泛研究。例如，将壳聚糖与PEG进行复合制备的水凝胶，既具有壳聚糖的抗菌性能，又具有PEG的良好生物相容性和可调节的力学性能。这种复合水凝胶在医用敷料中的应用可以提高伤口愈合的效率，减少感染的风险。

5.1.1.2 水凝胶医用敷料在伤口愈合中的作用机制

（1）保持伤口湿润

水凝胶的高含水量能够持续为伤口提供湿润的环境。这种湿润环境可以防止伤口干燥，避免新生的肉芽组织因干燥而受损。同时，湿润的环境也有利于细胞的活动，促进上皮细胞的迁移和增殖，从而加速伤口的愈合。

（2）促进细胞增殖和分化

水凝胶的三维网络结构为细胞的附着、增殖和分化提供了一个类似于体内细胞外基质的微环境。细胞可以在水凝胶的网络结构中迁移、增殖，并逐渐分化为各种组织细胞，如成纤维细胞、角质形成细胞等，这些细胞对于伤口的愈合和组织的再生具有重要的作用。

（3）防止感染

部分水凝胶具有抗菌性能，如壳聚糖水凝胶。对于没有抗菌性能的水凝胶，其可以通过保持伤口的湿润环境，减少细菌的滋生。此外，一些水凝胶还可以负载抗菌药物，通过缓慢释放抗菌药物来抑制伤口周围的细菌生长，降低感染的风险。

（4）减少瘢痕形成

在伤口愈合过程中，水凝胶可以调节细胞外基质的合成和降解。适当的细胞外基质环境有助于减少瘢痕组织的形成。水凝胶通过促进正常组织细胞的增殖和分化，使得伤口愈合后的组织更加接近正常组织，从而减少瘢痕的形成。

5.1.1.3 水凝胶医用敷料的临床应用

（1）急性伤口

① 割伤、擦伤　对于轻度的割伤和擦伤，水凝胶医用敷料可以迅速覆盖伤口，保持伤口湿润，促进伤口愈合。其柔软的质地不会对伤口造成额外的压迫，而且能够有效地防止外界细菌的侵入。

② 手术切口　在手术切口的护理中，水凝胶敷料可以减少切口的感染率，促进切口的愈合。与传统的纱布敷料相比，水凝胶敷料可以减少换药时对切口的损伤，因为它不会与切口粘连。

（2）慢性伤口

① 糖尿病足溃疡　糖尿病患者由于血糖水平高，伤口愈合能力差，容易形成糖尿病足溃疡。水凝胶医用敷料可以为糖尿病足溃疡提供良好的愈合环境，吸收溃疡部位的渗出物，同时负载的药物可以控制局部感染，促进溃疡的愈合。

② 压疮　压疮是长期卧床患者常见的并发症。水凝胶敷料可以减轻压疮部位的压力，保持皮肤的湿润，促进压疮的愈合。对于不同阶段的压疮，可以选择不同性能的水凝胶敷料进行针对性治疗。

（3）烧伤创面

烧伤创面的护理是烧伤治疗的重要环节。水凝胶医用敷料可以减轻烧伤创面的疼痛，防止创面感染，促进创面的愈合。在烧伤创面愈合过程中，水凝胶敷料可以不断吸收创面渗出的组织液，同时保持创面的湿润，为创面愈合创造有利的条件。

5.1.2　组织工程中的应用

组织工程是一门多学科交叉的领域，旨在通过结合工程学原理、生命科学知识以及材料科学技术，构建具有生物活性的组织或器官替代品，以修复、替换或增强受损的组织和器官功能。其最终目标是实现受损组织和器官的功能性再生，提高患者的生活质量。组织工程的三要素如下。

① 种子细胞　种子细胞是组织工程的基础。理想的种子细胞应具备以下特点：来源广泛、易于获取、具有高增殖能力、能分化为所需的细胞类型。例如，间充质干细胞（MSCs）就是一种常用的种子细胞，它可以从骨髓、脂肪组织等多种组织中获取，在适当的诱导条件下能分化为成骨细胞、软骨细胞、脂肪细胞等多种细胞类型。

② 生物活性因子　生物活性因子在组织工程中起着调控细胞行为的重要作用。这些因子包括生长因子、细胞因子等。例如，骨形态发生蛋白（BMP）是一种重要的生长因子，在骨组织工程中，BMP-2 能够诱导间充质干细胞向成骨细胞分化，促进骨组织的形成。

③ 支架材料　支架材料为细胞提供生长的三维空间，并模拟体内的 ECM 环境。它需要具备良好的生物相容性、生物可降解性、合适的孔隙率和孔径大小等特性。例如，PLGA 是一种常用的合成高分子支架材料，具有良好的生物可降解性和生物相容性。

水凝胶能够吸收大量的水分并保持其形状，其生物相容性、可降解性以及与生物组织相似的物理性质等特点，为组织修复、再生和功能重建提供了理想的材料平台。

① 生物相容性　水凝胶的化学组成和结构与生物组织有一定的相似性，可以模拟生物体内的细胞外基质环境，被机体所接受，在与生物细胞和组织相互作用时不会引起强烈的免疫反应。例如，一些基于天然高分子如胶原蛋白、透明质酸制成的水凝胶，本身就是生物体内存在的成分，细胞能够在其表面和内部正常生长、增殖和分化。水凝胶还可以通过调节其化学组成和表面性质来优化生物相容性。如在水凝胶表面接枝生物活性分子，像细胞黏附肽等，可以促进特定细胞的黏附，提高其与宿主组织的整合能力。

② 可降解性　可降解水凝胶在组织工程中具有重要意义。它们能够在体内逐渐分解，为组织再生提供空间的同时，降解产物可以被机体代谢排出体外。例如，PLGA 水凝胶，其降解速度可以通过调节 PLGA 的组成比例来控制。可降解水凝胶的降解过程与组织再生的进程相匹配是关键。如果降解过快，可能会导致组织修复不完全；而降解过慢，则可能会阻碍组织的正常生长。

③ 高含水量　水凝胶通常含有大量的水分（70%～99%），这使得其具有类似生物组织的柔软性和弹性。高含水量有助于维持细胞的生存环境，有利于营养物质和代谢废物的交换。例如，在软骨组织工程中，水凝胶的高含水量特性能够模拟软骨组织的物理性质，为软骨细胞提供适宜的生长环境，有助于维持软骨细胞表型的稳定和功能表达。

④ 可调节的物理性质　水凝胶的力学性能可以通过改变其组成成分、交联密度等方式进行调节。例如，增加交联剂的用量可以提高水凝胶的硬度，以适应不同组织（如骨骼组织需要较高的硬度，而软组织则需要较软的支撑材料）的需求。水凝胶的孔隙率和孔径大小对于细胞的迁移、营养物质和代谢废物的交换至关重要。通过控制制备工艺，可以得到具有合适孔隙率和孔径的水凝胶。

5.1.2.1　水凝胶在组织工程中的应用分类

（1）软组织修复

① 皮肤组织工程　水凝胶可用于制备人工皮肤替代物。例如，含有成纤维细胞和角质形成细胞的水凝胶支架，能够促进皮肤创面的愈合。一些研究中，将含有生长因子的水凝胶应用于烧伤创面，生长因子可以促进细胞的增殖和迁移，加速创面的愈合过程。壳聚糖水凝胶由于其抗菌性能和良好的生物相容性，在皮肤修复中也有广泛应用。它可以形成一个湿润的愈合环境，有利于伤口的愈合，并且能够减少瘢痕的形成。皮肤组织工程中的水凝胶主要用于促进皮肤创面的愈合。水凝胶可以保持创面的湿润环境，防止创面干燥，这对于皮肤细胞的迁移和增殖非常重要。同时，水凝胶可以负载抗菌药物和生长因子，起到抗感染和促进皮肤再生的作用。如透明质酸水凝胶在皮肤组织工程中是常用的材料。透明质酸是皮肤细胞外基质的重要组成部分，透明质酸水凝胶能够与皮肤细胞产生良好的相互作用，促进成纤维细胞的增殖和迁移，加速皮肤创面的愈合。

② 肌肉组织工程　对于肌肉损伤的修复，水凝胶可以作为细胞载体和生长因子的缓释载体。例如，将肌肉卫星细胞负载到水凝胶中，水凝胶能够提供细胞生长和分化所需的三维环境，并且可以通过调控水凝胶的力学性能来模拟肌肉组织的弹性，促进肌肉细胞的排列和分化，最终实现肌肉组织的修复和再生。

（2）硬组织修复

① 骨组织工程　水凝胶可以与骨组织工程中的生物活性陶瓷（如羟基磷灰石）复合使用。例如，将羟基磷灰石颗粒分散在水凝胶中，水凝胶能够提高复合材料的可塑性和生物活性，同时羟基磷灰石可以提供骨传导性。这种复合水凝胶可以用于填充骨缺损部位，促进骨细胞的黏附、增殖和分化。一些具有诱导成骨能力的生长因子（如骨形态发生蛋白）可以被包裹在水凝胶中，实现生长因子的缓慢释放，从而持续刺激骨组织的再生。

② 牙组织工程　在牙髓再生方面，水凝胶可以作为干细胞和生物活性分子的载体。例如，将牙髓干细胞负载到水凝胶中，并添加一些促进牙髓细胞分化的因子，如牙本质基质蛋白等，将其植入牙髓缺损部位，有望实现牙髓组织的再生。

（3）神经组织工程

在神经组织工程中，水凝胶为神经细胞的生长提供了一个柔软、类似于神经组织的微环境，由于神经细胞的轴突生长具有方向性，水凝胶可以通过构建具有特定微结构的三维环境，引导神经细胞轴突的延伸。此外，水凝胶还可以包裹神经营养因子，如神经生长因子（NGF），促进神经细胞的存活和分化。例如，藻酸盐水凝胶可以用于包裹神经干细胞，将其移植到神经损伤部位。藻酸盐水凝胶的三维网络结构能够支持神经干细胞的存活、增殖和分化，并且可以防止干细胞的流失。一些功能化的水凝胶可以通过添加 NGF 等生物活性分子来促进神经细胞的轴突生长。例如，将 NGF 共价结合到 PEG 水凝胶上，这种功能化水凝胶能够特异性地刺激神经细胞的轴突延伸，为神经损伤后的修复提供一种有前景的策略。

5.1.2.2 水凝胶在组织工程中的作用机制

（1）物理降解

① 侵蚀　侵蚀是指水凝胶表面的物质逐渐被周围的生物液体溶解或冲刷掉，导致水凝胶尺寸的缩小。这种过程通常发生在亲水性较强的水凝胶中，因为它们更容易与周围的水分子发生相互作用。侵蚀过程中，水分子不断渗入水凝胶内部，导致其结构逐渐瓦解。

② 蠕变　蠕变是指水凝胶在恒定应力作用下，随着时间的推移发生的缓慢变形。这种变形会导致水凝胶内部结构的重新排列，进而可能导致其部分区域的降解。蠕变过程涉及水凝胶分子间的滑动和断裂，这在长时间的机械负荷下尤为明显。

（2）化学降解

① 水解　水解是最常见的化学降解机制，特别是在含有酯键、酐键和其他可水解官能团的水凝胶中。水解反应导致这些化学键断裂，形成新的化合物，通常是小分子的醇和酸。这些小分子随后可以进一步从水凝胶网络中扩散出去，导致整体结构的松弛和分解。

② 酶解　酶解是指特定的酶催化水凝胶中某些化学键的断裂。这种机制特别重要，因为在组织工程中使用的很多水凝胶都是基于天然聚合物，如胶原蛋白、透明质酸和纤维蛋白等，这些聚合物都容易受到特定酶的作用。酶解过程通常具有高度的选择性和特异性，能够在特定的时间和地点启动水凝胶的降解，从而更好地模拟自然组织的再生过程。

③ 氧化　氧化降解涉及水凝胶分子中的化学键与活性氧物种（ROS）如超氧自由基、过氧化氢等反应。这种反应会导致水凝胶分子主链的断裂，形成较小的片段。氧化降解通常在有氧气存在的条件下加剧，尤其是在有金属离子或其他催化剂的情况下。

（3）生物降解

① 细胞介导的降解　细胞可以直接或间接地参与水凝胶的降解。直接途径包括细胞通过分泌酶来降解水凝胶基质，以便于细胞的迁移和增殖。间接途径则是细胞通过引发炎症反应，吸引其他细胞（如巨噬细胞）来降解水凝胶。这种机制允许水凝胶在组织再生的过程中逐步被新组织取代。

② 微生物降解　微生物（如细菌和真菌）也可以通过分泌酶来降解水凝胶。这种机制在感染情况下尤为重要，但也可能在某些组织工程应用中发挥作用，特别是涉及开放性伤口或植入物的情况。

5.1.2.3 水凝胶在组织工程中的临床应用

（1）用于心肌组织修复的水凝胶实例

例如一种基于明胶-甲基丙烯酰基（GelMA）水凝胶的心肌组织工程支架。GelMA 水凝胶具有良好的生物相容性和可光交联性。在制备过程中，将使心肌细胞与 GelMA 溶液混合，然后通过光交联形成含有心肌细胞的三维水凝胶结构。这种水凝胶结构能够模拟心肌组织的细胞外基质环境，使心肌细胞在其中能够形成类似于天然心肌组织的细胞间连接。实验结果表明，在体外培养中，心肌细胞在 GelMA 水凝胶中的存活率较高，并且能够正常搏动。将这种水凝胶支架移植到心肌梗死动物模型的梗死区域，发现其能够减少梗死面积，改善心脏功能。其原因是水凝胶支架为心肌细胞提供了一个稳定的生长环境，同时能够促进新生血管的生成，为心肌细胞提供充足的营养。

（2）用于角膜组织工程的水凝胶实例

例如有研究将壳聚糖-透明质酸（CS-HA）复合水凝胶用于角膜组织工程。CS-HA 复合水凝胶结合了壳聚糖的抗菌性和透明质酸的良好生物相容性及保水性。在制备过程中，通过调节壳聚糖和透明质酸的比例来优化水凝胶的物理和化学性质。将角膜缘干细胞负载到 CS-HA 复合水凝胶中，然后将其移植到角膜损伤动物模型的角膜上。实验结果表明，角膜缘干细胞在水凝胶中能够存活、增殖并分化为角膜上皮细胞，角膜上皮层得到有效修复，角膜的透明度也逐渐恢复。这是因为水凝胶为角膜缘干细胞提供了适宜的生长环境，并且能够防止干细胞的流失。

5.1.3 药物递送载体

水凝胶作为一种先进的药物递送载体，具备多种显著优点如下。

① 高生物相容性和生物降解性　水凝胶通常由天然或合成的生物相容性材料制成，如琼脂糖、海藻酸钠、壳聚糖或聚丙烯酸等。这些材料在体内能够降解为无害的小分子，被身体自然吸收或排出，减少了长期毒性和副作用的风险。例如，壳聚糖是一种来源于甲壳素的天然多糖，具有良好的生物相容性和生物降解性，适用于制备水凝胶药物递送系统。

② 高药物负载量和控释性能　水凝胶的三维网络结构允许高容量地负载药物，并通过调节其交联密度和亲水性来控制药物释放速率。例如，pH 响应性水凝胶在特定 pH 值下会改变其溶胀程度，从而实现药物的定点释放。这种按需释放机制提高了治疗效果，减少不必要的药物浪费和副作用。在肿瘤治疗中，使用 pH 响应性水凝胶可以实现药物在肿瘤微环境下的特异性释放，提高局部药物浓度，减少对健康组织的伤害。

③ 改善药物稳定性和溶解性　水凝胶提供的微环境有助于保护药物免受外界因素（如酶、pH 值、温度）的影响，从而提高其稳定性。对于难溶性药物，水凝胶通过增溶作用提高其溶解度，提高生物利用度。例如，紫杉醇是难溶性抗癌药物，将其包裹在水凝胶中可以显著提高其溶解度和治疗效果。

④ 多样化给药途径　水凝胶可以设计成多种形式，如局部涂抹、口服、注射或经皮

给药，扩展了药物递送的应用范围。例如，局部递药水凝胶在肿瘤术后治疗中表现出色，不仅可以原位形成凝胶，简化药物递送，还可以响应不同刺激（如酸碱度、温度等），实现可控释药。此外，水凝胶微针贴片提供了一种无痛、高效的经皮给药方式，特别适用于需要长期服药的情况。尽管水凝胶药物递送系统有许多优点，但也存在以下不足之处。

① 机械强度有限　大多数水凝胶的机械强度不高，易破损，限制了其在某些应用场景中的使用。例如，在需要承受较大压力或摩擦的情况下，水凝胶可能会失去完整性，影响药物递送的效果。

② 成本较高　高纯度原材料和复杂的制备工艺导致水凝胶的成本较高，这可能限制其大规模应用和普及。特别是对于需要精细控制和特殊条件（如无菌环境）的制备过程，成本问题更为突出。寻找低成本、高性能的原料和简化生产工艺是未来研究的重要方向。

③ 可能引起的低氧环境　高含水量的水凝胶在某些情况下可能会导致局部组织的低氧环境，影响细胞活性和组织修复。例如，在伤口愈合过程中，如果水凝胶阻碍了氧气的有效传输，可能会延缓愈合进程。因此，设计具有良好透气性的水凝胶或结合氧气递送系统是解决问题的关键。

④ 药物释放的可控性有待提高　虽然水凝胶可以通过设计实现一定程度上的控释，但对于某些需要精确释放曲线的药物，现有的水凝胶系统仍难以达到理想的要求。例如，在糖尿病慢性伤口治疗中，水凝胶负载的药物释放有时缺乏精确的时间和剂量控制，影响治疗效果，故开发更智能、响应更快的水凝胶系统将是提高药物释放可控性的关键。

5.1.3.1　水凝胶用于药物递送的方式

（1）口服给药

口服是最常见的给药途径，但许多药物在胃肠道中面临着胃酸降解、酶解以及吸收不完全等问题。水凝胶可以作为药物载体来改善这些问题。例如，壳聚糖-藻酸盐复合水凝胶被用于口服胰岛素的传递。壳聚糖具有良好的黏膜黏附性，可以延长药物在胃肠道中的停留时间。藻酸盐则可以在酸性环境下形成凝胶，保护胰岛素免受胃酸的破坏。研究表明，这种复合水凝胶能够在一定程度上提高胰岛素的口服生物利用度。

（2）注射给药

水凝胶在注射给药方面也有重要应用。例如，可注射的温敏性水凝胶已被用于局部药物递送。PNIPAAm 水凝胶是一种典型的温敏性水凝胶。

在低温下，PNIPAAm 水凝胶处于溶胀状态，可以与药物溶液混合均匀并进行注射。当注射到体内后，由于体温（约 37℃）高于其最低临界共溶温度，水凝胶会发生相转变，从溶胀状态变为收缩状态，从而在局部形成药物储库。这种水凝胶已被用于肿瘤局部化疗药物的递送，如阿霉素的递送。通过将阿霉素包封在 PNIPAAm 水凝胶中，实现了阿霉素在肿瘤部位的缓慢释放，提高了药物在肿瘤组织中的浓度，同时减少了对正常组织的毒副作用。

原位形成水凝胶也是注射给药的一种形式。例如，基于醛基化透明质酸和酰肼修饰的明胶形成的水凝胶。当这两种组分混合后，会在体内通过席夫碱反应迅速形成水凝胶。这种水凝胶可以包封生长因子等生物活性药物，用于组织修复等应用。在骨组织修复中，它可以将骨形态发生蛋白-2（BMP-2）递送到缺损部位，促进骨组织的再生。

（3）经皮给药

水凝胶在经皮给药系统（TDS）中的应用主要是利用其良好的皮肤黏附性和对药物的控制释放能力。例如，聚丙烯酸酯水凝胶被广泛应用于经皮给药。聚丙烯酸酯水凝胶可以与皮肤表面紧密贴合，并且可以通过调节其配方来控制药物的释放速度。对于一些需要缓慢释放的药物，如芬太尼等止痛药物，聚丙烯酸酯水凝胶经皮给药系统可以提供持续的药物释放，维持稳定的血药浓度，提高药物的治疗效果。

水凝胶还可以与微针技术相结合用于经皮给药。微针可以在皮肤表面形成微小的通道，便于水凝胶中的药物更好地渗透进入皮肤。例如，一种含有疫苗的水凝胶与微针贴片结合，可以提高疫苗的经皮免疫效果。这种方式可以减少传统注射带来的疼痛和感染风险。

（4）眼部给药

眼部给药面临着许多挑战，如泪液的冲刷会导致药物迅速流失，角膜屏障会阻碍药物的吸收等。水凝胶在眼部给药中有独特的优势。例如，透明质酸水凝胶用于眼部药物递送。透明质酸水凝胶具有良好的润湿性和生物相容性，可以延长药物在眼部的停留时间。它可以包封抗生素、抗炎药物等用于治疗眼部感染和炎症。例如，在治疗细菌性角膜炎时，将庆大霉素包封在透明质酸水凝胶中，可以提高庆大霉素在眼部的有效浓度，增强治疗效果。

原位凝胶化水凝胶也被用于眼部给药。如泊洛沙姆407水凝胶，在室温下为液态，便于滴入眼中，一旦接触眼部温度后会迅速凝胶化，在眼部形成药物储库，缓慢释放药物，减少药物的流失。

5.1.3.2 水凝胶用于药物递送的机制

水凝胶是由亲水性聚合物链通过物理或化学交联形成的三维网络结构。这种网络结构能够吸收大量的水，形成一个类似于生物组织的环境。水凝胶的高含水量和多孔结构使其具有良好的生物相容性和渗透性，允许营养物质和信号分子的运输，支持细胞代谢和增殖。

（1）药物的包载和释放

① 药物包载　水凝胶的多孔结构和高含水量使其能够包载各种类型的药物，包括小分子药物、蛋白质、核酸和细胞等。药物可以通过物理吸附、化学键合被封装在水凝胶的网络结构中。高载药量和灵活的包载方式是水凝胶递药系统的一大优势。

水凝胶可以通过物理吸附、化学键合等方式包封药物。对于物理吸附，药物分子可以被吸附在水凝胶的网络结构内。例如，一些亲水性药物可以通过与水凝胶网络中的水分子形成氢键而被包封。

化学键合则是通过在水凝胶高分子链上引入特定的官能团，与药物分子发生化学反应形成共价键。这种方式可以更精确地控制药物的释放。水凝胶的缓释能力源于其网络结构对药物扩散的阻碍作用。药物分子从水凝胶内部扩散到外部环境的速度取决于水凝胶的网络密度、药物与水凝胶的相互作用等因素。

② 控制释放 水凝胶的药物释放机制主要依赖于其网络结构的降解和溶胀行为。通过调节水凝胶的交联密度、聚合物链长度和引入功能性基团，可以精确控制药物的释放速率。例如，pH 敏感或温度敏感的水凝胶能够在特定的生理条件下（如肿瘤微环境的酸性或体温升高）快速释放药物，实现定点和定时的药物释放。

（2）刺激响应性

水凝胶可以根据外部刺激（如 pH 值、温度、酶、光等）发生溶胀或降解，从而实现药物的可控释放。例如，肿瘤组织通常呈现酸性环境，pH 敏感的水凝胶在此环境下会增加溶胀程度，加快药物释放。这种按需释放机制提高了治疗效果，减少了对正常组织的损害。

5.1.3.3 水凝胶用于药物传递的临床应用

（1）长效麻醉药物递送

传统的小分子麻醉药物在体内的半衰期短，需要频繁给药才能维持麻醉效果，这对患者来说既不便又可能增加副作用风险。通过将麻醉药物（如利多卡因）加载到水凝胶平台上，可以实现药物的长效释放。四川大学郭俊凌教授团队开发的一种水凝胶平台，通过整合具有生物相容性的超分子多酚纳米填料（SPF），使传统水凝胶具备对药物分子持续和控制释放的能力。

SPF 主要由天然或合成的多酚通过与金属离子配位而构建。水凝胶网络中的 SPF 提供了多级孔状结构，延长了药物分子的扩散路径。此外，SPF 上的多酚官能团能够在 SPF 水凝胶网络中与药物分子形成多重分子相互作用，从而实现对药物分子瞬时捕获—扩散的连续动态循环，从而精细地控制药物的释放。

（2）化疗药物控释

化疗药物（如阿霉素 DOX 和 5-氟尿嘧啶 Fu）虽然对肿瘤细胞有杀伤作用，但也因其高毒性和非特异性分布而对正常组织造成严重伤害。通过将化疗药物加载到水凝胶平台上，可以实现药物的控释和长效作用。例如，将载有 DOX 的微胶囊与载有 Fu 的水凝胶混合，形成复合药物递送系统。

这种复合系统通过注射到肿瘤部位并在体温下原位凝胶化，可以长时间维持肿瘤组织的药物浓度，减少全身性毒副作用，并避免多次注射。微胶囊与水凝胶复合比单独使用微凝胶有更长的药物释放时间，避免药物局部高浓度，从而限制有毒药物的水平。

（3）免疫检查点抑制剂递送

免疫检查点抑制剂（如抗 PD-L1 和抗 CTLA-4 单克隆抗体）通过解除肿瘤对免疫系统的抑制作用，恢复 T 细胞对肿瘤的杀伤能力，但在全身给药时常伴随严重的副作用。通过将免疫检查点抑制剂加载到水凝胶平台上，实现局部递送，减少全身副作用。例如，使用氧化海藻酸钠修饰的肿瘤膜囊泡（O-TMV）与 Ca^{2+} 通道抑制剂二甲基阿米洛利（DMA）和细胞周期蛋白依赖性激酶 5 抑制剂共同形成水凝胶。

在水凝胶形成过程中，O-TMV 在肿瘤微环境中螯合 Ca^{2+}，DMA 持续阻止 Ca^{2+} 进入细胞内，协同减少胞质内 Ca^{2+} 浓度，抑制 Ca^{2+} 依赖性的外泌体分泌，从而降低循环外泌体 PD-L1。细胞周期蛋白依赖性激酶 5 抑制剂通过基因阻断效应下调肿瘤细胞 PD-L1 表达，同时减弱 IFN-γ 诱导的 PD-L1 适应性免疫耐受，从而实现肿瘤细胞和外泌体中 PD-L1 表达下调。

（4）抗生素和生长因子递送

伤口愈合过程中常常伴随着感染和炎症反应，需要有效的抗生素和生长因子来促进愈合过程。通过将抗生素和生长因子加载到水凝胶平台上，可以实现药物的长效释放和局部高浓度。例如，使用牛血清白蛋白（BSA）纳米颗粒和全反式维甲酸（ATRA）添加到水凝胶接触镜中，可以实现 UV 保护、湿润性、拉伸强度和药物递送的优化。BSA 纳米颗粒和 ATRA 通过不同方法添加到水凝胶中，经过物理性质分析，发现可以改变 UV 保护、湿润性、拉伸强度和药物递送持续时间。通过改变 SPF 的含量，SPF 水凝胶可在从数小时到数周的时间范围内表现出高度可调的药物释放动力学。

5.2 环境治理

5.2.1 在水污染治理中的应用

全球范围内，许多河流、湖泊和海洋都面临着污染的威胁。例如，工业废水的排放，其中含有大量的重金属（如汞、镉、铅等）、化学有机物（如苯系物、多氯联苯等），这些物质进入水体后，会改变水体的化学性质，影响水生生物的生存。生活污水的不当处理也是一个严重问题。生活污水中富含氮、磷等营养物质，过量排入水体后会导致水体富营养化，引发藻类大量繁殖，破坏水体的生态平衡。像我国的太湖曾经就因为生活污水和农业面源污染导致蓝藻暴发，严重影响了周边地区的供水安全和生态环境。

健康的水环境是众多水生生物的栖息地，从微小的浮游生物到大型的鱼类等，它们构成了复杂的食物链和生态系统。水环境治理能够恢复和维持水体的生态功能，为生物提供适宜的生存环境。水体与周边的陆地生态系统也存在着紧密的联系，如湿地生态系统依赖于水体的水量和水质。通过治理水环境，可以促进整个生态系统的稳定和可持续发展。

保障供水安全。干净、卫生的水是人类生活和生产的基本需求。水环境治理能够确保饮用水源的安全，减少因水污染导致的疾病传播。良好的水环境有利于渔业、水上旅游业等产业的发展。同时，也能减少因水污染带来的经济损失，如治理水污染所需的高昂费用等。

5.2.1.1 水凝胶在废水处理中的作用机制

（1）吸附作用

① 对重金属离子的吸附　水凝胶中的官能团（如羧基、氨基、羟基等）可以与废水

中的重金属离子（如 Pb^{2+}、Cu^{2+}、Cd^{2+} 等）发生配位反应。以壳聚糖水凝胶为例，壳聚糖分子链上的氨基可以与重金属离子形成配位键，从而将重金属离子从废水中吸附出来。离子交换也是水凝胶吸附重金属离子的一种方式。对于含有磺酸基或羧基等酸性官能团的水凝胶，这些官能团中的氢离子可以与废水中的重金属离子进行交换，达到去除重金属的目的。

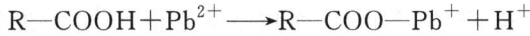

$$R—COOH + Pb^{2+} \longrightarrow R—COO—Pb^+ + H^+$$

式中，R 代表水凝胶的聚合物链。

② 对有机污染物的吸附与降解　水凝胶对有机污染物的吸附主要基于疏水相互作用（如范德华力）、化学吸附（如氢键和 π-π 相互作用等）。对于疏水性的有机污染物，如多环芳烃（PAHs），水凝胶中的疏水区域可以与这些污染物相互作用，将其吸附到水凝胶内部。对于含有酚羟基等官能团的有机污染物，水凝胶中的官能团可以通过氢键与之结合。水凝胶还可以通过包裹的方式将染料分子固定在其网络结构内部。如将碳纳米管等纳米材料引入水凝胶体系中，可以进一步提高对染料的吸附能力，这是因为纳米材料可以增加水凝胶的比表面积和吸附活性位点。

一些功能化的水凝胶可以作为催化剂载体，负载光催化剂（如 TiO_2）或酶等活性物质，用于降解有机污染物。例如，将 TiO_2 纳米颗粒均匀分散在水凝胶网络中，在光照条件下，TiO_2 可以产生具有强氧化性的羟基自由基（·OH），从而降解水中的有机污染物，如苯酚等。反应式为：

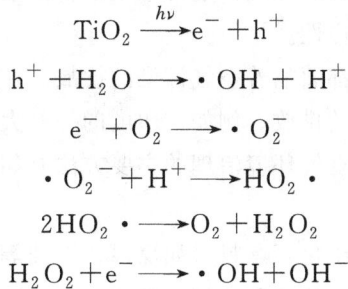

$$TiO_2 \xrightarrow{h\nu} e^- + h^+$$
$$h^+ + H_2O \longrightarrow \cdot OH + H^+$$
$$e^- + O_2 \longrightarrow \cdot O_2^-$$
$$\cdot O_2^- + H^+ \longrightarrow HO_2 \cdot$$
$$2HO_2 \cdot \longrightarrow O_2 + H_2O_2$$
$$H_2O_2 + e^- \longrightarrow \cdot OH + OH^-$$

（2）絮凝作用

一些合成水凝胶，如聚丙烯酰胺水凝胶，在废水中可以通过吸附架桥作用使悬浮颗粒聚集形成较大的絮体。聚丙烯酰胺分子链较长，可以同时吸附多个悬浮颗粒，将它们连接在一起，促进沉降过程。天然水凝胶如壳聚糖也具有一定的絮凝性能。壳聚糖在酸性条件下带正电荷，可以与废水中带负电荷的悬浮颗粒发生静电吸引作用，使悬浮颗粒聚集沉降。

5.2.1.2　水凝胶用于废水处理的实例

（1）以壳聚糖水凝胶处理重金属废水

将壳聚糖溶解在稀醋酸溶液中，然后加入交联剂（如戊二醛），在一定的温度和搅拌条件下反应一定时间，形成壳聚糖水凝胶。取一定量的含重金属离子（如 Pb^{2+} 浓度为 100mg/L）的废水，加入制备好的壳聚糖水凝胶，在室温下振荡一定时间（如 24h）。通过原子吸收光谱法测定处理前后废水中 Pb^{2+} 的浓度。实验结果表明，由于壳聚糖水凝胶分子链

上的氨基与 Pb^{2+} 发生了强烈的配位作用,壳聚糖水凝胶对 Pb^{2+} 的去除率可以达到 80%。

（2）聚丙烯酰胺水凝胶处理印染废水

以丙烯酰胺为单体,过硫酸铵为引发剂,N,N'-亚甲基双丙烯酰胺为交联剂,在水溶液中进行聚合反应制备聚丙烯酰胺水凝胶。将制备好的聚丙烯酰胺水凝胶加入印染废水中,印染废水中含有大量的染料分子（如活性艳红 X-3B）和悬浮颗粒。在一定的搅拌速度和处理时间（如 30min）下进行处理。采用分光光度计测定处理前后印染废水中染料的浓度,发现聚丙烯酰胺水凝胶对活性艳红 X-3B 的去除率可以达到 70%。同时,通过观察废水的浊度变化,发现水凝胶对悬浮颗粒也有较好的絮凝效果,废水的浊度明显降低。

5.2.2 在空气污染治理中的应用

空气质量直接关系到人类的健康。空气中的污染物如颗粒物（PM2.5 和 PM10）、二氧化硫（SO_2）、氮氧化物（NO_x）、挥发性有机物（VOCs）等会对人体呼吸系统、心血管系统等造成严重危害。例如,长期暴露在高浓度的 PM2.5 环境中,可能导致肺癌、心血管疾病的发病率上升。对于儿童、老年人和患有慢性疾病的人群来说,他们对空气污染更为敏感,不良的空气质量可能加重他们的病情,影响其生活质量甚至缩短寿命。

空气污染对生态系统也有着深远的影响。高浓度的酸性气体（如 SO_2、NO_x）会导致酸雨的形成,酸雨会损害土壤结构,使土壤酸化,影响植物的生长和发育;还会对水体生态系统造成破坏,改变水体的酸碱度,危害水生生物的生存。此外,空气污染还可能影响动植物的繁殖能力和物种多样性。

在全球范围内,许多城市都面临着空气污染的挑战。在发展中国家,快速的工业化和城市化进程导致了大量污染物的排放。例如,印度的一些大城市,空气质量常年处于较差的水平,雾霾天气频繁出现。空气环境治理的主要方法有如下 3 种。

（1）源头控制

能源结构调整,减少对传统化石燃料（如煤炭、石油等）的依赖,增加清洁能源（如太阳能、风能、水能、核能等）的使用比例。例如,在我国的一些地区,大力发展太阳能光伏发电和风力发电项目,逐步替代传统的燃煤发电。提高能源利用效率也是源头控制的重要方面。通过推广节能技术和设备,如高效锅炉、节能灯具等,可以减少能源的消耗,从而减少污染物的排放。同时,需持续推进产业结构优化,限制高污染、高能耗产业的发展,鼓励发展低污染、低能耗的高新技术产业和服务业。例如,一些城市将传统的钢铁、水泥等高污染产业逐步向外转移,同时积极培育电子信息、文化创意等新兴产业。

（2）过程治理

采用多种废气处理技术,如脱硫、脱硝、除尘等。对于燃煤电厂,安装脱硫装置可以有效去除烟气中的 SO_2,采用选择性催化还原（SCR）或选择性非催化还原（SNCR）技术可以去除 NO_x。对于工业粉尘的治理,布袋除尘器、静电除尘器等设备可以有效地收集粉尘,减少颗粒物的排放。

（3）末端治理

① 植树造林　树木具有吸收污染物、净化空气的能力。森林中的植物可以通过光合

作用吸收二氧化碳（CO_2），释放氧气（O_2），同时还可以吸附和过滤空气中的颗粒物、SO_2等污染物。城市绿化也是末端治理的重要组成部分。

② 建设城市公园、绿地等　可以改善城市的空气质量，缓解城市热岛效应。

③ 空气净化技术　开发和应用空气净化设备，如空气净化器、新风系统等。这些设备可以在室内或局部环境中去除空气中的污染物，改善空气质量。

空气环境治理是一项复杂而紧迫的任务，水凝胶作为一种具有独特性能的材料，在空气环境治理中有着广阔的应用前景。虽然目前还面临着一些挑战，但通过不断研究和开发，水凝胶有望成为空气环境治理的重要手段之一。

5.2.2.1　水凝胶用于空气治理的作用机制

（1）物理过滤

水凝胶的三维网络结构赋予其一定的机械强度和弹性，使其可以用作过滤材料。空气通过水凝胶层时，其中的颗粒物（PM2.5、PM10等）会被拦截下来，起到除尘的作用。此外，水凝胶的多孔结构允许空气流通，同时还可以阻挡较大的颗粒物。

（2）吸附有害气体

① 对酸性气体的吸附　水凝胶中的碱性官能团（如氨基等）可以吸附酸性气体，如二氧化硫（SO_2）和氮氧化物（NO_x）。反应式如下：

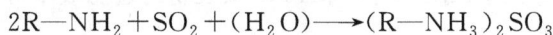

$$2R—NH_2+SO_2+(H_2O)\longrightarrow(R—NH_3)_2SO_3$$

式中，R代表水凝胶的聚合物链。

水凝胶的多孔结构有助于气体分子的扩散和吸附，并且可以通过改变水凝胶的组成和制备条件来优化其对酸性气体的吸附性能。

② 对VOCs的吸附　水凝胶对VOCs也具有一定的吸附能力。这是由于水凝胶与VOCs分子之间存在物理吸附作用，如范德华力。一些具有特殊结构的水凝胶，如超分子水凝胶，其分子间的弱相互作用可以特异性地吸附某些VOCs分子。此外，通过在水凝胶中引入特定的官能团，如芳香族基团，可以增强对VOCs的吸附能力，因为芳香族基团与VOCs分子之间可能存在π-π相互作用。

（3）催化作用

① 催化氧化反应　水凝胶可以负载催化剂用于空气净化中的催化氧化反应。例如，负载贵金属催化剂（如Pt、Pd等）的水凝胶可以催化CO的氧化反应，反应式为：

$$2CO+O_2\longrightarrow2CO_2$$

水凝胶作为催化剂载体可以提高催化剂的分散性，防止催化剂颗粒的团聚，从而提高催化效率。

② 光催化反应　类似于在水污染治理中的应用，水凝胶可以负载光催化剂用于空气中污染物的光催化降解。例如，负载有TiO_2的水凝胶在紫外光照射下，可以降解空气中的甲醛等有机污染物。光催化反应过程中产生的活性自由基可以将有机污染物分解为二氧化碳和水等无害物质。

5.2.2.2 水凝胶用于空气治理的实例

（1）吸附有害气体

将活性炭与水凝胶通过物理或化学方法复合。活性炭具有很强的吸附能力，水凝胶可以调节复合材料的湿度和孔隙结构。这种复合材料对空气中的有害气体，如二氧化硫（SO_2）、氮氧化物（NO_x）等具有较好的吸附效果。在模拟工业废气处理的实验中，该复合材料对 SO_2 的吸附量可以达到每克吸附 50～80mg 的 SO_2。

将离子交换树脂与水凝胶进行复合制备复合吸附剂。这种复合吸附剂可以选择性地吸附空气中的挥发性有机化合物（VOCs）。例如，在处理室内空气中的甲醛、苯等 VOCs时，它能够有效地降低室内空气中这些有害气体的浓度。实验表明，在一定的空气流速和吸附时间下，对甲醛的去除率可以达到 60%～70%。

（2）空气净化器滤材

水凝胶的三维网络结构可以有效地吸附空气中的颗粒物。当空气通过含有水凝胶的过滤材料时，颗粒物会被水凝胶捕获。水凝胶的高吸水性使得它能够保持一定的湿度，有助于提高对颗粒物的吸附效率。与传统的颗粒物过滤材料相比，水凝胶具有可调节的吸附性能。通过改变水凝胶的组成和结构，可以提高其对不同粒径颗粒物的吸附能力。通过纺丝技术将纤维素水凝胶制成纤维膜。这种纤维膜具有一定的黏性和孔隙结构，当空气通过时，颗粒物会被纤维膜捕获。在空气净化设备中，纤维素水凝胶纤维膜可以作为一种高效的空气过滤器，对空气中的 PM2.5 和 PM10 等颗粒物的过滤效率可以达到 90% 以上。

（3）调节空气湿度

水凝胶能够根据环境湿度的变化自动调节其吸放水的过程。当空气湿度较高时，水凝胶吸收水分；当空气湿度较低时，水凝胶释放水分，从而起到调节空气湿度平衡的作用。水凝胶的高效吸湿性能使其成为理想的除湿材料。在潮湿环境中，水凝胶可以通过吸收空气中的水分，有效降低空气湿度，提高人体舒适度，防止霉菌滋生。例如，一些新型的水凝胶能够在高温高湿条件下维持较长时间的吸湿作用，适用于热带地区的空气湿度控制。在干燥的环境中，水凝胶可以释放出水分，增加空气的湿度。这对于改善室内空气质量和人体舒适度有着重要的意义。在一些空调系统中，可以加入水凝胶材料来调节空气湿度。

（4）协同治理

① 与植物的协同作用　在城市绿化中，将水凝胶与植物相结合可以提高空气环境治理的效果。水凝胶可以为植物提供持续的水分供应，保证植物的生长和对污染物的吸收能力。植物通过光合作用释放氧气，吸收 CO_2 和其他污染物，而水凝胶则可以吸附空气中的颗粒物和有害气体，两者协同作用可以更好地改善空气质量。

② 与其他治理技术的协同　水凝胶可以与传统的空气治理技术如废气处理设备、空气净化器等协同工作。例如，在空气净化器中加入水凝胶材料，可以提高对污染物的去除效率，延长滤芯的使用寿命。

5.2.3　在土壤污染治理中的应用

随着工业化、城市化进程的加速，土壤受到了各种污染物的威胁，如重金属污染、有机污染物污染等。水凝胶作为一种具有特殊性能的材料，在土壤环境治理方面展现出了巨大的潜力。本书将深入探讨土壤环境治理的现状、水凝胶的特性及其在土壤环境治理中的多种应用，同时也将分析面临的挑战和未来的发展方向。

许多工业生产过程会产生大量含有重金属（如铅、汞、镉等）和有机污染物（如多环芳烃、农药残留等）的废弃物。这些废弃物如果未经妥善处理，就会通过渗漏、大气沉降等方式进入土壤。例如，金属冶炼厂排放的废气中的重金属颗粒会随着降雨沉降到周边土壤中，造成土壤重金属污染。农业生产中广泛使用的化肥、农药是土壤污染的重要来源。长期大量使用化肥会导致土壤板结、土壤养分失衡等问题。而农药中的一些成分，如有机氯农药，在土壤中残留时间长，难以降解，会对土壤生态系统造成破坏。城市垃圾填埋、污水排放等都会对土壤产生影响。垃圾填埋场中的垃圾渗滤液含有高浓度的有机物、重金属等污染物，会渗入地下土壤，污染土壤和地下水。

土壤污染会导致农作物减产、品质下降。受重金属污染的土壤中生长的农作物可能会吸收过量的重金属，这些重金属会在农作物中积累，通过食物链传递给人类和动物，对健康造成威胁。例如，镉污染的土壤中生长的水稻，其米粒中的镉含量可能会超标，长期食用会引发人体肾脏疾病等。土壤污染会改变土壤微生物的群落结构和功能。许多污染物对土壤中的有益微生物（如固氮菌、解磷菌等）具有毒害作用，从而影响土壤的肥力和生态功能。同时，土壤污染也会影响土壤动物（如蚯蚓等）的生存和活动，进一步破坏土壤生态平衡。土壤是地下水的重要补给源，土壤中的污染物可能会随着水分的下渗进入地下水，导致地下水污染。地下水一旦受到污染，治理难度极大，且会影响到周边居民的饮用水安全。

5.2.3.1　水凝胶用于土壤污染治理的作用机制

（1）静电相互作用

水凝胶中的官能团（如羧基、氨基等）可以通过静电引力与带正电荷的重金属离子结合，从而实现对这些离子的捕获和固定。这种作用机制在 pH 值较高的环境中尤为有效，因为此时重金属离子更倾向于带有更多的正电荷。

（2）配位

一些水凝胶含有能够与重金属离子形成配位键的官能团。例如，L-PH 水凝胶通过与 Cd^{2+} 和 Cu^{2+} 形成配位键，在土壤中生成 $Cd(HCOO)_2 \cdot 2(NH_2)_2CO$ 和 $Cu(HCOO)(OH)$ 等稳定的配合物。这种配位作用不仅减少了重金属的迁移性，而且提高了其在土壤中的固定化程度。

（3）离子交换

水凝胶中的某些阴离子基团（如磺酸基、磷酸基等）可以通过离子交换作用与土壤中的重金属阳离子进行交换，从而达到去除重金属的效果。例如，纤维素甲基丙烯酸酯水凝胶（CM-MA）对 Pb^{2+} 表现出优异的吸附性能，最大吸附量可达 148.44mg/g。

（4）沉淀和共沉淀

在一定条件下，水凝胶提供的微环境可以使重金属离子形成不溶性沉淀物。例如，Zn^{2+} 可以通过吸附和沉淀作用形成 $Zn(OH)_2$，从而减少其在环境中的迁移和浸出。

（5）微环境效应

水凝胶的高含水量和多孔结构为其内部微生物的生存提供了有利条件，促进了生物修复过程。同时，水凝胶的存在可以调节局部 pH 值和氧化还原电位，进一步影响重金属的化学形态和毒性。

5.2.3.2 水凝胶用于土壤污染治理的实例

（1）修复重金属污染土壤

将腐殖酸与聚丙烯酸进行交联反应制备水凝胶。腐殖酸具有一定的配位能力，聚丙烯酸可以通过离子交换和吸附作用固定重金属离子。将这种水凝胶施用于重金属污染土壤中，水凝胶可以吸附土壤中的重金属离子，如 Zn^{2+}、Ni^{2+} 等，减少重金属离子在土壤中的迁移性和生物可利用性。研究发现，在一定的施用量下，可以使土壤中重金属离子的有效态含量降低 30%～50%。

（2）降解有机污染物

将纤维素水凝胶与特定的降解酶（如多酚氧化酶、过氧化物酶等）进行复合制备纤维素-酶复合水凝胶。当这种复合水凝胶施用于被有机污染物（如多氯联苯、农药残留等）污染的土壤中时，酶可以催化有机污染物的降解反应。纤维素水凝胶则为酶提供了一个相对稳定的微环境，同时也有助于酶与污染物的接触。实验结果显示，在适宜的土壤条件下，这种复合水凝胶可以使土壤中多氯联苯的含量在一定时间内降低 20%～30%。

（3）对土壤生态系统的影响

水凝胶在土壤中的应用可能会对土壤微生物群落产生影响。一方面，水凝胶能改善土壤水分和通气性等条件，有利于某些微生物的生长。例如，一些好氧微生物在通气性良好的土壤中能够更好地发挥其分解有机物的功能。另一方面，水凝胶中的化学成分可能会对某些微生物产生刺激或抑制作用。因此，在大规模应用水凝胶之前，需要对其对土壤微生物群落的长期影响进行深入研究。

水凝胶的存在也可能影响土壤动物的活动。土壤动物如蚯蚓等在土壤生态系统中扮演着重要的角色。水凝胶的加入可能会改变土壤的物理性质，从而影响蚯蚓的活动和生存环境。例如，蚯蚓在土壤中的移动可能会受到水凝胶膨胀后的阻碍，或者水凝胶可能会改变土壤的温度和湿度等环境因素，间接影响蚯蚓的行为。

5.3 农业领域

5.3.1 用于土壤改良

5.3.1.1 基本作用机制

（1）改善土壤水分状况

水凝胶分子链上含有大量的亲水基团，如羧基（—COOH）、羟基（—OH）等。这些亲水基团能够通过氢键与水分子结合，从而将大量的水分固定在其网络结构内部。例如，聚丙烯酰胺水凝胶，其分子链上的酰胺基团（—$CONH_2$）具有很强的亲水性。水凝胶在土壤中的吸水过程是一个物理吸附和化学吸附共同作用的过程。在物理吸附方面，水分子被吸附在水凝胶的表面和孔隙中；在化学吸附方面，亲水基团与水分子之间形成化学键。当水凝胶置于土壤中时，它可以吸收自身重量数倍甚至数十倍的水分。

水凝胶在土壤中吸收大量水分后，会将水分固定在其网络结构内，从而增加土壤的持水量。这对于一些保水能力较差的土壤，如砂质土壤来说尤为重要。例如，在砂质土壤中加入水凝胶后，土壤的持水量可以显著提高，使得土壤能够更好地为植物生长提供水分。

水凝胶能够根据土壤的干湿程度缓慢调节土壤水分释放。当土壤干燥时，水凝胶会释放出一部分储存的水分，维持土壤的湿润度；当土壤湿度较高时，水凝胶又会继续吸收多余的水分。这种调节作用有助于保持土壤水分的平衡，减少因干旱或洪涝对植物生长的影响。

（2）改善土壤结构

水凝胶在吸收水分后会膨胀，这一膨胀过程可以改善土壤的孔隙结构。一方面，它可以撑开土壤颗粒之间的空隙，增加土壤的通气性；另一方面，它可以防止土壤板结。例如，黏性土壤、长期过度的耕作、不合理的灌溉等因素容易导致土壤板结，导致植物根系生长受阻。水凝胶的加入可以有效地缓解这种情况，使土壤保持疏松状态，有利于根系的延伸和生长。

水凝胶在土壤中可以起到黏结土壤颗粒的作用，促进土壤团聚体的形成。土壤团聚体是土壤结构的基本单元，良好的团聚体结构可以改善土壤的通气性、透水性和保肥性。水凝胶通过与土壤颗粒表面的相互作用，将小的土壤颗粒黏结在一起，形成较大的团聚体，从而提高土壤的结构稳定性。

（3）提高土壤肥力

水凝胶可以吸附土壤中的养分离子，如氮、磷、钾等，并根据植物生长的需求缓慢释放这些养分。这种养分的吸附和缓释功能有助于提高土壤中养分的利用率，减少养分的流失。例如，一些水凝胶可以与磷肥形成复合物，防止磷在土壤中的固定，提高磷的有效性。

水凝胶的存在为土壤微生物提供了一个相对稳定的生存环境。它可以保持土壤的水分和通气性，有利于微生物的生长和繁殖。土壤微生物在分解有机物质、转化养分等方面发挥着重要作用，因此改善微生物环境间接提高了土壤的肥力。

5.3.1.2 水凝胶用于土壤改良的应用实例

（1）在干旱地区农业中的应用

以色列是一个干旱缺水的国家，其农业生产面临着巨大的挑战。在以色列的沙漠农业中，水凝胶被广泛应用于土壤改良。例如，在种植柑橘树的果园中，将水凝胶混入土壤中。在灌溉时，水凝胶吸收并储存大量的水分，使得柑橘树在干旱的季节里仍然能够获得足够的水分供应。同时，水凝胶改善了土壤的结构，提高了土壤的保肥能力，减少了肥料的使用量。通过这种方式，以色列的沙漠农业实现了高效节水和高产的目标。

（2）在盐碱地改良中的应用

我国滨海地区存在着大面积的盐碱地。在山东的滨海盐碱地改良项目中，水凝胶与有机肥料等一起施用于土壤中。水凝胶的高吸水性和保水性有效地缓解了滨海盐碱地的干旱和盐分过高的问题。它吸收盐分并随着灌溉水的淋洗将盐分带出土壤，同时为植物生长提供良好的土壤水分和结构条件。经过一段时间的改良，滨海盐碱地的土壤含盐量降低，一些农作物如棉花、小麦等的种植成功率和产量都有了显著提高。

（3）在城市绿化中的应用

在城市的屋顶绿化中，由于屋顶的土壤层较薄，保水能力差，水凝胶发挥了重要作用。例如，在上海的一些屋顶绿化项目中，将水凝胶混入屋顶花园的土壤中。水凝胶不仅提高了土壤的持水量，还改善了土壤的通气性。这使得屋顶花园中的花卉、草本植物等能够在有限的土壤和水分条件下茁壮成长，同时减轻了城市绿化对水资源的依赖。

城市道路绿化中的土壤往往受到人为活动的干扰，土壤结构容易遭到破坏，且水分蒸发快。水凝胶的应用可以改善这种状况。在北京的一些城市道路绿化带上，使用水凝胶改良土壤后，树木和花草的成活率提高。水凝胶保持了土壤的水分，减少了浇水的频率，降低了城市绿化的养护成本。

5.3.2　作为肥料和农药载体

（1）肥料控释原理

水凝胶作为肥料载体可以实现肥料的控释。当水凝胶负载肥料时，肥料分子被包裹在水凝胶的网络结构中。随着土壤中水分的变化，水凝胶会发生膨胀和收缩。在水分充足时，水凝胶膨胀，肥料分子缓慢释放出来；当土壤水分减少时，水凝胶收缩，肥料分子的释放速度减慢。这种控释机制可以根据植物生长的需求，精准地提供养分。

以尿素为例，将尿素负载到水凝胶中，可以避免尿素在土壤中迅速分解和流失。尿素水凝胶复合物在土壤中的释放过程受到水凝胶的物理和化学性质的影响。水凝胶的交联度、孔径大小等因素都会影响尿素的释放速度。

传统的肥料施用方式往往会导致大量肥料的流失。水凝胶作为肥料载体可以将肥料集中在植物根系周围，提高肥料的局部浓度，减少肥料的扩散和流失。例如，在玉米种植中，使用负载了氮肥的水凝胶，可以使氮肥的利用率从传统施肥方式的 $30\%\sim40\%$ 提高到 $50\%\sim60\%$。水凝胶还可以与不同类型的肥料混合使用，如磷肥、钾肥等。通过将多种肥料同时负载到水凝胶上，可以实现肥料的协同作用，更好地满足植物生长对各种养分的需求。

（2）农药缓控释作用

水凝胶作为农药载体同样具有缓控释的功能。农药分子被吸附或包裹在水凝胶中，在土壤或植物表面缓慢释放。这对于延长农药的有效期、提高农药的防治效果具有重要意义。例如，对于一些易分解的杀虫剂，如拟除虫菊酯类农药，将其负载到水凝胶中，可以使其在环境中的持效期从原来的几天延长到几周。水凝胶的缓控释机制还可以根据环境条件进行调节。在湿度较大的环境中，水凝胶膨胀速度快，农药释放速度也会相应加快；在干燥环境中，水凝胶收缩，农药释放速度减慢。

传统的农药喷施方式往往会导致农药的大量浪费和环境污染。水凝胶作为农药载体可以减少农药的漂移和淋溶。当水凝胶负载农药时，农药主要在植物表面或土壤中的局部区域释放，这降低了农药进入水体和大气的风险。例如，在果园中使用负载了杀菌剂的水凝胶，可以减少杀菌剂在雨水冲刷下流入附近河流的量，从而保护了水体环境。

5.3.3　在作物组织培养中的应用

种子包衣是一种在种子表面包裹一层物质的技术，这层物质可以为种子提供多种功能，如保护种子免受病虫害侵袭、调节种子萌发的环境、提供营养物质等。水凝胶由于其独特的物理和化学性质，在种子包衣方面具有很大的应用潜力。

5.3.3.1　基本作用机制

水凝胶具有高度的吸水性，可以吸收大量的水分并在一定时间内保持水分。对于种子包衣来说，这一特性非常重要。在种子萌发过程中，水分是关键因素之一。水凝胶包衣可以在土壤水分不足的情况下，缓慢释放水分供种子吸收，确保种子有足够的水分进行萌发。例如，在干旱地区，种子可能面临水分供应不稳定的问题，水凝胶包衣能够在降雨后吸收并储存水分，然后在种子需要时释放，从而提高种子的萌发率。

水凝胶的保水能力还可以减少土壤水分的蒸发。种子周围的水凝胶层可以形成一个相对封闭的环境，减缓水分从种子附近土壤表面的散失，使得种子周围的土壤能够较长时间保持适宜的湿度。

许多水凝胶是由生物相容性较好的材料制成的。这意味着它们对种子本身以及种子萌发后生长的幼苗没有毒性。种子在水凝胶包衣的包裹下可以正常地进行生理活动，如呼吸作用、物质交换等。例如，一些基于天然聚合物如琼脂、壳聚糖等制成的水凝胶，本身就是生物可降解的，并且与植物细胞有较好的相互作用。在种子萌发过程中，随着幼苗的生长，水凝胶可以逐渐降解，不会对植物的生长造成阻碍。

水凝胶的物理性质，如硬度、弹性等，可以通过改变其化学组成或制备条件来调节。对于种子包衣来说，可以根据不同种子的大小、形状和萌发需求来定制水凝胶包衣的物理性质。例如，对于较小的种子，可以制备较薄且柔软的水凝胶包衣，以便种子能够方便地吸收水分和氧气；而对于较大的种子，可以使用相对较厚、有一定强度的水凝胶包衣来提供更好的保护。

5.3.3.2　水凝胶用于种子包衣的实例

（1）提高种子萌发率

在干旱地区的小麦种子包衣实验中，一般使用含有吸水性水凝胶的包衣材料。研究发现，未包衣的小麦种子在干旱土壤中的萌发率仅为 30％左右，而经过水凝胶包衣的小麦种子萌发率提高到了 70% 以上。水凝胶包衣在土壤中吸收并储存了少量的降雨水分，在种子萌发初期为种子提供了稳定的水分供应，使得种子能够顺利萌发。

对于一些热带地区的花卉种子，土壤湿度变化大，种子萌发不稳定。采用水凝胶包衣后，水凝胶能够调节种子周围的湿度，防止种子在过湿或过干的环境中受到损害。例如，兰花种子经过水凝胶包衣后，在原本不适宜其萌发的、湿度波动较大的土壤环境中，萌发率从不到 20% 提高到了 50% 左右。

（2）增强种子对病虫害的抵抗力

可以在水凝胶包衣中添加一些具有抗菌或抗虫作用的物质。例如，在玉米种子包衣中加入含有壳聚糖的水凝胶，并在壳聚糖中负载了一定量的杀菌剂（如多菌灵）。在田间试验中，未包衣的玉米种子受到真菌病害的感染率较高，达到了 40% 左右，而经过这种含有杀菌剂的水凝胶包衣的玉米种子，真菌病害感染率降低到了 10% 以下。壳聚糖本身具有一定的抗菌性，再加上负载的杀菌剂，能够有效地抑制土壤中真菌的生长，保护种子免受病害侵袭。

对于一些蔬菜种子，如白菜种子，容易受到地下害虫如蛴螬的侵害。在水凝胶包衣中添加昆虫驱避剂（如印楝素）后，包衣后的白菜种子在蛴螬较多的土壤中种植时，受到蛴螬侵害的比例明显降低。未包衣的白菜种子被蛴螬咬食的比例高达 30%，而包衣后的种子被侵害比例降低到了 5% 以下。

（3）提供水分和营养物质

在植物组织培养中，水凝胶可以作为一种新型的培养基质。它能够为植物组织提供稳定的水分供应。与传统的琼脂培养基相比，水凝胶具有更好的保水性。例如，在一些对水分要求较高的植物组织培养中，如兰花的组织培养，水凝胶可以确保组织在培养过程中不会因为水分不足而死亡。

在水凝胶包衣中可以负载各种营养元素。以大豆种子为例，制备含有氮、磷、钾等营养元素的水凝胶包衣。在大豆种子萌发和幼苗生长过程中，水凝胶包衣中的营养元素可以缓慢释放，满足种子和幼苗生长初期的营养需求。实验表明，未包衣的大豆种子在营养贫瘠的土壤中，幼苗生长缓慢，叶片发黄，而经过营养型水凝胶包衣的大豆种子，幼苗生长健壮，叶片翠绿，植株高度和生物量都明显高于未包衣的种子。

对于花卉种子，如玫瑰种子，在水凝胶包衣中添加微量元素（如铁、锌等）可以改善幼苗的品质。玫瑰幼苗在缺乏微量元素的土壤中，花朵颜色暗淡，花朵较小。经过含有微量元素的水凝胶包衣后，玫瑰花朵颜色鲜艳，花朵直径增大，观赏价值提高。

5.4 其他领域的应用

5.4.1 电子工程

（1）水凝胶的特性与传感器设计的关联

① 高含水量与离子导电性　水凝胶通常含有大量的水分，这使得它们具有一定的离

子导电性。例如，一些基于聚电解质的水凝胶，其中的离子基团在水环境中能够解离，为电荷的传导提供了离子通道。这种离子导电性在设计电化学传感器时非常关键，可用于检测生物分子中的离子浓度变化。

水凝胶中的水分还能够维持一个相对稳定的微环境，类似于生物体内的生理环境。这有助于提高传感器在检测生物相关物质时的准确性和灵敏度。

② 可调节的力学性能　水凝胶的力学性能可以通过改变其聚合物网络的组成、交联密度等因素进行调节。在传感器的设计中，合适的力学性能能够保证水凝胶与被检测对象之间的良好接触。例如，在可穿戴传感器中，需要水凝胶具有一定的柔韧性和弹性，以便能够贴合人体皮肤表面，同时又能承受一定程度的拉伸和弯曲而不影响其传感性能。具有特殊力学性能的水凝胶还可以用于设计压力传感器。当受到压力时，水凝胶的网络结构会发生变形，从而导致其电学或光学性质的改变，进而实现对压力的检测。

③ 化学敏感性　水凝胶可以通过化学修饰引入特定的官能团，使其对特定的化学物质具有选择性识别能力。例如，通过在水凝胶中引入能够与葡萄糖特异性结合的硼酸基团，就可以设计出葡萄糖传感器。这种化学敏感性使得水凝胶能够针对不同的目标分析物进行定制化设计。一些水凝胶能够对环境中的 pH 值变化做出响应。当环境 pH 值发生改变时，水凝胶中的官能团会发生质子化或去质子化反应，从而引起水凝胶体积、光学性质或电学性质的变化，可用于 pH 传感器的开发。

（2）水凝胶在传感器中的应用

① 生物医学传感器

a. 葡萄糖传感器　糖尿病是一种全球性的健康问题，需要对血糖水平进行实时监测。基于水凝胶的葡萄糖传感器为糖尿病患者提供了一种便捷、准确的血糖监测方法。例如，带有硼酸基团的水凝胶能够特异性地与葡萄糖分子结合。当葡萄糖分子进入水凝胶网络时，会引起水凝胶的膨胀或其他物理化学性质的变化。通过将水凝胶与电化学检测技术相结合，将葡萄糖与水凝胶的结合转化为可测量的电信号。例如，利用葡萄糖氧化酶（GOD）催化葡萄糖发生氧化反应，产生的过氧化氢可以在电极表面被氧化或还原，从而产生电流信号。水凝胶在这个过程中起到固定 GOD 和提供葡萄糖特异性识别位点的作用。

b. 生物标志物传感器　在疾病的早期诊断中，检测生物体内的生物标志物至关重要。水凝胶传感器可以用于检测多种生物标志物，如蛋白质、核酸等。对于蛋白质检测，水凝胶可以通过分子印迹技术进行定制。分子印迹水凝胶具有与目标蛋白质特异性互补的空穴，当目标蛋白质存在时，会被特异性地吸附到空穴中，从而引起水凝胶的电学或光学性质的改变。

在核酸检测方面，水凝胶可以与核酸适配体相结合。核酸适配体是一种能够特异性识别核酸序列的寡核苷酸片段。将核酸适配体固定在水凝胶中，当目标核酸序列存在时，会与适配体发生特异性结合，触发水凝胶的响应，具体可通过荧光、电化学等手段进行检测。

② 环境传感器

a. 湿度传感器　环境湿度的监测在气象、农业、工业等领域具有重要意义。水凝胶的含水量对环境湿度非常敏感。当环境湿度增加时，水凝胶会吸收水分，导致其体积膨胀、电学性质改变（如电阻降低）。反之，当环境湿度降低时，水凝胶会释放水分，体积收缩，电学性质恢复。

基于这种湿度响应特性，可以将水凝胶制成湿度传感器。例如，将碳纳米管等导电材料掺杂到水凝胶中，利用水凝胶湿度响应过程中的电阻变化来检测湿度。这种传感器具有响应速度快、灵敏度高、可在宽湿度范围内工作等优点。

b. 气体传感器　水凝胶也可以用于检测环境中的气体。一些水凝胶可以通过物理吸附或化学作用与气体分子相互作用。例如，对于 CO_2 气体，某些氨基功能化的水凝胶能够与 CO_2 发生化学反应，导致水凝胶的 pH 值和体积发生变化。

通过将水凝胶与光学检测技术相结合，可以将这种体积或 pH 值的变化转化为可测量的光学信号，如颜色变化或荧光强度变化。这种基于水凝胶的气体传感器具有成本低、操作简单、可选择性检测特定气体等优点，可用于室内空气质量监测、工业废气排放检测等领域。

c. 重金属离子传感器　环境中的重金属离子污染是一个严重的问题，需要高效的检测手段。水凝胶可以通过引入能够与重金属离子特异性结合的官能团来设计重金属离子传感器。例如，含有硫醇基团的水凝胶对汞离子（Hg^{2+}）具有很强的亲和力。当水凝胶接触到含有 Hg^{2+} 的溶液时，Hg^{2+} 会与硫醇基团结合，引起水凝胶的结构和电学性质的变化。

利用这种特性，可以通过电化学方法检测水凝胶与 Hg^{2+} 结合前后的电信号变化，从而实现对 Hg^{2+} 浓度的定量检测。类似地，还可以设计出针对其他重金属离子如铅离子（Pb^{2+}）、镉离子（Cd^{2+}）等的水凝胶传感器，为环境重金属污染监测提供有效的工具。

③ 食品安全传感器

a. 微生物检测传感器　在食品安全领域，微生物污染是一个关键问题。水凝胶传感器可以用于检测食品中的微生物。例如，利用水凝胶的生物相容性和营养成分，可以设计一种能够选择性培养和检测特定微生物的传感器。将特定的营养物质和微生物识别分子固定在水凝胶中，当目标微生物存在时，会在水凝胶中生长繁殖，同时引起水凝胶的物理化学性质的变化。

这种变化可以通过光学或电化学方法进行检测。例如，当微生物在水凝胶中代谢时，会产生酸性或碱性代谢产物，导致水凝胶的 pH 值改变，从而引起颜色变化或电信号变化，实现对微生物的快速检测。

b. 食品添加剂和有害物质检测传感器　食品添加剂的过量使用和有害物质的污染是食品安全的重要关注点。水凝胶传感器可以用于检测食品中的添加剂，如亚硝酸盐、防腐剂等。对于亚硝酸盐的检测，可以通过在水凝胶中引入能够与亚硝酸盐发生特异性反应的官能团，当亚硝酸盐存在时，会引起水凝胶的颜色变化或电学性质变化。

在有害物质检测方面，例如检测食品中的农药残留。一些水凝胶可以通过与农药分子的特异性结合或化学反应，将农药的存在转化为可测量的信号。这种基于水凝胶的食品安全传感器具有操作简便、快速、成本低等优点，能够满足现场检测和大规模筛查的需求。

水凝胶在传感器方面的应用具有广阔的前景，但也面临着诸多挑战。随着材料科学、生物技术和工程技术的不断发展，水凝胶传感器有望在生物医学、环境监测、食品安全等领域发挥更加重要的作用。

5.4.2 智能材料

智能水凝胶是一类对外界刺激能产生敏感响应的水凝胶，由于这种独特的响应性，在化学传感器、人造肌肉、物质分离、药物释放、组织工程等领域具有诱人的应用前景。但是传统水凝胶存在一些缺点（如响应速率慢、力学性能差等），因而大大限制了水凝胶的应用。

5.4.2.1 智能水凝胶材料

传统水凝胶溶胀速率较慢，吸水溶胀的时间需要几小时甚至几天。为了提高水凝胶的响应速率，近年来研究者在传统水凝胶的基础上发展了以下新型水凝胶。

（1）快速响应型智能水凝胶

① 微凝胶或纳米凝胶　Tanaka 等的研究表明，水凝胶溶胀或收缩达到平衡所需的时间与水凝胶的线性尺寸的平方成正比。据此可知，小的凝胶颗粒响应外界刺激比大块凝胶要快，因此为了提高水凝胶的响应速率，合成出了微凝胶或纳米尺寸的水凝胶。关于微凝胶与纳米凝胶目前尚无明确的、严格的定义，它们之间也无明显的界限。Pelton 等将颗粒直径在 $50nm \sim 5\mu m$ 的溶胀凝胶粒子称为微凝胶。也有报道称纳米凝胶的尺寸一般在几十纳米到几百纳米。Andrew 等通过乳液聚合法，利用甲基丙烯酸丁酯（MBA）与 N-异丙基丙烯酰胺共聚制备了响应速率可调的聚甲基丙烯酸丁酯（PBMA）/PNIPAAm 温敏性微凝胶。除了温敏性微凝胶外，关于 pH 值响应的微凝胶也有报道。如丙烯酸乙酯和甲基丙烯酸共聚的微凝胶、甲基丙烯酸甲酯和丙烯酸共聚的微凝胶、甲基丙烯酸甲酯和甲基丙烯酸共聚的微凝胶等。

② 大孔或超孔水凝胶　凝胶的溶胀或收缩过程是高分子凝胶网络吸收或释放溶剂的过程，通常这是一个慢的过程。对于一个具有相互贯通孔洞结构的凝胶网络来说，溶剂的吸收或释放通过孔的对流来产生，当然这个过程要比非孔凝胶中的扩散过程快。刘晓华等用不同粒径的 $CaCO_3$ 作为成孔剂，合成了具有快速响应的温敏性 PNIPAAm 水凝胶，在 10min 内的失水率可达 90%。另外他们还在超临界二氧化碳中制备了大孔 PNIPAAm 水凝胶，提高了水凝胶的响应速率。Norihiro 等用冷冻干燥法制备了多孔 PNIPAAm 水凝胶。Yang 等用不同分子量的聚乙醇（PEG）为制孔剂合成了具有孔结构的 PNIPAAm 水凝胶。陈兆伟等以硅胶为制孔剂制备了多孔 PNIPAAm 水凝胶，极大地提高了 PNIPAAm 水凝胶的消溶胀速率。

大孔水凝胶的制备除了采用适当的成孔剂外，还可以利用温敏性水凝胶在溶剂中的相分离技术或者两者并用来实现。Zhang 等以水和四氢呋喃的混合溶液作为反应介质，根据单体 NIPAAm 和 PNIPAAm 在混合溶液中的溶解性能差异，在聚合反应进行中，新生成的 PNIPAAm 不被反应介质溶解而析出并固定于整个凝胶网络中，使得整个凝胶网络交联不均匀，从而造成凝胶网络中存在较多的孔洞结构，结果提高了凝胶的响应速率。

③ 具有摇摆链的水凝胶（梳形结构水凝胶）　由于摇摆链的一端是自由的，因此具有摇摆链的水凝胶在受到外界刺激时容易坍塌或扩张，具有较快的响应速率。Yoshlda 等合成了对温度变化具有快速的消溶胀响应的梳形接枝 PNIPAAm 水凝胶（接枝 PNIPAAm 链），这些接枝的侧链可以自由运动，当温度升高时接枝链的疏水作用产生多个疏水核，极大地增强了交联链聚集，从而使凝胶的消溶胀速率大大提高（由传统的一个多月缩短到大约 20min）。Kaneko 等将亲水性的聚环氧乙烷（PEO）接枝到 PNIPAAm 上，当温度升高时，由于亲水性接枝链 PEO 的加入会破坏 PNIPAAm 水凝胶收缩过程中致密表面层的形成，使水分子容易进出凝胶，从而提高了凝胶的响应速率。

（2）互穿网络水凝胶

高分子水凝胶的应用已经引起越来越多人的兴趣，尤其在医学和药学领域，但由于溶胀状态下的凝胶机械强度较低，使其在某些方面的应用受到了限制，研究表明通过共聚和共混等方法可以达到改善凝胶的机械强度的目的。互穿网络技术就是众多的聚合物共混物改性技术中的一种，它被认为是以化学方法来实现物理共混的一种新技术，包括全互穿网络（full-IPN）和半互穿网络（smi-IPN）两种。不同的方法制备的 IPN 水凝胶显示了不同的性能。IPN 水凝胶在较高的温度和不同的液体中具有更高的稳定性，网络中组分间的相互作用往往产生协同效应，使其性能比单独聚合物网络要优越。例如，Mukea 等合成了聚环氧乙烷-二甲基硅氧烷-环氧乙烷/聚 N-异丙基丙烯酰胺（PNIPAAm）互穿聚合物网络温敏性水凝胶。该方法制备的凝胶机械强度显著提高，并能控制水凝胶的溶胀度，但对凝胶的相转变温度没有影响。

Zhang 等将 NIPAAm 与交联剂、引发剂在 PVA 溶液中化学交联，制备了 PNIPAAm/PVA semi-IPN 水凝胶，结果发现该凝胶不仅具有较高的溶胀度而且还具有较快的响应速率。利用 IPN 技术不仅可以提高水凝胶的机械强度、调节水凝胶的响应速率，而且可以形成具有双重响应性的水凝胶（如温度和 pH 双重响应性水凝胶）。卓仁禧等合成了具有温度和 pH 双重敏感的聚丙烯酸/聚 N-异丙基丙烯酰胺互穿网络水凝胶。这类 IPN 水凝胶在弱碱性条件下的溶胀度大于在酸性条件下的溶胀度。在酸性条件下，随着温度的升高，溶胀度升高。与传统温度敏感性水凝胶"热缩型"溶胀性能相反，它属于"热胀型"水凝胶，这种特性对水凝胶的应用，尤其是在药物控制释放领域中的应用具有较重要的意义。

Peppas 等研究了聚甲基丙烯酸/聚 N-异丙基丙烯酰胺互穿网络水凝胶，发现两组分具有相对独立的热敏性和 pH 值敏感性，且温度和 pH 值对凝胶膜的渗透率有很大的影响。Yao 以 IPN 技术制备了壳聚糖基水凝胶，由于在 IPN 水凝胶中，两个组分网络之间没有化学键，各聚合物网络具有相对的独立性，可以保持各自的一些性能，同时两种网络的互穿会产生比单一网络更高的机械强度，这种相互独立又相互依赖的特性决定了 IPN 水凝胶具有特殊的溶胀性能，因此 IPN 水凝胶的制备及性能的研究对于水凝胶的推广具有更深远的意义。

（3）纳米复合水凝胶

近年来，纳米材料已经在许多领域受到广泛重视，成为材料科学的研究热点。由于纳米粒子较小的尺寸、大的比表面积产生的量子效应和表面效应，赋予纳米材料特殊的性质，在力学、光学、电学、磁学、催化等方面呈现出优异的性能。

纳米复合材料（nanocomposite）的概念最早是由 Roy 于 1984 年提出的，指两相或多相的混合物中至少有一相的一维尺度小于 100nm 量级的复合材料。纳米复合材料可分为无机纳米复合材料、聚合物基/无机纳米复合材料、聚合物基/聚合物基纳米复合材料三类。聚合物基/无机纳米复合材料的研究虽起步较晚，但最近几年发展很快，更受到人们的青睐。1987 年 Usuki 等采用插层聚合法制备了尼龙 6/蒙脱土中（MMT）纳米复合材料。该材料在蒙脱土中的含量仅为 4.1%（质量分数）时，拉伸强度从尼龙的 68.6MPa 增加到 102MPa，拉伸模量从 1.11GPa 增加到 2.25GPa，而冲击性能没有明显降低。水凝胶这种"湿"材料具有柔软而强度差的特性，不易于加工处理，所以目前为止其应用仅限于极少数特殊的领域。在这类纳米复合材料所具有的特殊性能启发下，Messersmith 等制备了黏土/PNIPAAm 纳米复合水凝胶，当蒙脱土的含量较低时（不超过 3.5%），这种水凝胶还具有热敏性，但过多的蒙脱土会降低水凝胶的性能。

Liang 等总结了前人的经验，合成了改性蒙脱土/PNIPAAm 纳米复合水凝胶，这种水凝胶中的蒙脱土的含量可达到 10% 甚至更高，和传统 PNIPAAm 水凝胶相比，它具有较高的溶胀度和较快的溶胀速率。吴承佩等对钠基蒙脱土进行了改性，把它分散在 N,N-二乙基丙烯酰胺水溶液中进行插层聚合，插层聚合的水凝胶的低温溶胀性能大大提高，其对水的释放曲线在特定温度下由 S 形转变为近似直线形。由于在蒙脱土和聚合物之间的界面发生了改变，使纳米复合凝胶的溶胀比和温度响应性能都得到很大的改善。以上几种纳米复合水凝胶的制备过程中都加入了有机交联剂 N,N'-亚甲基双丙烯酰胺，造成大分子链段运动在某种程度上受到了限制，使得纳米复合水凝胶的某些性能不能得到很好的体现如透光率、机械强度差。

Haragachi 等分析了以化学方式形成水凝胶的结构特点，认为交联密度与交联分子量是一对矛盾的因素。由交联密度和交联分子量分别决定的凝胶性能不能同时满足，于是从聚合物网络设计角度出发，极好地解决了这对矛盾所带来的先天不足（如凝胶强度高而透光率低、溶胀性能差；溶胀性能好而凝胶强度差等矛盾）。在新构思指引下，制备水凝胶时，用黏土代替交联剂原位聚合形成纳米复合水凝胶，在这种凝胶中，剥离黏土片层（以氢键、离子键或配位键与高分子链作用）扮演着交联剂的角色，交联分子量等于黏土片层之间的距离，交联密度由黏土的含量来控制，自由高分子链被固定在黏土片层上。这种特殊的网络结构决定其有特殊的性能，比如网络交联均匀导致凝胶透光率高，并且黏土的用量对透光率几乎没有影响，而传统的水凝胶（以化学方式交联）交联不均匀，透光率低，交联剂用量对透光率有很大的影响，这种纳米复合水凝胶的交联分子量大且分布狭窄，使其具有拉伸强度高、断裂伸长率达 1000%、弹性恢复率达 98% 的优越力学性能，同时这种结构的水凝胶中分子链段运动灵活，使得其还具有较快的响应速率。由此可见纳米复合水凝胶为水凝胶基础理论的进一步研究和开发应用提供了新的领域，是纳米材料和凝胶材料研究中的又一个热点。

5.4.2.2 智能水凝胶的应用

因为智能水凝胶能够感应环境的变化，同时本身会从收缩状态变为溶胀状态，发生体积的显著变化，而且也具备感应功能。兼有液体形态和固体形态的水凝胶还有很多功能特性，如溶胀性、机械性、渗透性、表面性等，这些性质为水凝胶在医学、农学、生物学等方面的应用提供了可能。由于这种诱人的特性，智能水凝胶必将作为崭新的材料应用在柔性执行元件、人造肌肉、微机械、分离膜、生物材料、药物控释体系等领域。

（1）物质分离

利用 PNIPAAm 水凝胶的可逆相变特性可用于溶液中物质的分离。Cussler 等将收缩的 PNIPAAm 水凝胶放入稀溶液中，先在低温下吸水、过滤，然后于高温下收缩失水，再放入溶液中低温吸水，如此循环反复，即可在温和的条件下进行物料分离，避免直接加热溶液而导致活性物质失活，溶质的分子量越高则浓缩的效果越好。金曼蓉等利用 PNIPAAm 水凝胶对牛血清白蛋白 BSA（M_w，5.9 万）和蓝葡聚糖 BD（M_w，200 万）溶液进行浓缩，得出与上述一致的结论，对 BD 的分离效率可达 98% 以上，对 BSA 因表面吸附效率相对较低，所以其分离效果不如 BD 理想。Feil 等将 NIPAAm 与 5% 的甲基丙烯酸丁酯（BMA）共聚制成水凝胶膜，由于 BMA 的疏水性强于 NIPAAm，所以水凝胶的相转变温度低于 32℃，而在 16～25℃ 间的温度变化可以引起水凝胶 10 倍以上的体积变化。温度升高会减小凝胶网眼尺寸，利用不同温度下不同溶质扩散速率的差异，成功地将溶质分子量分别为 376、4400 和 150000 的混合物分离并得出了水凝胶溶胀度与扩散速率的线性关系，认为分离过程符合凝胶的自由体积理论。

（2）药物缓释

长期以来，医学界一直希望能找到一种方法，可以在需要的时候将所需的药物量注入人体器官适当的部位。利用智能水凝胶可以实现对病灶周围的温度、化学环境等异常变化自动感知并自动释放所需量的药物。当身体正常时，药物控释系统恢复原来的状态，控制药物释放。这种方式不但提高了药物的药效，降低了药物的毒副作用，同时还可有效解决治疗方面的一些问题，如不必每天准时定量服药，避免外科手术等。Bae 等合成了具有温敏性的聚 NIPAAm-co-甲基丙烯酸丁酯水凝胶，以吲哚美辛为模型药物进行了药物的控制释放。发现在 20℃ 时，药物以零级或一级动力学释放；当温度升高到 30℃ 时，药物停止释放。同时发现引入疏水性单体 BMA 会增加凝胶收缩时所产生致密层的致密性，使凝胶作为控制释放开关阀作用更加灵敏。具有 pH 敏感的凝胶可以在肠道内较高的 pH 环境中释放药物，以防止对酸敏感的药物经胃时被强酸性胃液所分解或者药物对胃造成刺激。Hoffman 等将对胃有刺激作用的吲哚美辛包埋在 P（NIPAAm-co-AAe）共聚物水凝胶中，使其在胃中不释放、于肠中释放，这对某些口服药物有较大的应用前景。同样，癌症病灶呈酸性，pH 敏感的凝胶附载药物可以进行定点释放达到更佳的治疗效果；电敏感的凝胶具有开-关特性，Lee 等用 PAA/PVA IPN 水凝胶在电场下对茶碱进行了释放，通过调节电场强度、药物的离子性、离子基团含量以及释放介质的离子强度来控制药物的释放量和释放速率。

（3）组织培养

如前所述，PNIPAAm 的分子构象取决于温度，温度低于 32℃ 时，PNIPAAm 分子呈伸展状，反之，当温度高于 32℃ 时，分子构象为塌缩型。实验证明，构象塌缩时，分子表面呈疏水性；而构象伸展时，分子表面呈亲水性。据此，可将 PNIPAAm 接枝于有关固体表面，通过调节温度可以改变固体表面的亲水性。基于这一原理，Yamada 等在普通培养皿内壁接枝 PNIPAAm，用此培养皿在较高的温度下培养细胞，由于细胞表面的亲脂性，培养细胞一直黏附在培养皿。当细胞成熟后，冷却培养皿到约 30℃，培养皿表面性质改变，细胞自动脱落，将脱落的细胞在新的培养皿上扩大培养，成活率约达 73%，较之传统的酶洗脱法成活率（14%）要高得多。Yamada 认为，这种新方法经济、方便，很有实用价值。基于同一原理，Yamazaki 及其合作者将 PNIPAAm 与胶原蛋白偶联得到新型细胞培养基。由于 PNIPAAm 构象的温敏性，此培养基在 32℃ 以下时表面呈亲水性，这样在细胞成熟后，可通过改变温度收集细胞。不过这时，细胞层卷曲成微球状，形成多细胞球。为了得到可控大小的细胞球，利用预先设计好的光罩，用紫外光辐照培养基使蛋白部分交联，利用细胞只在未交联区域生长这一性质控制细胞生长区域，这样细胞长成后，改变培养基温度就可以得到具有理想体积的多细胞球。Yamazaki 利用这种技术成功地培养了成肌纤维细胞球。

（4）环境领域

水凝胶可以通过物理吸附或化学吸附作用吸附环境中的污染物。例如，一些含有特殊官能团（如氨基、羧基等）的水凝胶可以吸附重金属离子。在污水处理中，将水凝胶投入污水中，水凝胶可以选择性地吸附重金属离子，如汞离子（Hg^{2+}）、铅离子（Pb^{2+}）等，经过处理后的水达到排放标准。

湿度响应性水凝胶可用于制作湿度传感器。水凝胶的溶胀程度与环境湿度密切相关，当环境湿度增加时，水凝胶会吸收水分而溶胀，其电学性质（如电容、电阻等）会发生变化。通过测量这些电学性质的变化，可以监测环境湿度的大小。

（5）智能纺织品领域

将温度响应性水凝胶应用于智能服装中。例如，在寒冷天气下，水凝胶可以吸收人体散发的水分而溶胀，释放出热量，起到保暖作用；在炎热天气下，水凝胶会在高温下溶胀，增强服装的透气性，使人感到凉爽。

水凝胶可用于可穿戴设备的柔性传感器。例如，将压力响应性水凝胶作为传感器集成到可穿戴设备中，用于监测人体的运动状态，如步数、运动强度等。当人体运动时，水凝胶受到压力作用，其电学性质发生变化，可将这种变化转化为可识别的信号。

参考文献

[1] 何天白，胡汉杰.海外高分子科学的新进展 [M].北京：化学工业出版社，1997.

[2] Dusek K，Patterson D. Transition in swollen polymer networks induced by intra molecular condensation [J]. Polym Sci，1968，6：1209-1216.

[3] Tanaka T. Collapse of gels and the critical end point [J]. Phys Rev Lett，1978，40（12）：820-823.

[4] 赵新，崔建春，刘多明，等.辐射合成水凝胶的结构与溶胀特性 [J].高分子学报，1994，5：600-603.

[5] 童真.高分子凝胶的体积相变 [J].高分子通报，1993，2：91-97.

[6] Ilmain F，Tanaka T，Kokufuta E. Volume transition in a gel driven by hydrogen bonding [J]. Na-

ture，1991，349：400-401.

[7] 刘晓华，王晓工，刘德山. 智能型水凝胶结构及响应机理的研究进展 [J] . 化学通报，2000，10：1-6.

[8] 童真，刘新星. 强电解质凝胶的溶胀平衡与体积相变 [J] . 高分子通报，1999，1：1-8.

[9] Havsky M. Effect of electrostatic interactions on phase transition in the swollen polymeric network [J] . Polymer，1981，22：1687-1691.

[10] Hirokawa Y，Tanaka T. Volume phase transition in a nonionic gel [J] . Chem Phys，1984，81 (12)：6379-6380.

[11] 吴奇，汪晓辉，高均. 激光光散射研究聚 N-异丙基丙烯酰胺单链及其智能凝胶微球在水中的相变（上）[J] . 高分子通报，1998，3：9-16.

[12] 高均，吴奇. 聚 N-异丙基丙烯酰胺水凝胶微球体积相变的研究 [J] . 高分子学报，1997，3：324-330.

[13] 何天白，胡汉杰. 功能高分子与新技术 [M] . 北京：化学工业出版社，2001.

[14] Hiroki K，Kohoi S，Naoya O. Temperature-responsive interpenetrating polymer networks constructed with poly（acrylic acid）and poly（N,N-dimethylaerylamide [J] . Maeromolecules，1994，27：947-961.

[15] Bae Y H，Okano T，Kim S W. Temperature dependence of swelling of crosslinked poly（N,N-alkyl substituted acrylamides）in water [J] . J Polym Sei，Part B，Polym Phys，1990，28：923-936.

[16] Bilia A，Carelli V，Nannipieri E，et al. In vitro evaluation of a pH-sensitive hydrogels for control of GI drug delivery from silicone-based matrices [J] . Int J Pharm，1996，130：83-92.

[17] Park T G. Temperature modulated protein release from pH/temperature sensitive hydrogels [J] . Biomaterials，1999，20：517-521.

[18] Osada Y，Okuzaki H，Hori H. A polymer gel with electrically driven motility [J] . Nature，1992，355，242-244.

[19] MamadaA，et al. Photoinduced phase transition of gels [J] . Macromolecules，1990，23：1517-1522.

[20] Miyata B，Uragami T，Nakamae K. Biomolecule-sensitive hydrogels [J] . Adv Dru Deliv Rev，2002，54：79-98.

[21] Ishihara K. Glucose induced permeation control of insulin through a complex membrane consisting of immobilized glucose oxidase and poly（amine）[J] . Polym J，1984，16：625-929.

[22] 姚康德，成国祥. 智能材料 [M] . 北京：化学工业出版社，2002.

[23] 刘峰，卓仁禧. 温度及 pH 敏感水凝胶的合成及其在生物大分子控制释放中应用 [J] . 高分子材料科学与工程，1998，2：54-62.

[24] Suzuki A，Tanaka T. Phase transition in polymer gels induced by visible light [J] . Nature，1990，346：345-347.

[25] Morita Y，Kaetsu T. Synthesis of stimulu-sensitive hydrogels radiat [J] . Phys Chem，1992，39 (6)：473-476.

[26] 卓仁禧，张先正. 温度及 pH 敏感聚丙烯酸/聚 N-异丙基丙烯酰胺互穿网络水凝胶的合成及性能研究 [J] . 高分子学报，1998，1：39-42.

[27] Chen G H，Hoffman A S. Graft copolymers that exhibit temperature-induced phase transitions over a wide range of pH [J] . Nature，1995，373 (5)：49-52.

[28] Yong M L，Su H K，Chong S C. Synthesis and swelling characteristics of pH and thermoresponsive interpenetrating polymer network hydrogel composed of poly（vinyl alcohol）and poly（acrylic acid）[J]. Appt Polym Sei，1996，62：301-311.

[29] Mohlebach A，Muller B，Pharisa C，et al. New water-soluble photo cross-linkable polymers based on modified poly（vinyl alcohol）[J]. Polym Sci Part A：Polym Chem，1997，35：3603-3611.

[30] Calderara I，Gougeon R. NMR study of the structure and properties of poly（MMA-*co* VP）cross-linked hydrogels [J]. Polym Sci，Part A：Polym Chem，1997，35：3619-3625.

[31] 赵新，杜有如，叶朝辉. 聚丙烯酰胺水凝胶的 H-NMR 研究 [J]. 高分子材料科学与工程，1994，6：3108-3110.

[32] 黄光琳，冯雨丁，贺建叶. 低温聚乙烯醇（PVA）水凝胶结构的初步研究 [J]. 高分子通报，1993，6：316-319.

[33] 柴雍，王鸿儒，姚一军，等. 海藻酸钠改性材料的研究进展 [J]. 现代化工，2018，38（07）：57-61＋63.

[34] 程智，问亚琴，王瑞丽，等. 浅谈我国杜仲产品开发利用现状 [J]. 现代化农业，2021（06）：33-36.

[35] 崔国强. 林业中药资源杜仲高效利用的生态工艺研究 [D]. 哈尔滨：东北林业大学，2019.

[36] 董梦杰. 医用杜仲胶复合材料的制备及导热机理研究 [D]. 北京：北京化工大学，2020.

[37] 傅超萍，黄伟森，卢晓畅，等. 修复水凝胶材料的设计合成及生物医学应用 [J]. 科学通报，2022，67（21）：2473-2481.

[38] 付琬璐，李娜，王杨松，等. 改性海藻酸钠的研究应用 [J]. 辽宁化工，2020，49（02）：208-210.

[39] 高凤苑，韦东来，张鑫，等. 水凝胶的研究进展及在生物医学方面的应用 [J]. 化工新型材料，2018，46（S1）：6-10.

[40] 高宏伟，李玉萍，李守超. 杜仲的化学成分及药理作用研究进展 [J]. 中医药信息，2021，38（06）：73-81.

[41] 郭家棋，郭敏慧，孔松芝，等. 积雪草苷-海藻酸钠修复贴的制备及其创伤修复作用研究 [J]. 中草药，2020，51（19）：4934-4942.

[42] 何秀叶，宋慧锋，郭希民. 组织工程皮肤创面修复动物模型的研究进展 [J]. 解放军医学杂志，2017，42（03）：239-242.

[43] 侯冰娜，倪凯，沈慧玲，等. 自修复氧化海藻酸钠-羧甲基壳聚糖水凝胶的制备及药物缓释性能 [J]. 复合材料学报，2022，39（01）：250-257.

[44] 黄超伯，游朝群，熊燃华，等. 天然多糖在生物医用材料领域的应用研究进展 [J]. 林业工程学报，2021，6（03）：1-8.

[45] 黄攀丽，沈晓骏，陈京环，等. 海藻酸钠的提取与功能化改性研究进展 [J]. 林产化学与工业，2017，37（04）：13-22.

[46] 康军莉. 高弹性杜仲胶的制备与性能研究 [D]. 上海：华东师范大学，2019.

[47] 李明华，刘力，兰婷，等. 天然高分子材料杜仲胶的特性及研究进展 [J]. 应用化工，2018，47（5）：1026-1029.

[48] 李晓茹. 生物质纤维与水凝胶复合功能性伤口敷料的制备及性能研究 [D]. 青岛：青岛大学，2019.

[49] 李永旭，郭芳，吴明丽，等. 高吸水保水伤口敷料的研究进展 [J]. 弹性体，2022，32（06）：72-79.

[50] 梁晓旭，程倩，林丹蕾，等．新型水凝胶基伤口敷料的研究进展［J］．现代化工，2023，43（02）：26-30.

[51] 林建云，罗时荷，杨崇岭，等．生物基高分子型止血材料和伤口敷料［J］．化学进展，2021，33（4）：581-595.

[52] 鲁手涛，周扬，徐海荣，等．天然高分子材料水凝胶在伤口敷料中的应用［J］．工程塑料应用，2020，48（02）：139-142＋146.

[53] 马燕飞，宁宁，陈佳丽，等．伤口床与伤口敷料之间腔隙管理研究进展［J］．护理研究，2022，36（24）：4435-4438.

[54] 邱玉宇．多层复合创伤敷料的结构构建及其对伤口愈合机制的研究［D］．无锡：江南大学，2019.

[55] 全熙宇，彭湃，文沛瑶，等．杜仲叶多糖、杜仲精粉、杜仲胶的提取分离及其性能分析［J］．林产化学与工业，2019，39（2）：2122-128.

[56] 邵凤侠，罗亮，庄红卫，等．杜仲不同部位粗胶的提取方法［J］．经济林研究，2021，39（01）：234-241.

[57] 宋然然．海藻酸钠/季铵盐壳聚糖抗菌水凝胶敷料的制备及其性能表征［D］．济南：山东大学，2018.

[58] 孙倩倩．生物质基可降解复合薄膜的制备及性能研究［D］．咸阳：西北农林科技大学，2018.

[59] 谭才邓，朱美娟，杜淑霞，等．抑菌试验中抑菌圈法的比较研究［J］．食品工业，2016，37（11）：122-125.

[60] 王科，晁生武．创面愈合相关机制的研究进展［J］．中华损伤与修复杂志，2021，16（01）：81-84.

[61] 王洋，姜炜坤，夏梦瑶，等．植物基水凝胶复合材料的应用研究进展［J］．现代化工：2023，1-8.

[62] 王智存．功能型医用凝胶敷料的制备及性能研究［D］．石河子：石河子大学，2020.

[63] 魏宇超，孙磊，徐美利，等．绿原酸的体外抑菌效果研究［J］．饲料研究，2020，43（07）：69-72.

[64] 谢玲，张学俊，季春，等．杜仲胶提取与规模化生产现状及其产业发展面临的问题［J］．生物质化学工，2021，55（04）：34-42.

[65] 许为中．基于响应型水凝胶的仿生双层结构设计及驱动机理研究［D］．杭州：浙江理工大学，2022.

[66] 杨航，熊玉竹，兰显玉，等．抗菌水凝胶在伤口敷料中的应用［J］．化工新型材料，2022，50（08）：267-272.

[67] 叶静静．环境响应型可控递送材料的制备及其用于伤口愈合的研究［D］．北京：北京化工大学，2021.

[68] 云惠，朱群娥．保湿敷料与伤口愈合［J］．护理与康复，2007，6（03）：157-159.

[69] 张广丽．海藻酸盐抗菌材料的制备及性能研究［D］．青岛：青岛大学，2018.

[70] 张小珍，蔡保塔，黄舒蓉，等．新型中药复合海绵敷料对大鼠皮肤创面修复的效果研究［J］．中国康复医学杂志，2016，31（06）：632-636.

第**6**章
水凝胶的未来发展趋势

水凝胶行业趋势研究报告是通过对影响水凝胶行业市场运行的诸多因素进行的调查分析，掌握水凝胶行业市场运行规律，从而对水凝胶行业的未来发展趋势特点、市场容量、竞争趋势、细分下游市场需求趋势等进行预测。水凝胶行业趋势研究报告主要分析要点包括以下几点。

（1）水凝胶行业发展趋势特点分析

通过对水凝胶行业发展影响因素分析，总结出未来水凝胶行业总体运行趋势特点。

（2）预测水凝胶行业生产发展及其变化趋势

对生产发展及其变化趋势的预测，其实也是对市场中商品供给量及其变化趋势的预测。

（3）预测水凝胶行业市场容量及变化

综合分析预测期内水凝胶行业生产技术、产品结构的调整，预测水凝胶行业的需求结构、数量及其变化趋势。

（4）预测水凝胶行业市场价格的变化

企业生产中投入品的价格和产品的销售价格直接关系到企业盈利水平。在商品价格的预测中，要充分研究劳动生产率、生产成本、利润的变化，市场供求关系的发展趋势，货币价值和货币流通量变化以及国家经济政策对商品价格的影响。

水凝胶作为一种具有独特物理化学性质的材料，在多个领域展现出巨大的应用潜力。随着科学技术的不断进步，水凝胶的未来发展趋势呈现出以下几个方面的特点。

（1）高性能水凝胶的研发

传统水凝胶在实际应用中存在机械强度和韧性低的问题，这限制了其广泛应用。为了解决这一问题，科学家们致力于开发具有更高机械强度和韧性的水凝胶。例如，通过改变水凝胶的拓扑结构、引入能量耗散机制以及增强高阶结构等设计策略，显著提升了水凝胶的力学性能。此外，还有研究团队提出了"光偶联反应"交联策略，能够快速形成高强韧水凝胶，其强度可达 15.3 MPa，韧性最高达 138.0 MJ/m^3，并能循环拉伸超过 10 万次。

（2）生物医学应用的拓展

水凝胶在生物医学领域的应用前景广阔，尤其是在药物输送、组织工程、生物传感和再生医学等方面。例如，水凝胶可以作为药物输送系统，通过控制药物的释放速度和时间，提高药物的疗效。同时，水凝胶还可以作为组织工程的支架材料，促进细胞的生长和分化，支持组织的再生。

（3）智能水凝胶的发展

智能水凝胶是一种能够对外界刺激做出响应的水凝胶，这种特性使得智能水凝胶在生物医学、环境监测、传感器等领域具有广泛的应用前景。例如，智能水凝胶可以作为生物传感器，实时监测生物体内的生理参数。

（4）3D 打印技术的应用

3D 打印技术的发展为水凝胶的应用开辟了新的途径。通过 3D 打印，可以制造出具有复杂结构和精确尺寸的水凝胶制品，这在组织工程和生物医学领域具有重要意义。例如，可以打印出具有精确空间控制的复杂组织结构，用于组织修复和再生。

（5）自愈合和各向异性水凝胶的探索

为了适应复杂的使用环境，研究人员正在探索开发具有自愈合和各向异性的水凝胶。这些特性可以使水凝胶在受损后自动恢复其功能，并且在不同方向上表现出不同的物理化学性质，这对于生物医学应用尤为重要。

（6）非弹性断裂力学理论的发展

随着水凝胶应用的不断拓展，对于其动态行为和断裂力学的研究也在深入。发展非弹性断裂力学理论，可以更好地理解和预测水凝胶在变形行为下的性能，这对于下一代坚韧水凝胶的实际生物应用至关重要。

水凝胶的未来发展趋势将聚焦于提升其力学性能、拓展生物医学应用、发展智能响应特性、应用 3D 打印技术、探索自愈合和各向异性，以及发展相关的理论研究。这些趋势将推动水凝胶在更多领域的应用，并为相关产业带来新的发展机遇。

6.1　生物医学领域

（1）水凝胶生物医学领域面临的挑战

① 力学性能调控　虽然水凝胶具有柔软等优点，但在一些需要承受一定外力的部位（如关节附近），其力学性能还需要进一步提高。例如骨组织需要较高的硬度，而神经组织则需要较为柔软的支撑。目前水凝胶的力学性能调控还不够精确，难以完全满足各种组织工程的需求。例如，需要提高水凝胶的拉伸强度和韧性，以防止在使用过程中发生破损。

② 大规模生产与质量控制　水凝胶需要解决大规模生产和成本控制的问题以满足临床需求。然而，在大规模生产过程中，如何保证水凝胶的质量一致性，包括其化学组成、物理性质和生物活性等方面，也是一个亟待解决的问题。

③ 与宿主组织的长期整合　虽然水凝胶具有良好的生物相容性，但在长期的组织修复过程中，如何确保水凝胶与宿主组织实现完美的整合，避免出现免疫反应、材料降解不完全等问题，仍然是一个挑战。

④ 药物释放的精确控制　虽然水凝胶能够实现一定程度的药物缓释，但要实现对药物释放速度、释放量以及释放时间的精确控制还需要进一步研究。不同的疾病和治疗场景对药物释放的要求差异很大，例如在急性疾病治疗中可能需要快速释放药物，而在慢性疾病治疗中则需要长期稳定的缓释。

⑤ 水凝胶的稳定性　在体内复杂的生理环境下，水凝胶可能会发生降解、溶胀或收缩等变化，从而影响药物的传递效果。例如，一些水凝胶在高离子浓度的环境下可能会失去稳定性，导致药物过早释放或药物释放不完全。

⑥ 作用机制　水凝胶与药物和生物组织的相互作用机制还不完全清楚。虽然已经知道一些基本的相互作用，如物理吸附、化学键合等，但在体内动态环境下，这些相互作用的详细过程以及如何优化这些相互作用还需要深入研究。

（2）水凝胶在生物医学领域应用的展望

① 多功能一体化水凝胶的开发　未来有望开发出具有多种功能一体化的水凝胶，如同时具备抗菌、促进血管生成、调节细胞分化等功能的水凝胶。通过合理的分子设计和材料复合，可以进一步提高水凝胶在组织工程中的应用效果。作为医用敷料，除了现有的保湿、促进愈合、抗菌等功能外，还可以集成传感器等功能，实现对伤口状态（如温度、湿度、pH 值等）的实时监测，以便及时调整治疗方案。

② 个性化医疗中的应用　随着精准医学的发展，水凝胶在个性化医疗方面将发挥越来越重要的作用。在组织工程中，水凝胶可以根据患者自身的细胞类型、生理环境和疾病状况进行定制。例如，对于特定患者的骨缺损修复，可以将患者自身的干细胞与具有成骨诱导性的水凝胶相结合，这种个性化的水凝胶支架能够更好地适应患者的免疫反应，减少排异风险。

在药物递送领域，个性化水凝胶的发展也备受期待。医生可以根据患者的基因信息、疾病严重程度以及药物代谢特点，设计出具有特定释放速率和靶向性的水凝胶载药系统。比如，对于某些对药物高度敏感的患者，可以利用水凝胶实现药物的缓慢、持续释放，以降低药物的峰浓度，减少毒副作用。

③ 新型水凝胶材料的探索　随着材料科学和生物技术的不断发展，多学科交叉研究将为水凝胶的应用提供更多的思路。例如，智能水凝胶能够对环境刺激（如温度、pH 值、电场、磁场等）做出响应。未来，智能水凝胶在生物医学中的应用将不断拓展。在生物传感器方面，智能水凝胶可以被设计成检测特定生物标志物的传感器。例如，一种对葡萄糖敏感的水凝胶可用于糖尿病患者的血糖监测。当血液中的葡萄糖浓度发生变化时，水凝胶的物理性质（如体积、光学性质等）随之改变，从而实现实时、非侵入性的血糖检测。在疾病治疗方面，智能水凝胶可以作为一种可调节的治疗平台。例如，对于肿瘤治疗，pH 敏感的水凝胶可以在肿瘤组织的酸性环境下释放抗癌药物，而在正常组织的中性环境下保持稳定。这不仅提高了药物的治疗效果，还减少了对正常组织的损害。

水凝胶与基因编辑技术的结合。基因编辑技术（如 CRISPR-Cas9）的快速发展为水凝胶的应用开辟了新的方向。水凝胶可以作为基因编辑工具的载体，将基因编辑组件递送到目标细胞中。例如，水凝胶可以包裹 Cas9 蛋白和向导 RNA（gRNA），保护它们免受体内酶的降解，并促进其进入细胞内部。这种结合有望解决基因编辑技术在体内应用面临的一些挑战，如脱靶效应和递送效率低下等问题。通过水凝胶的靶向性和可调控的释放特性，可以实现基因编辑组件在特定细胞中的精确递送和有效表达，从而为基因治疗疾病（如遗传性疾病）提供新的策略。

④ 再生医学中的深度应用　在再生医学领域，水凝胶的发展前景广阔。除了作为组织工程的支架材料外，水凝胶还可以模拟天然细胞外基质的功能。未来，研究人员将致力于开发具有更复杂功能的水凝胶，如能够促进细胞间通信、调节细胞分化的水凝胶。

对于神经再生，水凝胶可以被设计成具有神经诱导性的材料。它可以提供物理支撑，引导神经轴突的生长，同时释放神经营养因子，促进受损神经的修复。在心脏再生方面，水凝胶可以用于修复心肌梗死造成的心肌组织损伤。通过与心肌细胞和血管内皮细胞的相互作用，水凝胶有望改善心脏功能，减少心肌瘢痕的形成。

6.2　环境保护与治理领域

（1）水凝胶在环境保护与治理领域面临的挑战

① 成本问题　一些高性能水凝胶的制备往往需要使用一些昂贵的原材料和复杂的制备工艺，这导致了水凝胶的成本较高。在大规模的污染控制应用中，成本是一个重要的限制因素。例如，一些功能化水凝胶需要使用特殊的化学试剂进行合成，这些试剂的价格较高，使得水凝胶的制备成本居高不下。目前，水凝胶的生产成本相对较高，这限制了其在大规模土壤改良中的广泛应用。特别是对于一些发展中国家的农业生产来说，高昂的水凝胶价格使得农民难以承受。

② 稳定性问题　水凝胶在不同的环境条件下（如温度、pH 值、微生物作用等）可能会出现稳定性问题。例如，在酸性或碱性较强的环境中，一些水凝胶的结构可能会被破坏，从而影响其对污染物的吸附和去除能力。在土壤改良治理中由于水凝胶的降解速度较慢，长期积累可能会对土壤环境造成一定的影响。在环境治理中，尤其是土壤和水生态系统中，水凝胶的可生物降解性是一个重要问题。部分水凝胶在环境中难以降解，可能会造成二次污染。例如，一些不可降解的合成高分子水凝胶在土壤中长时间存在，可能会改变土壤的物理化学性质，影响土壤微生物的活动。

③ 吸附选择性和再生及重复利用　水凝胶对污染物的吸附选择性有待提高，特别是在复杂的环境体系中，存在多种污染物时，可能会出现吸附竞争现象。同时，水凝胶的再生和重复利用性能也需要进一步改善，以降低处理成本。虽然部分水凝胶具有一定的再生和重复利用能力，但目前的再生技术还不够成熟。例如，吸附了重金属离子或有机污染物的水凝胶，其再生过程可能需要复杂的化学处理，且再生后的吸附性

能可能会有所下降，这限制了水凝胶在长期污染控制中的应用。目前许多水凝胶在使用一次后性能会下降，难以实现有效的再生和重复利用。开发高效的水凝胶再生方法，提高其重复利用次数，可以提高水凝胶在废水处理中的经济性。

（2）水凝胶在环境保护与治理领域应用的展望

① 新型水凝胶的研发　未来需要开发更多低成本、高可生物降解性、高吸附选择性和良好再生性的新型水凝胶。例如，利用天然高分子材料（如纤维素、壳聚糖等）制备水凝胶，这些材料来源广泛、成本低且具有较好的生物降解性。同时，可以探索新的合成方法，简化制备工艺，降低成本。

② 多功能水凝胶的应用　开发能结合吸附、絮凝、降解等多种功能于一体的水凝胶将是未来的发展方向。例如，通过在水凝胶中引入不同的官能团和活性物质，可以实现对多种污染物的协同处理，提高废水处理的效率。这种多功能水凝胶可以在环境治理中发挥更加综合和高效的作用。例如，将吸附功能、光催化功能和微生物修复功能集成到一种水凝胶体系中，用于处理复杂的污染水体或土壤。

③ 可降解水凝胶的研发　研发具有良好降解性能的水凝胶是未来的一个重要方向。可降解水凝胶能够在发挥土壤改良作用后，在土壤中自然分解，不会对土壤环境造成长期的不良影响。

④ 与其他技术的协同应用　水凝胶与其他环境治理技术（如膜分离技术、生物技术等）的协同应用将是未来的一个发展方向。例如，将水凝胶作为生物膜的载体，既可以提高生物膜的稳定性，又可以利用水凝胶的吸附和降解功能处理废水中的污染物。水凝胶可以作为预吸附剂，去除废水中的大部分污染物，然后再通过膜技术进一步净化水质。

⑤ 提高稳定性　通过化学交联、物理共混等方法来提高水凝胶在不同环境条件下的稳定性。例如，可以研究在水凝胶中添加稳定剂或者进行特殊的表面处理，使其能够在更恶劣的环境中保持其结构和功能的完整性。

⑥ 优化再生技术　进一步研究水凝胶的再生技术，开发简单、高效的再生方法。例如，可以探索利用生物降解或光催化等绿色方法来实现水凝胶的再生，并提高再生后水凝胶的吸附性能，使其能够在污染控制领域得到更广泛的应用。

水凝胶在环境治理的各个方面，包括水污染治理、土壤污染治理和空气污染治理等，都具有广阔的应用前景。虽然目前还面临着一些挑战，但随着材料科学的不断发展和技术的创新，水凝胶有望成为环境治理领域的一种重要材料，为解决全球环境问题做出更大的贡献。

⑦ 精准应用研究　深入研究水凝胶与不同土壤和植物的相互作用机制，实现水凝胶在土壤改良中的精准应用。根据土壤的特性和植物的需求，选择合适的水凝胶产品和使用剂量，提高水凝胶的应用效果。水凝胶可以作为一种土壤保湿剂应用于农业。它能够吸收并储存大量的水分，然后在土壤水分减少时缓慢释放，从而减少灌溉次数，提高水资源的利用效率。此外，一些水凝胶还可以与营养元素（如氮、磷、钾等）结合，实现肥料的缓慢释放，减少肥料的流失，提高肥料利用率。在干旱和半干旱地区，水凝胶的应用对于提高农作物产量和保障粮食安全具有重要意义。

6.3 其他领域

6.3.1 水凝胶传感器面临的挑战与发展方向

（1）面临的挑战

① 稳定性问题 水凝胶在长期使用过程中可能会出现稳定性问题，如降解、失水等。特别是在复杂的环境条件下，如高温、高湿或存在化学物质的情况下，水凝胶的稳定性会受到更大的影响。这需要通过改进水凝胶的制备工艺和结构设计来提高其稳定性。长期稳定性也是一个问题。随着时间的推移，水凝胶中的聚合物网络可能会发生降解，影响传感器的使用寿命。

② 响应速度和灵敏度 尽管水凝胶具有对多种信号的响应能力，但在一些情况下，其响应速度可能不够快，无法满足实时检测的要求。例如，在快速变化的环境中检测气体浓度时，水凝胶传感器可能无法及时给出准确的读数。提高灵敏度也是一个挑战。对于一些低浓度的分析物，水凝胶传感器可能难以检测到足够明显的信号变化，从而影响检测的准确性。需要进一步研究如何优化水凝胶的结构和性能，以提高其响应速度和灵敏度。

③ 选择性问题 在复杂的环境或生物体系中，存在多种干扰物质。水凝胶传感器需要具有更高的选择性，才能准确地检测目标分析物。例如，在生物标志物检测中，血液或组织液中的其他蛋白质或生物分子可能会干扰水凝胶对目标标志物的识别。

④ 大规模生产与成本 目前，水凝胶传感器件的大规模生产还面临一些技术和成本方面的挑战。一方面，水凝胶的制备过程可能比较复杂，难以实现高效的大规模生产；另一方面，一些特殊功能的水凝胶可能需要使用昂贵的原材料或复杂的制备工艺，导致成本较高。这需要研发更加简单、高效、低成本的制备方法，以促进水凝胶传感器件的大规模应用。

（2）发展方向

① 材料改性与复合 通过对水凝胶材料进行改性，如引入新的聚合物成分、官能团或纳米材料，可以提高其稳定性、响应速度和灵敏度。例如，将碳纳米材料与水凝胶复合，可以增强水凝胶的电学性能，提高其对电信号的响应速度。

利用多层结构或核-壳结构的水凝胶复合材料，可以实现对不同分析物的分步检测，提高选择性。例如，设计一种具有内层识别特定生物标志物、外层防止干扰物质进入的水凝胶复合结构。

② 新型传感机制的探索 除了传统的电学、光学传感机制外，探索新型的传感机制可以为水凝胶传感器带来新的发展机遇。例如，研究基于水凝胶的机械-电学转换机制，利用水凝胶在受到机械力作用下的电学性质变化进行传感，这种机制可以用于开发新型的压力传感器或触觉传感器。

利用生物分子间的相互作用，如蛋白质-蛋白质相互作用、核酸-核酸相互作用等，开发基于生物识别的水凝胶传感系统，提高检测的特异性和灵敏度。

③ 多功能集成 开发多功能的水凝胶传感器，能够同时检测多种分析物或多种类型的信号。例如，设计一种既能检测血糖水平又能监测心率的可穿戴水凝胶传感器，这种多功能集成的传感器可以为健康监测提供更全面的信息。

将水凝胶传感器与微流控技术、无线通信技术等相结合，实现传感器的微型化、智能化和网络化。例如，通过微流控技术可以精确控制水凝胶与分析物的接触，提高检测效率；通过无线通信技术可以将传感器采集的数据实时传输到远程设备，方便数据的分析和处理。

在生物医学领域的深入应用。随着人们对健康监测需求的不断增加，水凝胶传感器在生物医学领域的应用将不断拓展。例如，可开发出更加精准的体内传感器，用于实时监测生物体内的各种生理指标，如血糖、血压、蛋白质浓度等，这将为疾病的早期诊断和治疗提供重要的依据。

在物联网时代，传感器是实现物-物相连的关键。水凝胶传感器件由于其独特的性质，如柔软性、可穿戴性等，将在物联网中发挥重要作用。例如，可以将水凝胶传感器件集成到智能家居系统中，用于监测室内环境湿度、温度等参数，或者集成到智能农业系统中，用于监测土壤湿度和养分含量等。水凝胶传感器在日常生活中有多种实际用途。

① 健康监测 水凝胶传感器可以用于监测人体的生理信号，如心率、血压、血糖等。一些水凝胶传感器可以通过与皮肤的接触，检测汗液中的成分，从而间接反映人体的健康状况。

② 运动追踪 水凝胶传感器可以用于追踪人体的运动，如步数、运动距离、运动速度等。这些数据可以帮助人们更好地了解自己的运动习惯，制定更合理的运动计划。

③ 环境监测 水凝胶传感器可以用于监测环境的湿度、温度、空气质量等参数。例如，一些水凝胶传感器可以通过吸收或释放水分，来反映环境的湿度变化。

④ 可穿戴设备 水凝胶传感器由于其柔软、可拉伸的特性，非常适合用于可穿戴设备中。例如，一些智能手表、智能手环等设备中就可能包含水凝胶传感器，用于监测用户的健康数据或运动数据。

⑤ 食品检测 水凝胶传感器可以用于检测食品中的成分或污染物。例如，一些水凝胶传感器可以通过与食品中的特定成分发生化学反应，来检测食品是否变质或含有有害物质。

⑥ 医疗诊断 水凝胶传感器可以用于辅助医疗诊断，如检测生物标志物、监测伤口愈合情况等。例如，一些水凝胶传感器可以通过检测伤口渗出液中的成分，来评估伤口的愈合进度。

⑦ 人机交互 水凝胶传感器可以用于人机交互领域，如触摸感应、压力感应等。例如，一些水凝胶传感器可以通过检测用户的触摸力度，来实现不同的操作功能。

6.3.2 水凝胶在能源领域的挑战与发展方向

（1）面临的挑战

① 环境稳定性不足 水凝胶在恶劣环境下容易降解，尤其是在高温、高盐度或极端

pH 条件下，这会降低其稳定性和电气输出。例如，当前的导电水凝胶生物能量收集器尚无法提供足够的功率驱动日常便携式电子产品，如智能手表和手机。因此，提高水凝胶的环境稳定性是实际应用的关键挑战之一。

② 力学性能限制　水凝胶的力学性能（如弹性、韧性）需要进一步提高，以满足实际应用的需求。例如，在能量收集过程中，水凝胶必须具备足够的机械强度来承受反复的应力而不损坏。通过多级结构设计和杂原子掺杂等方法可以改善水凝胶的力学性能，但仍需更多创新解决方案。

③ 长期耐用性　水凝胶在长期使用中的耐用性仍待验证。例如，固-液相变材料在长期使用过程中可能会发生泄漏，需要通过微胶囊技术或定形化技术来解决这一问题。此外，水凝胶的长期电化学稳定性也是储能应用中的一个重要考量因素。

（2）发展方向

① 电池技术中的应用　水凝胶作为电解质材料在电池技术中有很大的应用潜力。在锂离子电池中，水凝胶电解质可以提高电池的安全性，因为它不易燃。同时，水凝胶电解质具有良好的离子导电性，可以提高电池的充放电效率。未来，通过对水凝胶电解质的组成和结构进行优化，有望开发出高性能、高安全性的锂离子电池，满足电动汽车等领域对电池的需求。

水凝胶也可用于超级电容器的电极材料或电解质材料。作为电极材料，水凝胶可以提供较大的比表面积，有利于电荷的存储和传输。作为电解质材料，水凝胶可以提高超级电容器的能量密度和功率密度。研究人员正在探索如何通过合成新型水凝胶或对现有水凝胶进行改性，以提高其在超级电容器中的性能。

② 能量转换与存储一体化　未来，有望开发出水凝胶基的能量转换和存储一体化装置。例如，将太阳能电池与水凝胶电池集成在一起，白天太阳能电池将太阳能转化为电能，电能可以直接存储在水凝胶电池中。这种一体化装置可以简化能源系统的结构，提高能源利用效率，在分布式能源系统和便携式电子设备中有广阔的应用前景。

③ 集成策略与电源管理　设计高效的集成策略和电源管理系统，以实现更有效的能量收集、存储和利用。例如，通过优化设备设计和功率管理，提高生物能量收集器的输出功率，使其能够驱动更多的便携式电子设备。

6.3.3　水凝胶在智能材料方面的挑战与发展方向

（1）面临的挑战

① 力学性能不足　许多水凝胶的机械强度较低，在承受较大外力时容易破裂或变形，这限制了它们在一些需要较高力学性能的领域（如承重组织工程、高强度传感器等）的应用。

② 响应速度较慢　部分水凝胶响应速度较慢，例如一些 pH 响应性水凝胶在环境 pH 值发生变化后，需要较长时间才能完成溶胀或去溶胀的过程，这对于需要快速响应的应用（如快速药物释放、即时传感器等）是不利的。

③ 长期稳定性问题　在长期使用过程中，水凝胶可能会发生降解、失水等问题，从

而影响其性能。例如，在生物医学应用中，水凝胶可能会在体内发生降解，导致药物提前释放或支架结构破坏。

（2）发展方向

① 智能服装　响应性水凝胶可以被应用于智能服装的制作。例如，温度敏感的水凝胶可以被制成智能保暖服装。当外界温度降低时，水凝胶的结构发生变化，释放出储存的热量，起到保暖作用；当外界温度升高时，水凝胶又能调整自身结构，保持舒适的穿着体验。此外，水凝胶还可以与传感器集成在服装中，用于监测人体的生理信号（如心率、血压等），实现健康监测功能。

② 可穿戴电子设备　在可穿戴电子设备方面，水凝胶可以作为柔性电极材料或电解质材料。由于水凝胶具有良好的柔韧性和生物相容性，它可以与人体皮肤良好贴合，减少对皮肤的刺激。例如，水凝胶制成的柔性电极可以用于检测肌肉电信号，为康复治疗和运动监测提供数据支持。同时，水凝胶电解质可以提高可穿戴电子设备的性能，延长其使用寿命。

水凝胶作为智能材料具有巨大的潜力，在生物医学、环境、智能纺织品等多个领域都有着广泛的应用实例。然而，要实现水凝胶在智能材料领域的更广泛应用，还需要克服力学性能不足、响应速度慢和长期稳定性差等方面的挑战。通过不断研究和创新，改进水凝胶的制备方法、优化其结构和性能，相信水凝胶在智能材料领域将发挥更加重要的作用，为人类的生活和社会的发展带来更多的便利和创新。

参考文献

［1］ Abbasi A R, Sohail M, Minhas M U, et al. Bioinspired sodium alginate based thermosensitive hydrogel membranes for accelerated wound healing ［J］. Int J Biol Macromol, 2020, 155: 751-765.

［2］ Anlas C, Bakirel T, Ustun-Alkan F, et al. In vitro evaluation of the therapeutic potential of Anatolian kermes oak (Quercus coccifera L.) as an alternative wound healing agent ［J］. Ind Crop Prod, 2019, 137: 24-32.

［3］ Bai Z X, Dan W H, Yu G F, et al. Tough and tissue-adhesive polyacrylamide/collagen hydrogel with dopamine-grafted oxidized sodium alginate as crosslinker for cutaneous wound healing ［J］. RCS Adv, 2018, 8 (73): 42123-42132.

［4］ Basu A, Heitz K, Stromme M, et al. Ion-crosslinked wood derived nanocellulose hydrogels with tunable antibacterial properties: Candidate materials for advanced wound care applications ［J］. Carbohydr Polym, 2018, 181: 345-350.

［5］ Bi Y G, Lin Z T, Deng S T. Fabrication and characterization of hydroxyapatite/sodium alginate/chitosan composite microspheres for drug delivery and bone tissue engineering ［J］. Mat Sci Eng C Mater, 2019, 100: 576-583.

［6］ Cao J F, Wu P, Cheng Q Q, et al. Ultrafast fabrication of self-healing and injectable carboxymethyl chitosan hydrogel dressing for wound healing ［J］. ACS Appl Mater Inter, 2021, 13 (20): 24095-24105.

［7］ Cao Z N, Shen Z, Luo X G, et al. Citrate-modified maghemite enhanced binding of chitosan coating on cellulose porous membranes for potential application as wound dressing ［J］. Carbohydr Polym,

2017，166：320-328.

[8] Chaves-Ulate E C，Esquivel-Rodíguez P. Chlorogenic acids present in coffee: antioxidant and antimicrobial capacity [J] . Agron Mesoam，2019，30（1）：299-311.

[9] Chen K，Wang F Y，Liu S Y，et al. In situ reduction of silver nanoparticles by sodium alginate to obtain silver-loaded composite wound dressing with enhanced mechanical and antimicrobial property [J] . Int J Biol Macromol，2020，148：501-509.

[10] Chen Y，Qiu H Y，Dong M H，et al. Preparation of hydroxylated lecithin complexed iodine/carboxymethyl chitosan/sodium alginate composite membrane by microwave drying and its applications in infected burn wound treatment [J] . Carbohydr Polym，2019，206：435-445.

[11] David J M，Chung C，Wu B C. Structural design approaches for creating fat droplet and starch granule mimetics [J] . Food Funct，2017，8（2）：498-510.

[12] Dodero A，Alloisio M，Castellano M，et al. Multilayer alginate-polycaprolactone electrospun membranes as skin wound patches with drug delivery abilities [J] . ACS Appl Mater Inter，2020，12：31162-31171.